主　编　贾旭宏
副主编　刘全义　贺元骅

机场消防工程

>>>>>>>>

清华大学出版社
北京

内 容 简 介

本书以机场消防救援为核心,涉及机场基本布局、飞机火灾事故的特点、机场灭火剂、机场建筑消防及安全管理等内容。全书由中国民用航空飞行学院贾旭宏担任主编,刘全义、贺元骅担任副主编,统筹安排大纲拟定及统稿工作。刘全义、贺元骅编写了第1章及第6章部分内容;贾旭宏、朱新华编写了第2章、第4章、第5章;智茂永编写了第3章;张宇强编写了第6章;艾洪舟编写了第7章;胡石编写了第8章。邓力、王昊等人参与了资料收集及文字整理工作。

版权所有,侵权必究。举报: 010-62782989,beiqinquan@tup.tsinghua.edu.cn。

图书在版编目(CIP)数据

机场消防工程/贾旭宏主编. —北京:清华大学出版社,2022.12
ISBN 978-7-302-61705-1

Ⅰ.①机… Ⅱ.①贾… Ⅲ.①民用机场－消防 Ⅳ.①TU998.1

中国版本图书馆 CIP 数据核字(2022)第 157000 号

责任编辑:王 欣 赵从棉
封面设计:常雪影
责任校对:赵丽敏
责任印制:刘海龙

出版发行:清华大学出版社
　　网　　址:http://www.tup.com.cn,http://www.wqbook.com
　　地　　址:北京清华大学学研大厦 A 座　　　　邮　　编:100084
　　社 总 机:010-83470000　　　　　　　　　　邮　　购:010-62786544
　　投稿与读者服务:010-62776969,c-service@tup.tsinghua.edu.cn
　　质量反馈:010-62772015,zhiliang@tup.tsinghua.edu.cn
印 装 者:三河市铭诚印务有限公司
经　　销:全国新华书店
开　　本:185mm×260mm　　印　　张:16.75　　　　　字　　数:404 千字
版　　次:2022 年 12 月第 1 版　　　　　　　　　　印　　次:2022 年 12 月第 1 次印刷
定　　价:59.80 元

产品编号:095398-01

PREFACE ●┈┈ 前言

消防救援问题几乎伴随着飞机的整个发展史。在莱特兄弟发明固定翼飞机仅仅五年后，美国陆军便出现了机毁人亡的事故，失事飞机灭火救援需求随之出现。早期飞行事故中，由于飞机着陆速度低、燃油携带量小，火灾导致人员伤亡的情况较少。第二次世界大战开始后，螺旋桨式飞机发动机逐渐被推力更大的喷气式飞机发动机所替代，飞机的燃油携带量大幅增加，飞机灭火救援成为各参战国关注的重点。"二战"后，随着喷气式飞机进入民航领域，飞机安全事故不断增加，美国于1958年正式成立联邦航空管理局（Federal Aviation Administration，FAA）来监督管理民用航空事业。20世纪六七十年代，国际民用航空组织（International Civil Aviation Organization，ICAO）和美国国家防火协会（National Fire Protection Association，NFPA）开始编制飞机消防救援的相关标准和指南，此后便不定期地更新飞机灭火技战术的相关材料。近些年，民航客机单日起降达数十万架次，单架大客机载油量可超过100 t，一旦发生火灾相关的事故即可造成不可估量的生命财产损失。

飞机灭火救援属于消防工程领域，但其具有非常鲜明的行业特色，从业人员不仅要具备传统消防技能，还需对机场布局、飞机结构、飞机火灾特点等知识十分熟悉。目前，我国机场消防从业人员超过7000人，专业背景参差不齐，亟须培养一支接受过系统、专业教育的机场消防救援人才。2019年，教育部批准中国民用航空飞行学院开设消防工程本科专业并于当年开始招生，为国家培养高素质航空消防专业技术人才。鉴于此，编者在民航局公安局的指导下，在清华大学、中国科技大学、南京航空航天大学、中国人民警察大学及民航局中南地区管理局、首都机场、双流机场、白云机场等众多企事业单位的共同支持下，结合多年的教学科研成果编写了本书。

本书在编写过程中得到了民航局公安局韩征、民航局中南地区管理局于涛、清华大学杨锐、南京航空航天大学邵荃、中国民用航空飞行学院雷秋鸣等人的指导与支持，在此特致谢意。本书的编写还参考了许多国内外法律法规、技术标准、教材著作及学术论文等资料，在此特向相关单位及作者表示感谢。

本书可作为民航特色消防工程相关专业的本科及以上高等学历教育的教材，也可作为航空消防从业人员的培训教材。

由于编者学识水平有限，书中难免存在不足之处，敬请广大读者批评指正。

编　者
2022年8月

CONTENTS 目 录

第1章

绪 论

1.1 机场消防需求及火灾事故典型案例

1.1.1 机场消防需求

近年来,我国民航行业的发展保持了稳中有进的良好态势,主要运输指标平稳增长,民航运输业在国民日常交通中的地位逐渐上升。根据 2019 年民航行业发展统计公报,我国民航运输业在客运市场和货运市场同比往年均呈现稳定增长。民航作为一项高风险行业,保证其运行安全十分重要。随着民航运输货运装载量的提高、旅客行李的变化和航空物流业的发展,民航消防问题日益凸显。

民航作为一个高风险行业,安全责任十分重大。机场是供航空器起降的特定区域,是民航运输的基础设施和关键场所。机场消防是对航空器起降、运转、停驻、维修场所(含工作区和生活区)的火灾进行预防和救援,以预防、扑灭飞机火灾,救援机上乘客的生命为主,同时兼顾航站楼、机库等建筑火灾,是保障航空运输业务安全运行最为重要的支撑。飞机火灾具有危险性高、灾后损失严重、人员伤亡大、社会及政治影响大等特点,其火灾扑救难度大、技术性强、时效性高。因此,民航机场必须拥有一支具备飞机灭火救援专业知识的消防队伍。

1.1.2 典型案例介绍

1. 沙特航空班机空难

沙特阿拉伯航空 163 号班机是沙特阿拉伯航空公司的定期航班,由巴基斯坦卡拉奇经沙特阿拉伯首都利雅得前往吉达。1980 年 8 月 19 日,一架洛歇 L1011-200 三星式飞机执行此航班,载着 287 名乘客及 14 名机员,在利雅得国际机场起飞后即报告货舱起火。最后,飞机虽成功折返,但机上共 301 人依然无一生还。这是当时航空史上第三惨重的单一飞机空难事故,仅次于日本航空 123 号班机和土耳其航空 981 号班机空难事故。

163 号班机于下午 6 时 8 分从利雅得起飞,6 min 后飞行员接到机上警报,显示下层货舱后段有烟雾。之后两位机长及飞航工程师用了 4 min 时间去确认这一警报,并尝试参考飞行手册了解火警处置程序,机长则决定折返利雅得机场。此时,方向舵下方的二号引擎因被透过飞机的操作钢索蔓延过来的大火引燃而失灵,此引擎在飞机后来着陆后停止运作。在客机返抵利雅得前,大火及浓烟已蔓延至机舱,乘客因大火而惊慌失措,纷纷挤至机舱前方争取逃生出路,部分乘客甚至因此大打出手。飞机于利雅得机场安全着陆,但着陆后并没有立即刹停,反而继续在跑道上滑行,最终于着陆后 2 min 40 s 停在滑行道上。但此时机长并没有立即展开紧急逃生程序,反而要求乘务员遵从以往所接受的训练指示暂时不要撤离。在之后的 3 min 15 s,机上剩余的两个引擎都没有被关掉,严重阻碍了消防救援工作。待引擎关掉后,救援人员又用了 23 min 才进入机舱内,但此时机舱内已无生命迹象。大火当时快速蔓延至驾驶舱,所有人员均因无法及时打开舱门逃生,吸入浓烟致死,死者被发现时均位于机舱前半段。空难发生后各航空公司修订了紧急逃生程序及逃生训练,飞机制造商也移除了货舱后段的隔离室,并使用玻璃纤维对该段结构进行了强化。

2. 台湾华航客机在日爆炸起火

2007 年 8 月 20 日,台湾华航公司一架波音 737-809 客机从台北飞抵冲绳那霸机场。飞机着陆后右侧发动机开始泄漏燃油,飞机在停机坪停好并关闭发动机后,右侧发动机突然开始起火,火势在风的影响下迅速蔓延到左侧发动机,在起火两三分钟后飞机中部即发生爆炸,飞机断为两截。由于当时负责华航地面代理的日本冲绳航空公司维修工程师及时发现火情,并通知机组放滑梯疏散旅客,通知地勤工作人员立即撤离,这架客机上的全部 152 名乘客(包括两名婴儿)、8 名机组人员得以在 1 min 34 s 内全部撤离,无人身亡或受重伤。

日本国土交通省运输安全委员会对华航班机那霸机场起火爆炸事件发表的最终报告指出,事故与垫圈脱落后华航的维修以及美国波音公司的设计都有关系。在调查垫圈脱落原因时发现,波音公司的技术指引文件和华航作业手册都没有充分考虑到该项维修是位于作业不易位置,维修人员和检查者也未将作业的困难性向主管人员汇报。在调查事故发生经过时发现,右襟翼前缝条内滑轨组件松脱并刺穿油箱造成了燃油泄漏。

3. 俄罗斯图-154 客机发动机起火爆炸事故

2011 年 1 月 1 日下午,一架图-154 客机在俄罗斯乌拉尔联邦区苏尔古特市机场准备起飞前往莫斯科。机上共有 8 名机组成员,约 120 名乘客。飞机在跑道滑行时,飞行员发现引擎起火,立即决定终止起飞,机场也立即派出救援车辆疏散乘客。但是在 2 min 内,大火产生的烟雾就充满了整个机舱,燃烧面积达到了 1000 m^2。由于机舱舱门和紧急出口迟迟无法打开,不少乘客敲碎了飞机顶部的通风口逃生。在飞机发生爆炸之前,大部分乘客已经被成功疏散。据当地紧急情况部统计,共有 3 人在这起飞机爆炸事故中丧生,50 多人被烧伤或者一氧化碳中毒。

4. 阿联酋航空客机迪拜机场起火

2016 年 8 月 3 日阿联酋当地时间 12 时 41 分,阿联酋航空的 EK521 航班一架 B777-300 客机在迪拜国际机场着陆时进近失败,复飞也没有成功,飞机接地后起火燃烧。由于疏散及救援得当,飞机起火之前 18 名机组人员和 282 名旅客全部成功撤离。在机场的紧急救援行动中,一名消防员不幸牺牲。

5. 黑龙江伊春坠机事故

2010 年 8 月 24 日 21 时 38 分 08 秒,河南航空有限公司 ERJ-190 型 B-3130 号飞机执行

哈尔滨至伊春的 VD8387 班次定期客运航班任务,在黑龙江省伊春市林都机场 30 号跑道进近时,在距离跑道 690 m 处坠毁,部分乘客在飞机坠毁时被甩出机舱。机上乘客共计 96 人,其中 44 人遇难,52 人受伤。

《河南航空有限公司黑龙江伊春"8·24"特别重大飞机坠毁事故调查报告》指出此次事故的直接原因有:①机长违反河南航空《飞行运行总手册》的有关规定,在低于公司最低运行标准的情况下,仍然实施进近;②飞行机组违反民航局《大型飞机公共航空运输承运人运行合格审定规则》的有关规定,在飞机没有着陆所必须目视参考的情况下,仍然穿越最低下降高度试图着陆;③飞行机组在飞机撞地前出现无线电高度语音提示,且未看见机场跑道情况下,仍未采取复飞措施,继续盲目实施着陆,导致飞机撞地。此次事故的间接原因有:①航空安全管理薄弱,飞行技术管理问题突出;②航空安全投入不足,管理不力;③有关民航管理机构监管不到位;④民航相关空中交通管理局的安全管理存在漏洞。

6. 加拿大白马机场飞机库火灾事故

1999 年 1 月 18 日,加拿大白马消防局接到报警,白马机场的飞机库发生火灾。飞机库被大火完全吞噬,这次火灾的损失高达 2 亿美元。

随着航空业的发展,机场建设以及飞机数量急剧增加,从而导致飞机库需求不断增长,在大多数飞机库中,维修服务工作都是昼夜进行的,因此火灾危险性较高,存在一定安全隐患,又因飞机库具有特殊性,出现大型非受控火灾的可能性较大。飞机库火灾的主要火灾危险源包括燃油泄漏、清洗维护作业、电气火灾和人为因素。虽然飞机在进库前会采取排油措施,但油箱及输油管路内仍会残留一定量的燃油,同时油品流淌会导致过火面积大,火灾发展迅速,并且易发生燃爆事故。由于飞机库的空间、飞机机翼覆盖面积大,一旦发生火灾,屋顶灭火设施难以覆盖机翼下部,火灾扑灭困难。飞机价格昂贵、体积巨大,飞机库内配套设施价格不菲,一旦发生火灾,若不及时采取快速有效的灭火措施,所造成的人员伤亡和财产损失难以估量。

7. 广州白云机场航站楼火灾事故

2013 年 10 月 27 日,广州白云机场航站楼出发厅一电子显示屏起火,波及旁边 1 间商铺。经全力扑救,大火被扑灭,未造成人员伤亡,24 个航班受影响。当天中午 12 点,机场秩序恢复正常。

大型机场航站楼面积大、体积大、内部运营功能复杂、人流密度大,因而设计时其安全性是主要的考虑因素之一。航站楼火灾具有以下特点:

(1) 航站楼一旦发生火灾,后果大多比较严重,不仅会危及旅客安全,致使航空运输中断,还会引起极大的社会影响。

(2) 航站楼的内部空间大,空气供应充分,一旦发生火灾,火灾烟气、高温热流会迅速蔓延,火灾会不受限制地扩大,难以控制。

(3) 人流密度大,人员疏散困难。

(4) 火灾扑救难度大。

1.2 民用航空器事故分类

国际民用航空组织(ICAO)将民用航空器不安全事件分为事故和事故征候。《国际民用航空公约》附件13《航空器事故和事故征候调查》对航空器事故定义为:在任何人登上航空器准备飞行直至所有人员离开航空器的时间内,所发生的与该航空器的运行有关的事件,此事件造成人员致命伤或重伤、航空器受到损害或结构故障、航空器失踪或完全无法接近。附件13对事故征候的定义为:与航空器的操纵使用有关、会影响飞行安全的事件。中国民用航空局为了规范民用航空器事件调查,根据《中华人民共和国安全生产法》《中华人民共和国民用航空法》和《生产安全事故报告和调查处理条例》等法律、行政法规,制定了民航规章《民用航空器事件调查规定》(CCAR-395-R2),将民用航空器事件划分为民用航空器事故、民用航空器征候以及民用航空器一般事件三种类型。

1.2.1　民用航空器事故

《民用航空器事件调查规定》(CCAR-395-R2)所指的民用航空器事故,是指在民用航空器运行阶段或者在机场活动区内发生的与航空器有关的下列事件:

(1) 人员死亡或者重伤;

(2) 航空器严重损坏;

(3) 航空器失踪或者处于无法接近的地方。

民用航空器事故等级分为特别重大事故、重大事故、较大事故和一般事故,具体划分按照《生产安全事故报告和调查处理条例》规定执行。

(备注:由于民航局暂未明确事故中伤亡人数,故此处不予展开解释)

1.2.2　民用航空器征候

《民用航空器事件调查规定》(CCAR-395-R2)所指的民用航空器征候,是指在民用航空器运行阶段或者在机场活动区内发生的与航空器有关的,未构成事故但影响或者可能影响安全的事件。

民用航空器征候分类及等级的具体划分按照民航局有关规定执行。

1.2.3　民用航空器一般事件

《民用航空器事件调查规定》(CCAR-395-R2)所指的民用航空器一般事件,是指在民用航空器运行阶段或者在机场活动区内发生的与航空器有关的航空器损伤、人员受伤或者其他影响安全的情况,但其严重程度未构成征候的事件。

1.3　民用飞机火灾事故现状

民航客机载油量、载客量大,且火灾发生时逃生困难,因此火灾是民用航空器最大的安全威胁之一,飞机防火安全是适航当局、飞机制造商和运营商最为关注的安全问题。多年来,美国联邦航空管理局(FAA)定期更新的"运输类飞机关注问题清单"中一直将飞行结构防火、复合材料机身防火、货舱防火、易燃液体防火等防火安全问题作为飞机型号合格审定的重要关注问题。美国交通运输安全委员会(National Transportation Safety Board,NTSB)也将"改进交通运输防火安全"列入其"最希望得到改进的问题清单"。

根据航空安全网(Aviation Safety Network),13个造成事故的主要因素包括:飞机、空管和导航、货物、碰撞、外部因素、飞机机组、火灾、起飞/着陆、维修、意外结果、安保、天气、未知因素。其中货物和火灾两个因素与飞机火灾事故相关。货物因素（cargo occurrences）是指造成事故的包括货物装配、起火、过载等因素。火灾是指包括机库、地面及飞行中发生的火灾。

根据前人所收集的 345 次事故/事故征候数据，统计了 1972—2012 年发生的 7 类危险事件，如表 1.1 所示。从表 1.1 可以看出，死亡人数最多和发生次数最多的危险事件均为火灾/烟雾，也就是说，民用航空器发生火灾往往会引起较为严重的事故，且死亡率也较高。

表 1.1　危险事件发生统计

危险事件	事故征候次数	事故次数			死亡人数
		一般事故	重大事故	特别重大事故	
火灾/烟雾	6	10	5	5	713
客舱失压	9	5	3	1	356
雷击	1	1	1	0	0
轮胎爆破	5	9	0	0	2
鸟撞	0	1	2	0	0
擦尾	4	1	3	0	0
发动机空中停车	3	9	7	2	281
合计	28	36	21	8	1352

2005—2014 年，全球平均每年发生的飞机火灾事故数量约占当年航空事故总数的 8%，其中 2006 年和 2013 年分别高达 11.61% 和 15.56%（图 1.1），而且整体上并没有呈现出明显降低的趋势。飞机火灾事故的致死率也很高，如图 1.2 所示，飞机火灾事故导致人员死亡的平均占比近 50%。表 1.2 给出了 2005—2014 年飞机火灾事故次数、死亡人数和受伤人数。

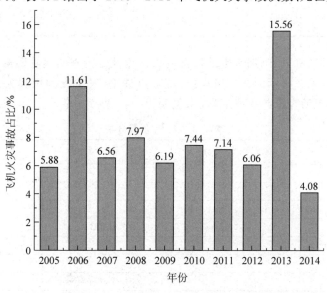

图 1.1　2005—2014 年飞机火灾事故占飞机事故的比例

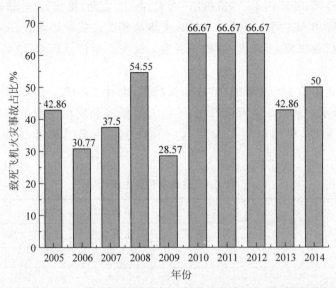

图 1.2　2005—2014 年致死飞机火灾事故占火灾事故的比例

表 1.2　2005—2014 年飞机火灾事故次数、死亡人数和受伤人数

年　　份	事 故 次 数	死 亡 人 数	受 伤 人 数
2005	7	272	98
2006	17	275	131
2007	12	221	115
2008	17	293	86
2009	7	54	24
2010	11	513	76
2011	10	89	24
2012	7	85	28
2013	15	66	205
2014	2	25	0

　　王敏芹等人对飞机火灾/烟雾事件依据起火位置及是否有明火等因素进行进一步分类，事件分类统计如表 1.3 所示。在飞机火灾/烟雾事件中，发生发动机起火的事故/事故征候次数比例最高，其次为客舱起火或烟雾（未见明火）。

表 1.3　火灾/烟雾分类

分　　类	事故征候次数	事 故 次 数	死 亡 人 数
发动机起火	1	8	162
货舱起火	0	1	159
驾驶舱起火	2	1	229
客舱起火	1	5	163
烟雾（未见明火）	2	3	0
其他	0	2	0
合计	6	20	713

一次完整的飞行过程包括滑行、起飞、爬升、巡航、下降、进近、着陆和(或)复飞等阶段。巡航阶段飞机基本处于稳定飞行状态,发生事故的概率较小。而起飞和降落阶段操作最为复杂,操作不当易导致飞机冲出跑道起火;或者机身倾斜导致机翼撞地,导致油箱或输油管路破裂,引发火灾。一般而言,起飞阶段飞机满载航空燃油,降落阶段航空燃油基本耗尽,所以,起飞阶段引起的油箱或发动机火灾要比降落阶段的火灾更为严重,造成的伤亡、损失更大。依据火灾/烟雾发生的阶段对事故等级进行分类,结果如表 1.4 所示。

表 1.4 不同火灾/烟雾发生阶段的事故情况

阶段	事故征候次数	事故次数			合计
		特别重大	重大	一般	
滑行	0	0	0	1	1
起飞	0	1	1	1	3
爬升	2	0	0	3	5
巡航	3	2	1	2	8
下降	0	0	1	1	2
进近	0	1	0	0	1
着陆	0	1	2	2	5
复飞	1	0	0	0	1
合计	6	5	5	10	26

凤四海等将飞机火灾事故划分为坠机火灾事故和非坠机火灾事故。坠机火灾事故一般发生速度快,剧烈的燃烧和燃油引起的爆炸导致火势瞬间蔓延至全机,可以视为整机着火。在此将整机着火划分为一类,约占 41%(图 1.3)。其发生阶段为撞击后(在中国民航规章(Chinese Civil Aviation Regulations,CCAR)发布的《民用航空安全信息管理规定》(CCAR-369-R2)中明确将"撞击后"单独划分为一个飞行阶段),约占 47%(图 1.4)。

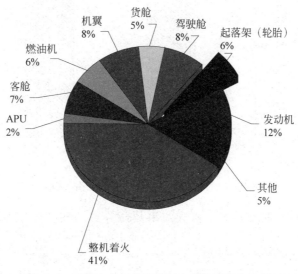

图 1.3 飞机火灾事故初期起火部位及所占比例

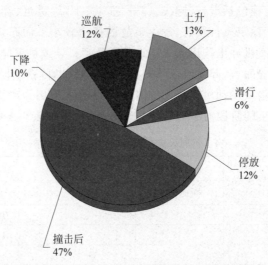

图 1.4　飞机火灾事故发生时所处的飞行阶段

对于非坠机火灾事故,最容易发生火灾的部位是发动机(12%),其次是驾驶舱(8%);而最容易发生火灾的飞行阶段是上升阶段(13%),巡航阶段发生火灾的概率也较大(12%),可能原因是巡航阶段所占时间最长。

图 1.5 给出坠机火灾事故和非坠机火灾事故死伤人数所占的比例。可以看出,86%的受伤人数及 99%的死亡人数都是由坠机火灾事故造成的;非坠机火灾事故造成的人员受伤比例占 14%,死亡人数比例仅占 1%。可能的原因是:非坠机火灾事故初期的危害范围较小,容易处置;坠机火灾事故往往是瞬间发生且火势大,事故后果通常都是机毁人亡,因此它造成的死伤人数会更多。

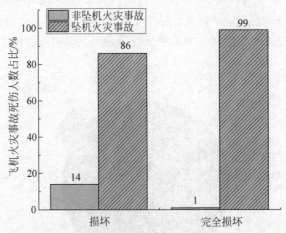

图 1.5　坠机火灾事故和非坠机火灾事故死伤人数所占的比例

接下来对坠机火灾事故和非坠机火灾事故所导致的航空器损坏程度分别进行统计分析。

航空器损坏程度按照由重到轻的顺序依次为:完全损坏、损坏、大体损坏、轻微损坏和无损坏,其统计结果见图 1.6。可以看出,两类火灾事故导致航空器损坏程度都是十分严重的。其中,坠机火灾事故造成 27%航空器完全损坏和 58%航空器损坏,非坠机火灾事故虽然没有造成航空器完全损坏,但造成了39％航空器损坏。换句话说,85％坠机火灾事故和39％非坠机火灾事故使航空器彻底失去维修价值。这个结果从侧面说明飞机火灾事故造成的经济损失是十分严重的。

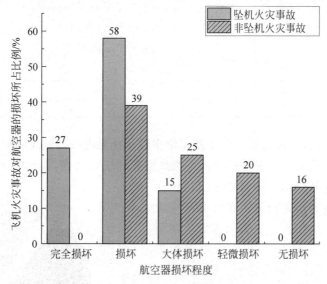

图1.6 坠机火灾事故和非坠机火灾事故与航空器的损坏程度

杜红兵等人根据世界航空信息安全网1942—2012年共44起飞行中火灾事故调查报告,分别对火灾发生区域、飞行阶段两方面进行统计。

1. 火灾发生区域

根据44起飞行中火灾事故调查报告,火灾主要发生区域有客舱、货舱、卫生间、驾驶舱、厨房及其他机身部位,如表1.5所示。而在我国,根据近些年航空公司的不安全事件统计,卫生间火灾的风险性较高,发生率呈较高趋势。可见,发生火灾的重点区域往往是隐蔽处,起火初期较难发现,容易蔓延引起大火。同时,因为客舱内部乘客较多,一旦发生火灾,伤亡损失较为严重。

表1.5 飞行中火灾发生区域统计表

火灾发生区域	频 次	比例/%
客舱(行李舱、壁板)	15	34.1
货舱	11	25.0
卫生间	6	13.6
驾驶舱	4	9.1
厨房	3	6.8
其他机身部位	5	11.4
总计	44	100

2. 飞行阶段

对航空安全网飞行中火灾的发生阶段进行统计,结果如表1.6所示。巡航阶段发生火灾次数占第一位,这可能与巡航在整个飞行阶段所占的时间较长有关。这与以往民航业中航空事故多发生在起飞、近着陆两个阶段的特征有所差别。

表 1.6　飞行中火灾发生阶段统计表

飞 行 阶 段	频　　次	比例/%
上升	7	15.9
巡航	24	54.6
下降、进近	7	15.9
着陆	4	9.1
未查明	2	4.5
总计	44	100

近几年,随着民航客机的电子设备使用增多以及机舱内的锂电池的运输和使用,机身着火的危险性也大大提高。依据数据交换系统数据库的统计数据,得到了机舱内火灾和烟雾告警的位置。火灾和烟雾事件有 4223 份报告,涉及机舱内的火灾和烟雾报告。在所有的火灾和烟雾报告中,有 2921 份火灾和烟雾发生在厕所的报告,但这包括 1653 份在厕所吸烟的报告,以及 905 份关于使用悬浮微粒、香水或杀虫剂的虚假警报。除去所有的乘客吸烟和气溶胶事件之后,有 1574 份有效的火灾和烟雾事件报告,其中厨房区域是发生火灾和烟雾事件最多的地方,占比 42.94%,具体情况如图 1.7 所示。

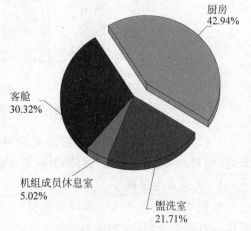

图 1.7　民航飞机机身不同位置火灾和
烟雾报告次数

在 1574 份有效报告中,有 563 份报告给出了烟雾、火焰或过热的具体位置,其中,涉及多个系统及设备。

如果不包括厨房,在机舱区域内的火灾和烟雾分布及来源的 39% 与飞机娱乐系统有关,51% 与便携式电子设备(PED)有关。这包括在机舱内使用的便携式电子设备,如飞行娱乐或机上服务/销售设备,但主要与乘客自己的设备有关。可见,飞机机舱内的便携式设备也是飞机起火的一个诱因。因此对民航客机而言,加强飞机客舱以及货舱的电子设备使用以及电子设备运输的监管显得十分必要。

1.4　民用机场火灾事故发展趋势

党中央国务院高度重视民航安全工作,习近平总书记要求“站在国家安全、国家战略的基点上系统地研究民航安全工作”。《中国民用航空发展第十三个五年规划》等文件指出,应从“高高原机场运行保障能力”“地空数据链”“跑道入侵”“电磁环境”“机场应急救援”等领域强化风险环节管控。机场消防救援能力是国际民用航空组织(ICAO)衡量国际机场安全运行能力的三大指标体系之一,统计资料表明,空难事故 80% 以上发生于飞机在机场及附近区域运行的“最危险 11 分钟”阶段,而空难事故 82% 以上人员伤亡及财产损失均涉及火灾。

我国民航高度重视机场消防安全风险防控工作,但相关研究仍与民航先进国家存在差距。尤其是新时代民航强国背景下世界级机场群建设形成的超大地面建筑、超宽飞行区、超大高高原机场重大防火技术需求,尤其在超大空间的防火分区、火灾监测预警、应急疏散设计、消防管网布置、航班密集多跑道设置及救援路线优化以及大型飞机库火灾评估等技术领域,急需创新超大空间防火与救援技术体系,为超大机场区域的安全运行提供关键防火技术支撑。

新时代民航强国背景下,未来民用机场火灾事故的主要发展趋势如下:

(1) 运行压力大。随着民用航空运输业飞速发展,机场航班起降密度和旅客吞吐量急剧增大,机场作为民航运输的关键场所,其建筑体量也越来越大,机场消防保障压力随之增加。目前已有学者尝试从消防站的基础训练设施器材、构建机场消防指挥调度系统和智慧消防平台等方面,来提高机场消防综合保障能力。

(2) 复合材料、锂电池等新型火灾。面向新时代双循环新经济技术格局的重大需求,随着飞机大多数采用了复合材料和锂电池数量的增加,飞机的各项性能也得到了显著的提升,与此同时,飞机的造价也就更高,这就意味着飞机发生火灾事故,将会面临更大的损失,这就对机场的消防与营救工作提出了更高的要求。面对新型飞机火灾,机场消防部门就需要配备不同的灭火设备以及灭火剂。

(3) 高高原特殊环境。海拔在 2438 m(或 8000 ft)及以上的机场称为高高原机场。由于高高原机场运行环境较为复杂,我国民航管理部门对高高原机场的运行要求极为严格。世界范围内高高原机场主要在中国、尼泊尔、秘鲁、玻利维亚、厄瓜多尔等国。截至 2020 年9 月,我国高高原机场共 20 座,是世界上拥有高高原机场数量最多的国家,并且数量一直在增长。我国国土幅员辽阔,其中高原和山区占了很大比例,在此国情下随着我国经济的发展,高高原机场数量和运输量会呈快速增长趋势。与一般平原机场运行相比,高高原机场运行存在以下问题:海拔高,空气密度小,飞机发动机易出问题,起降性能下降;净空条件与气象条件一般都比较恶劣,对飞机越障能力要求更高;海拔高、空气稀薄、飞行难度大等"人、机、环"三方面的运行风险和诸多特殊性,导致飞机起降时更易出现问题,从而引发飞机火灾。高高原区域的天气、地形、气压等复杂环境,以及地广人稀、经济欠发达、人员高原反应等多方面因素,极易造成高高原特殊环境下消防救援呼不应、到达慢、救不出的难题,而高高原机场却依据现行的平原机场的消防技术规范运行,因此存在未知的消防风险,这就为提升我国高高原机场消防救援能力带来了新的课题。

参考文献

[1] 肖静. 前事不忘 后事之师——日方当事人谈华航"8·20"事故救援[J]. 中国民用航空,2008(4):51-52.

[2] 孙缨军,李永平,陈志雄. 黑龙江伊春空难事故原因及其技术分析[J]. 国际航空航天科学,2017,5(4):175-181.

[3] 李炜晟. 更好地定义和利用自动化——阿联酋航空 EK521 航班事故警示[J]. 中国民用航空,2017(3):17-19.

[4] 中国民用航空局. 民用航空器事件调查规定:CCAR-395-R2[Z]. 2020-01-03.

[5] 中国民用航空局. 运输机场总体规划规范:MH/T 5002—2020[S]. 北京:中国民航出版社,2020.

[6] 张和平,陆松,张丹,等. 飞机防火技术概论[M]. 北京:科学出版社,2017.

［7］　王敏芹,郭博智.民用飞机事故/事故征候统计与分析手册［M］.北京:航空工业出版社,2015.

［8］　凤四海,李枣,贺元骅.基于灰色关联法的飞机火灾事故统计分析与启示［J］.安全与环境工程,2017(3):138-143.

［9］　杜红兵,解佳妮.飞行中烟火事件特征及预防［J］.消防科学与技术,2012,31(12):1352-1355.

［10］　于涛,尤马杰,徐忠霆,等.对民航运输机场消防站基础训练设施器材的分析及建议［J］.中国民用航空,2019(2):32-33.

［11］　刘斯文.首都机场消防指挥调度系统设计［J］.中国科技信息,2014(23):108-110.

［12］　夏天王梓.深圳宝安机场智慧消防平台的设计与实现［D］.济南:山东大学,2018.

［13］　徐佳.新型飞机发展对机场消防能力的挑战［J］.技术与市场,2017,24(7):450.

［14］　贾乐强.高高原环境下水成膜泡沫灭火性能研究［D］.德阳:中国民用航空飞行学院,2016.

第2章

机场基本布局

2.1 民用机场的分类与等级

2.1.1 民用机场分类

国际民航组织将机场(航空港)定义为:供航空器起飞、降落和地面活动而划定的一块地域或水域,包括域内的各种建筑物和设备装置。机场可分为军用机场和民用机场。民用机场主要分为运输机场和通用机场。此外还有供飞行训练、飞机研制试飞、航空俱乐部等使用的机场。运输机场的规模较大,功能较全,使用较频繁,知名度也较大。通用机场主要供专业飞行使用,场地较小。

根据航线业务范围,机场可以分为国际机场、国内机场和地区机场。国际机场是国际航班出入境指定的机场,国际机场还可细分为国际定期航班机场、国际定期航班备降机场和国际不定期航班机场,它须有办理海关、边防、商检、卫生检疫、动植物检疫和类似程序手续的机构。国内机场是供国内航班使用的机场。地区机场是经营短程航线的中小城市机场,它包括各地区与有特殊地位地区之间的航线机场和通往港、澳、台的航线机场,其特点是设有联检机构。

根据机场在民航运输系统中所起的作用,机场可以分为枢纽机场、干线机场和支线机场。枢纽机场是作为全国航空运输网络和国际航线的枢纽机场,旅客在此可以很方便地中转到其他机场。根据业务量的不同,枢纽机场可分为大、中、小型枢纽机场。干线机场是以国内航线为主,建立跨省地区的国内航线,可开辟少量国际航线。干线机场的航线连接枢纽机场、直辖市和各省会城市或自治区首府,空运量较为集中,年旅客吞吐量不低于 10 万人次。支线机场是经济较发达的中小城市或经济欠发达但地面交通不便的城市地方机场,其空运量较少,年旅客吞吐量一般低于 10 万人次。支线机场的航线多为本省区航线或邻近省区支线。

根据机场在所在城市的地位、性质,机场可以分为Ⅰ类机场、Ⅱ类机场、Ⅲ类机场和Ⅳ类机场。Ⅰ类机场是全国政治、经济、文化中心城市的机场,是全国航空运输网络和国际航线的枢纽,运输业务量特别大,除承担直达客货运输外,还具有中转功能,例如北京首都机场、上海虹桥机场、广州白云机场等。Ⅱ类机场是省会、自治区首府、直辖市和重要经济特区、开放城市和旅游城市或经济发达、人口密集城市的机场,可以全方位建立跨省、跨地区的国内航线,是区域或省内航空运输的枢纽,有的Ⅱ类机场可开辟少量国际航线,Ⅱ类机场也可称为国内干线机场。Ⅲ类机场是国内经济比较发达的中小城市,或一般的对外开放和旅游城市的机场,能与有关省区中心城市建立航线,Ⅲ类机场也可称为国内干线机场。Ⅳ类机场是支线机场和直升机场。

按照"十三五国家综合机场体系"的定义,运输机场可以分为枢纽机场和非枢纽机场。枢纽机场又可分为大型枢纽机场、中型枢纽机场及小型枢纽机场。大型枢纽机场(国际性枢纽)的旅客吞吐量占全国旅客吞吐量比重大于 1%,且其国际旅客吞吐量占全国国际旅客吞吐量比重大于 5%。中型枢纽机场(区域性枢纽)旅客吞吐量占全国旅客吞吐量比重大于 1%。小型枢纽机场(地区性枢纽)旅客吞吐量占全国旅客吞吐量比重小于 0.2%。非枢纽机场旅客吞吐量占全国旅客吞吐量比重小于 0.2%。

2.1.2 民用机场等级

1. 飞行区等级

跑道的性能及相应的设施决定了可使用该机场的飞机等级。机场可按飞行区等级进行分类。飞行区等级用两个部分组成的编码来表示:第一部分是数字,表示飞机性能所对应的跑道性能和障碍物限制;第二部分是字母,表示飞机尺寸所要求的跑道和滑行道的宽度。对于跑道来说,飞行区等级的第一位的数字表示所需要的飞行场地长度,第二位的字母表示相应飞机的最大翼展和最大轮距宽度。ICAO 规定,飞行区等级由第一要素代码(即根据飞机基准飞行场地长度而确定的代码,等级指标 Ⅰ)和第二要素代字(即根据飞机翼展和主起落架外轮间距而确定的代字,等级指标 Ⅱ)组成的基准代号划分。基准代号可提供一个简单的方法,将有关机场特性的许多规范相互联系起来,为该机场上运行的飞机提供一系列与之相适的机场设施。表 2.1 中的代码表示飞机基准飞行场地长度,即某型飞机以最大批准起飞质量,在海平面、标准大气条件(15℃、1 个大气压)、无风、无坡度情况下起飞所需的最小飞行场地长度。飞行场地长度也表示在飞机中止起飞时所要求的跑道长度,因而也称为平衡跑道长度。飞行场地长度是对飞机的要求来说的,与机场跑道的实际距离没有直接的关系。表 2.1 中的数字为翼展或主起落架外轮外侧间距,应选择两者中较大者。

表 2.1 飞行区基准代号表

第一要素		第二要素		
代码	飞行基准飞行场地长度/m	代字	翼展/m	主起落架外轮外侧之间距/m
1	<800	A	<15	<4.5
2	≥800,<1200	B	≥15,<24	≥4.5,<6
3	≥1200,<1800	C	≥24,<36	≥6,<9
4	≥1800	D	≥36,<52	≥9,<14
		E	≥52,<65	≥14,<16

2. 跑道导航设施等级

跑道导航设施等级按配置的导航设施能提供飞机以何种进近程序飞行来划分。跑道分为非仪表跑道和仪表跑道。

1）非仪表跑道

供飞机用目视进近程序飞行的跑道,代字为 V。

2）仪表跑道

供飞机用仪表进近程序飞行的跑道,可分为:

（1）非精密进近跑道,即装备相应的目视助航设备和非目视助航设备的仪表跑道,能足以对直接进近提供方向性引导,代字为 NP。

（2）Ⅰ类精密进近跑道,即装备仪表着陆系统和（或）微波着陆系统以及目视助航设备,能供飞机在决断高度低至 60 m 和跑道视程低至 800 m 时着陆的仪表跑道,代字为 CAT Ⅰ。

（3）Ⅱ类精密进近跑道,即装备仪表着陆系统和（或）微波着陆系统以及目视助航设备,能供飞机在决断高度低至 30 m 和跑道视程低至 400 m 时着陆的仪表跑道,代字为 CAT Ⅱ。

（4）Ⅲ类精密进近跑道,即装备仪表着陆系统和（或）微波着陆系统的仪表跑道,可引导飞机直至跑道,并沿道面着陆及滑跑。根据对目视助航设备的需要程度又可分为三类,分别以 CAT ⅢA,CAT ⅢB 和 CAT ⅢC 为代字。

3. 航站业务量规模等级

机场业务量的大小与航站规模及其设施有关,也反映了机场繁忙程度及经济效益。表 2.2 为按照航站的年旅客吞吐量或年货邮吞吐量来划分机场等级的参考标准。年旅客吞吐量与年货邮吞吐量不属于同一等级时,可按较高者定级。

表 2.2　航站业务量规模分级标准表

航站业务量规模等级	年旅客吞吐量/万人	年货邮吞吐量/10^3 t
小型	<10	<2
中小型	≥10,<50	≥2,<12.5
中型	≥50,<300	≥12.5,<100
大型	≥300,<1000	≥100,<500
特大型	≥1000	≥500

4. 民航运输机场规划等级

以上三种划分等级的标准从不同的侧面反映了机场的状态:能接收机型的大小、保证飞行安全和航班正常率的导航设施的完善程度及客货运量的大小。在综合上述三个标准的基础上,提出了一种按民航运输机场规划分级的方案,如表 2.3 所示。当三项等级不属于同一级别时,可根据机场的发展和当前的具体情况确定机场规划等级。

表 2.3　民航运输机场规划等级表

机场规划等级	飞行区等级	跑道导航设施等级	航站业务量规模等级
四级	3B、2C 及以下	V、NP	小型
三级	3C、3D	NP、CAT Ⅰ	中小型
二级	4C	CAT Ⅰ	中型
一级	4D、4E	CAT Ⅰ、CAT Ⅱ	大型
特级	4E 及以上	CAT Ⅱ 及以上	特大型

5. 机场救援和消防等级

ICAO 在机场服务手册 Doc 9137 中的救援与消防部分对机场救援和消防等级进行了划分。救援和消防勤务主要是救护受伤人员。为了保障机场救援消防能力和效率,机场应根据其起降飞机外形的尺寸(飞机机身全长和最大机身宽度)来配备消防器材、设备、车辆和设施(如应急通道)等。机场救援和消防等级可分为 1~10 级。飞机外形尺寸越大,机场级别数越大,如表 2.4 所示。

表 2.4　按救援与消防目的对机场进行分类

机 场 等 级	飞机总长度/m	机身最大宽度/m
1	0~9(不含)	2
2	9~12(不含)	2
3	12~18(不含)	3
4	18~24(不含)	4
5	24~28(不含)	4
6	28~39(不含)	5
7	39~49(不含)	5
8	49~61(不含)	7
9	61~76(不含)	7
10	76~90(不含)	7

通过统计一年中最繁忙的连续三个月中飞机的起降架次,按救援与消防目的对机场可进行如下分类:

(1) 当正常使用该机场的最高等级的飞机在最繁忙的连续三个月中的起降架次达到700 架次或更高时,则机场类别为最高飞机等级;

(2) 当正常使用该机场的最高等级的飞机在最繁忙的连续三个月中的起降架次少于700 架次时,则机场等级可比最高飞机等级低一个等级。

对机场消防保障等级进行划分是为了便于机场配备必需的消防设施设备。首先需要确定航空器救援最小可用灭火剂数量,然后确定机场消防站的规模。如消防保障等级为 3 级(含)以上的机场应设消防站。消防保障等级 3 级以下的机场可不设消防站,但应建设消防车库及与其相同的消防员备勤室。消防站应设有训练场地,面积需满足标准要求。消防站应设置警铃,并保证在消防站的任何位置均能清晰地听见警铃声。9 级(含)以上机场消防站可根据实际情况设置航空器灭火模拟训练装置。根据机场消防保障等级还可以确定消防用水量。

2.2　民用机场的功能分区

民航运输机场主要由飞行区、旅客航站区、货运区、机务维修设施、供油设施、空中交通管制设施、安全保卫设施、救援和消防设施、行政办公区、生活区、生产辅助设施、后勤保障设施、地面交通设施及机场空域等组成。

2.2.1 飞行区

飞行区指机场内用于飞机起飞、着陆和滑行的部分地区,其中包括飞机起降运行区、滑行道系统和目视助航系统以及净空区域。飞行区地面设施包括升降带、跑道端安全地区、滑行道、机坪和净空区等,如图 2.1 所示。

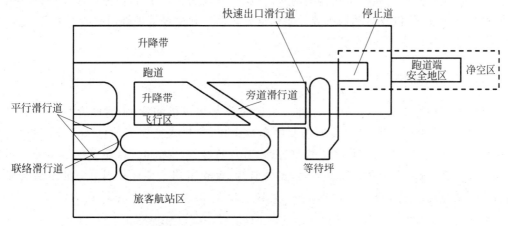

图 2.1　现代运输机场飞行区地面设施的组成

升降带包括跑道、跑道道肩、停止道和升降带土质地区。

(1) 跑道:跑道直接供飞机起飞滑跑和着陆滑跑用;

(2) 跑道道肩:紧接跑道边缘要铺设道肩,作为跑道和土质地面之间的过渡,以减少飞机一旦冲出或偏出跑道时被损坏的危险;

(3) 停止道:停止道设在跑道端部,飞机中断起飞时能在其上面安全停住;

(4) 升降带土质地区:跑道两侧的升降带土质地区,主要保障飞机在起飞、着陆、滑跑过程中偏出跑道时的安全,不允许有危及飞行安全的障碍物。

跑道端安全地区设在升降带两端,用来减少起飞、着陆的飞机偶尔冲出跑道以及提前接地时遭受损坏的危险。其地面必须平整、压实,并且不能有危及飞行安全的障碍物。

净空道是指当跑道长度较短,只能保证飞机起飞、滑跑安全,而不能确保飞机完成初始爬升(10.7 m 高)安全时,为弥补跑道长度的不足,机场设置的通道。净空道设在跑道两端,其土地应由机场当局管理,以便确保不会出现危及飞行安全的障碍物。

滑行道是指供飞机从飞行区的一部分区域通往其他部分区域时的通道,包括进口滑行道、旁道滑行道、出口滑行道、平行滑行道和联络滑行道。

机坪主要有等待坪和掉头坪两种。等待坪可供飞机等待起飞或让路而临时停放,通常设在跑道端附近的平行滑行道旁边。掉头坪可供飞机掉头,当飞行区不设平行滑行道时,应在跑道端设掉头坪。

2.2.2 航站区

航站区是指机场内以旅客航站楼为中心的,包括站坪、旅客航站楼建筑和车道边、停车设施及地面交通组织所涉及的区域。

航站楼用于旅客完成地面与空中之间的交通转换,是机场的主要建筑物,通常由下列五项设施组成:①连接地面交通的设施。有上、下汽车的车道边(航站楼前供车辆减速滑入、短暂停靠、启动滑出和驶离车道的地段及适当的路缘)及公共汽车站等。②办理各种手续的设施。有旅客办票、安排座位、托运行李的柜台以及安全检查和行李提取等设施。通航国际航线的航站楼还有海关、动植物检疫、卫生检疫、边防(移民)检查的柜台。③连接飞行的设施。有靠近飞机机位的候机室或其他场所,视旅客登机方式而异的各种运送、登机设施,中转旅客办理手续、候机及活动场所等。④航空公司营运和机场管理部门必要的办公室、设备等。⑤服务设施。有餐厅、商店等。

2.2.3　货运区

货运区可供办理货物托运手续、往飞机装货以及从飞机卸货、临时储存货物、交货等。货运区主要由业务楼、货运库、装卸场及停车场组成,货机来往较多的机场还设有货机坪。机场货运区的合理布局会方便飞机货物装卸,节约货物运输时间。目前国内机场的货运区布局比较分散,造成大量货物需要驳运,多处监管(查验),图 2.2 是我国上海浦东机场和广州白云机场货运区规划图。

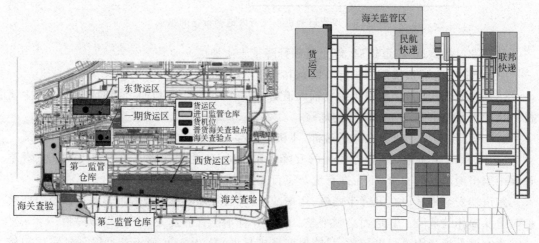

图 2.2　上海浦东机场(左)和广州白云机场(右)货运区规划图

机场货运区是按照货站的运营模式、海关监管和查验要求来进行规划布局的。对于不同货物类型,货站的运营模式不尽相同。同时,海关监管政策、查验要求对机场货运区规划、布局有决定性影响,规划的时候要充分考虑到海关的需求。

国内货运区国际货站主要有三种运营模式(图 2.3)。各机场不尽相同,有采用单一模式的,有采用多种模式结合的,主要根据客户的需求而定。国内货站运营模式和国际货站运营模式基本相同,区别在于国内货站、仓库不具备海关监管功能。以国际货运为例,从图 2.3中可以看出,货站的运营模式很大程度上影响货站单位面积货物的处理量。货站运营模式选择,配合货运区创新型规划布局,使得货站的货物处理量变得很有弹性。可以根据机场货运吞吐量的发展调整货站运营模式,又不会引起远距离短驳问题、二次装载及二次安检问题。

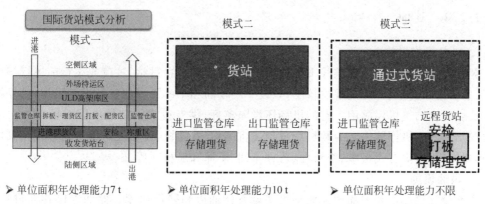

图 2.3 货站运营模式及处理能力

机场货运区需要哪些功能设施,它们之间的层级和关系,也是机场货运区规划、布局中需要给予充分考虑的,可以根据需要调整机场货运区的布局(图 2.4)。

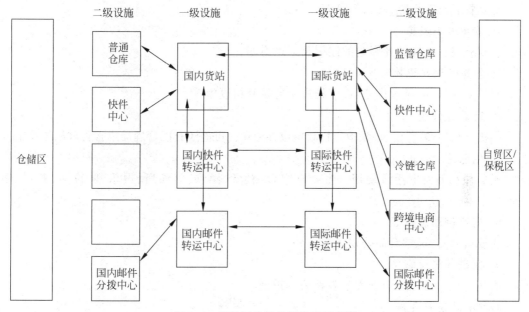

图 2.4 货运区功能设施关系示意图

大型枢纽机场货运区在规划时要考虑以下几点:

(1)尽可能地方便各种类型的中转,特别是国际、国内互转,提升中转效率,避免长距离驳运。

(2)海关监管、查验设施布局相对集中,以便于监管、查验。

(3)如果货量规模足够大,如跨境电商、快件、邮政、冷链等设施可转化为一级设施(专业货站)。修建货站设施时,应考虑提高建筑容积率,节约土地使用,降低货站建造成本,减少投资。

(4)货站修建结构应有利于实现货站的自动化运行,提高货站的运行效率。

2.2.4　其他

1. 机务维修设施

多数机场对飞机只承担航线飞行维护工作,即对飞机在过站、过夜或飞行前进行例行检查、保养和排除简单故障,其规模较小,只设一些车间和车库。有些机场设停机坪,供停航时间较长或过夜的飞机停放用。有的机场还设隔离坪,供专机或因其他原因需要与正常活动场所相隔离的飞机停放用。少数机场承担飞机结构、发动机、设备及附件等的修理和翻修工作,其规模较大,设有飞机库、修机坪、各种车间、车库和航材库等。

2. 供油设施

供油设施供储油和加油用。大型机场设有储油库和使用油库。储油库储存大量油料,并有装卸油的各种配套设施,是机场的主要油库。小型机场只设一个油库。小型机场通常用罐式加油车加油,大型机场通常用机坪管线系统(加油井或加油栓)加油。

3. 空中交通管制设施

有航管、通信、导航、气象等设施。

4. 安全保卫设施

主要有飞行区和站坪周边的围栏及巡逻道路。

5. 救援和消防设施

有消防站、消防供水设施、应急指挥中心及救援设施等。

6. 行政办公区

供机场当局、航空公司、联检等行政单位办公用。可能还有区管理局或省管理局等单位。

7. 生活区

供居住和各项生活活动用。主要有宿舍、食堂、澡堂、门诊所、俱乐部、商店、邮局、银行等。

8. 生产辅助设施

主要有宾馆、航空食品公司等。

9. 后勤保障设施

有场务队、车队、综合仓库及各种公用设施。

10. 地面交通设施

有进出机场交通和场内交通两个系统。进出机场交通多数采用公路,有的机场采用铁路或地铁。

11. 机场空域

机场空域是指属于该机场使用和管理的周围空间。设有飞机进出机场的航线和等待飞行空域。

2.3　机场飞行区典型设施

机场飞行区是供飞机起飞、着陆、滑行和停放使用的重要场地,是机场最重要的区域。当响应飞机紧急情况时(如飞机紧急起降),就需要对机场飞行区设施十分熟悉,那么飞行员就能更好地实施紧急起降,机场响应人员就能以最安全和最快速的方式到达机场的任何一个地方。本节主要介绍机场飞行区几种典型设施。

2.3.1　机场起落航线

机场消防队员必须了解机场附近范围内的空中起落航线。除非空中交通管制员另有指示,否则所有进入机场区域的飞机都必须按起落航线飞行。当飞机遇紧急情况时,将给予该架飞机优先权,可不按起落航线飞行,而是按直线或更改航线飞行。

若机场消防队员熟悉飞机的起落航线,在发生紧急情况时,消防队员可以第一时间掌握飞机相对于机场跑道的位置,从而做出快速救援。机场起落航线,是指为在机场进行起飞或着陆的飞机所规定的交通 668 流程。典型的起落航线是包括 4 个转弯点和 5 条边的方块航线。起落航线是一种基本的起降飞行路线,同时飞五边也是一种重要的进近程序,五边包括第一边(上风边)、第二边(侧风边)、第三边(下风边)、第四边(基线边)和第五边(最后进近边),如图 2.5 所示。飞行中按规定的高度、速度、航向及有关程序操纵飞机起飞和着陆。以起飞方向为准,向左转弯称"左航线"、向右转弯称"右航线"。

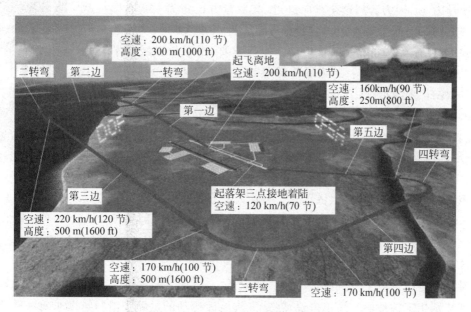

图 2.5　标准五边起降航线示意图

上风边就是起飞、爬升、收起落架,保持飞机处于跑道延伸中心线上的航线。

侧风边就是飞机爬升、转弯,与飞离场边的降落跑道成直角的航线。

下风边就是降落反方向平行于降落跑道的航线,通常在侧风边和基线边之间延伸。此时飞行员收油门,设定正确的相关设置,维持正确的高度,向塔台报话和进行着陆前检查,并判断与跑道的间距是否正确。

基线边是与飞离进近端的降落跑道成直角的航线。基线边通常从下风边延伸至跑道延长线的交叉点,飞机开始最后进近之前,必须从基线边 90°转弯。此时飞机转向跑道,与跑道对正,并做最后检查,视状况再放起落架,维持正确的速度和下降率。

最后进近边是飞机对准跑道,直接着陆的部分降落航线。此时飞机做最后调整,按正常下降率下降、进场、着陆、刹车。

2.3.2　机场跑道与滑行道系统

有些飞机在直线进近航线上飞行,飞机飞到预定航向,90°转弯,对齐后直线降落,此时风的方向应决定航向和降落跑道。一旦飞机降落在机场,必须沿着指定的线路达到登机口、货物机库或维修区。飞机消防救援车可以使用与飞机相同的进场路线,因此机场消防队员熟悉跑道与滑行道命名系统的意义十分重要。

飞机一般临风起飞或降落。因此,跑道的布局要合理利用机场的盛行风。等待起飞许可的飞机可排列在跑道顺风端附近的滑行道上。当风变轻,且并非关键因素时,空中交通管制员可同时使用多个跑道,加快飞机流动。

跑道编号取自最近的罗盘方位角(相对于磁北),四舍五入到最近的10°。罗盘方位角从北开始,顺时针从0°转到360°。对于从南进近的飞机,罗盘航向为340°的跑道编号为34。而对于从北进近的飞机,同样的跑道编号为16,因为若从这个方向进近,其罗盘方位角为160°。同一跑道两端之间的差值总是为180°。当跑道编号为06或09时,为了避免混淆,编号下方标有一条杠(06 或 09)。若有需要,用字母来区分平行跑道。大部分的机场中,平行跑道通常都用数字加字母L(左)和同一数字加字母R(右)来表示(图2.6)。例如,一组平行跑道,从北进近的,表示为36L和36R,从另一端进近的,表示为18L和18R。若有三条平行跑道,其表示方法可由此类推。但是在这种情况下,字母"C"用来表示"中间"跑道。因此,航向为180°的三条平行跑道可表示为18L、18C和18R(表示18左、18中和18右)。

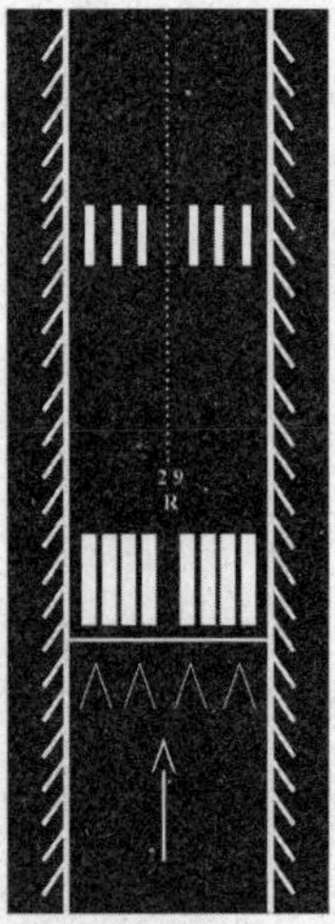

图 2.6　跑道识别
标志示例

跑道周围也有一个"安全区"。大型喷气式飞机的标准跑道宽度为45.7 m。这种宽度跑道的安全区通常向跑道中心线两侧延伸76.2 m(152.4 m 宽),朝进近和离场端向外延伸304.8～609.6 m。若飞机突然转向或冲出跑道,安全区的地面应能支撑该飞机。

滑行道是指机场上飞机滑行(行驶)到跑道、飞机库、停机坪、登机口等地或从这些地点滑行到特别指定的地面。简单来说,就是飞机地面运动的道路。滑行道要求有一个字母名称,通常从滑行道A(Alpha)开始,其次是滑行道B(Bravo)、滑行道C(Charlie),以此类推。一般惯例是,首先命名主滑行道,例如与跑道平行的滑行道,然后用所连接的滑行道命名"短滑行道"和"支线滑行道"。例如,滑行道A1垂直连接到滑行道A,下一个类似的滑行道则称为A2。滑行道命名并不标准化,通常在FAA的帮助下就地确定。滑行道可以称为"平行滑行道"(与跑道平行)或"交叉滑行道"(穿过跑道)。

2.3.3　机场照明与标识系统

除了跑道编号和滑行道标识系统以外,彩色的灯、标记和符号也用于识别机场的各个区域、建筑和障碍物。飞机消防救援人员应了解特定机场使用的灯、标记和标识系统。FAA

咨询通告规定了机场照明、标记和标识系统的最低标准,包括《机场标记标准》(AC 150/5340-1J)、《机场符号系统标准》(AC 150/5340-18F)和《机场视觉辅助设计和安装详情》(AC 150/5340-30J)。

1. 地面照明

虽然各个机场的滑行道名称可能不同,但是所有机场的跑道和滑行道地面照明都是标准化的。这些灯由机场消防救援人员控制,因此 ARFF(aircraft rescue and fire fighting,飞机消防救援)响应人员可根据天气情况调节灯光强度或亮度。图 2.7 显示了各种不同类型的机场灯。

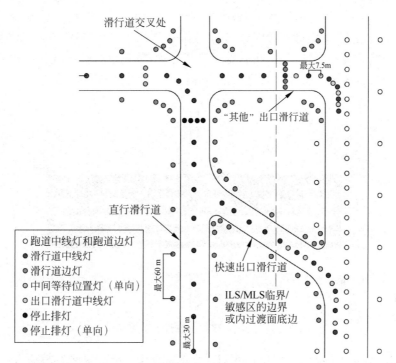

彩图 2.7

图 2.7 用于确定跑道和滑行道不同区域的彩灯

蓝灯或反射标记用于标出滑行道轮廓,通常沿着边缘,间隔 30 m。

白灯用于标出跑道边缘轮廓,指示跑道中心线。轮廓照明灯间隔 60 m;中心线照明灯间隔 15 m。白灯也用于指示停机坪上的垂直交通区域。

绿灯用于指示跑道的进近端和某些滑行道中心线。

红灯用于标记障碍物,例如建筑结构、停机的飞机、禁止区域、建筑工程以及跑道的离场端。跑道中心线照明至少 914.4 m 内为红灯白灯交替,最后 304.8 m 全部为红灯。

黄灯或琥珀色灯用于指示停止带的位置,以及只有得到控制塔许可才能通过的区域。这些灯称为"警戒灯",布置在停止线的两侧,共两组,每组两个闪光灯。黄灯和琥珀色灯同样也用作跑道边缘照明灯,在跑道离场端布置至少 609.6 m。

2. 标记

机场标记在机场停机坪、滑行道和跑道获得控制塔许可才能穿过的区域内使用。机场也使用彩色的标记,常用的三种颜色为白色、红色和黄色,代表的意义如下:

白色用于表示跑道识别号/字母、着落区线和标线。

红色用于指示消防车通道等限制区域和不可进入的区域。只有事先获得许可才能越过红线进入限制区域。

黄色用于表示停止带、滑行道和仪表降落系统（instrument landing system，ILS）关键区域，也可用于标记非承重地面。

停止位置标记（也称为停止线或停止带）是用于所有使用滑行道的车辆或飞机的停止标志（图2.8）。停止位置标记包括四条黄线（两条实线，两条虚线），横穿整个滑行道。当从实线侧靠近停止位置标记时，要求车辆或飞机必须停止，直到确认了书面许可（无管制机场）或空中交通管制（air traffic control，ATC）批准进一步移动（管制机场）。当从虚线侧靠近时，停止位置标记不适用，车辆可直接穿过标记，无需获得任何许可。停止位置标记通常位于跑道安全区的边缘。有些机场要求，在恶劣天气状况下，黄色滑行道虚线用来阻止飞机/车辆进入这些跑道安全区域。未经授权进入跑道安全区域也视为进入跑道。

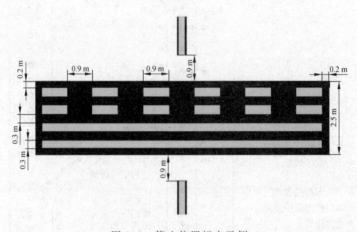

图 2.8　停止位置标志示例

仪表降落系统的关键区域使用特殊的停止位置标记。这些关键区域通常位于靠近跑道端部的滑行道上。仪表降落系统向降落飞机发出信号，表明精确的速度和相对于跑道的位置。停在仪表降落系统区域的车辆可能会妨碍这些信号，导致降落飞机从地面收到的信号不精确。

滑行道的长度方向有一条黄色中心线（单实线）。滑行道虚线用于在恶劣天气或大雾状况下，向飞行员表示他们正在靠近跑道。黄色双实线可用于表示滑行道边缘的位置。

有些时候，跑道有些区域不适合或禁止起飞和降落。通常表示为"专用区域"，其标识表明用途和相关限制。最常见的位于跑道头，用一条白色实线穿过跑道表示。这条线就是跑道正式开始的地方，线条后面加上跑道编号或八个跑道头标记。若有白色箭头指向跑道头，则前面的已铺区域可用于滑行、起飞和滑跑。若该区域不适合飞机运行，则标记为黄色人字形。通常还提供额外的铺设区域，在起飞中断期间，驱散喷气，或允许冲出跑道。跑道或滑行道上喷涂或点亮的"X"标记表示该跑道或滑行道禁止飞机或车辆通行。

红色和白色线条用来标出"外围"（图2.9）。该区域在停机坪、登机口或登机道处，表示飞机停机的区域。应避免机场消防救援车堵塞、停入或太靠近外围。

车辆道路拉链型标记用于标记位于或穿过飞机机动区域的某些道路的边缘(图 2.10)。拉链型标记使用两条并排的白色虚线表示车辆道路的边缘。由于拉链型标记表示正行驶在飞机机动区域,驾驶员穿过拉链型标记道路之前,必须停在强制停车标志处,为所有移动飞机让道。

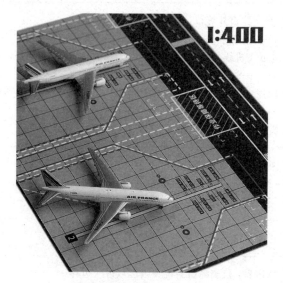

彩图 2.9

图 2.9　外围区域标记示例　　　　　　图 2.10　车辆道路拉链型标记示例

3. 标志

机场消防队员必须能识别和理解各种机场运行特有的标志。机场使用的标志包括:

(1) 强制性指示标志,表示必须遵守的指示。包括停止位置、跑道交叉点、仪表降落系统关键区域、跑道进近和进入标志。

(2) 跑道停止位置标志,为红底白字(红底白字——前方停止)。

(3) 位置标志,表示跑道或滑行道和其他机场特定位置。位置标志为黑底黄字(黑底黄字——告知位置)。

(4) 方向标志,标出从交叉口离开的滑行道方向。这些标志为黄底黑字(黄底黑字——告知方向)。

(5) 目的地标志,表示机场跑道、航站楼和货物区等目的地。和方向标志一样,目的地标志也是黄底黑字(黄底黑字——告知方向)。

(6) 信息标志,向飞行员提供适用无线电频率或消声程序等信息。这些标志为黄底黑字。

(7) 剩余跑道距离标志,表示剩余跑道的距离。显示数字以千英尺(304.8 m)为增量,表示距离跑道头的英尺(米)数。黑底白色数字,例如"4"表示剩余跑道为 4000 ft(1219.2 m)。

(8) 跑道周围的其他标志,包括通信频率标志(表示飞行员与地面控制通信的频率)和噪声限制标志(表示飞机必须降低功率设定值,协助消除噪声)。机场高速路和道路上也有典型的道路标志。这些标志用在道路可能与滑行道或跑道进近区域交叉的机场。各种机场标志及其意义见表 2.5。

表 2.5 各种机场标志及其意义示例

标　志	代　表　含　义
4-22	滑行道/跑道停止位置：滑行道上跑道线外等待
26-8	跑道/跑道停止位置：交叉跑道外等待
8-APCH	跑道进近停止位置：进近飞机线外等待
ILS	仪表降落系统关键区域停止位置：仪表降落系统进近关键区域线外等待
⊖	禁止通行：表示飞机禁止进入的铺设区域
B	滑行道位置：表示车辆/飞机所处的滑行道
22	跑道位置：表示车辆/飞机所处的跑道
▤	边界：跑道保护区域进入边界
▥	仪表降落系统关键区域边界：仪表降落系统关键区域进入边界
J→	滑行道方向：交叉滑行道的方向和名称
↙L	跑道入口：跑道至入口滑行道的方向和名称
22↑	出站目的地：起飞跑道的方向
↖MIL	入站目的地：到达飞机的方向
▨	滑行道终点：表示滑行道的终点

2.3.4　机场导航设备

　　机场导航设备是指机载或地面的可视或电子设备，向飞行中的飞机提供点对点指导信息或位置数据。机场消防队员无须知道导航设备具体是怎样工作的。但是，他们应能够识别导航设备并且知道它们在机场所处的位置。若某些导航设备运行地点出现飞机消防救援车，则可能干扰导航设备的信号，因此，飞机消防救援车应行驶在不会妨碍这些设备(仪表降落系统)运行的路线上。此外，这些运行区域的消防队员可能会受到设备产生的无线电波的伤害。图 2.11 显示了机场可能使用的导航设备在机场上的布置。

　　由图 2.11 可知：

　　① 目视进近灯光系统。目视进近灯光系统为精密进近航道指示器或目视进近坡度指示器，由红灯和白灯组成，这些灯临近跑道，向飞行员提供目视下降路线。

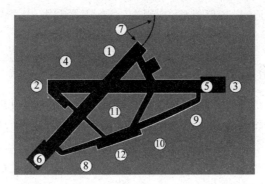

图 2.11　机场可能使用的导航设备布置示意图

② 仪表降落系统。仪表降落系统向飞行员提供飞机方位、下降坡度及位置的电子引导，直到目视确定跑道方位和位置。

③ 无方向性信标。无方向性信标传输无线电信号，通过无线电信号，飞行员采用飞机仪表可以确定其离信号站的位置。无方向性信标通常安装在 35 ft(11 m)高的杆上。

④ 甚高频多向导航系统。机场的标准甚高频多向导航系统称为 VOR（very high frequency omnidirectional radio range）。VOR 为非精密仪表进近程序发射方位信息。

⑤ 进近灯光系统。进近灯光系统由沿跑道中心延长线对称分布的灯组成。这些系统通过发射方向性光束向降落飞机提供视觉指导，借助该指导，飞行员可在最后进近时，将飞机与跑道中心延长线对齐，精确地降落。

⑥ 全向进近灯光系统。全向进近灯光系统配置成可发射任何方向的闪烁光束，这些系统布置在飞机非精确降落跑道的进近端。

⑦ 引进灯光系统。引进灯为闪烁灯，安装在地面或地面附近，标出飞机飞至进近灯光系统或跑道头的理想航线。

⑧ 机场旋转灯标。机场旋转灯标通过发射180°间隔分布的光束指明机场的位置。白/绿灯交替闪烁表示有照明的民用机场；白/白灯交替闪烁表示无照明的民用机场。

⑨ 机场监视雷达。机场监视雷达 360°扫描机场，向空中交通管制员提供机场 60 n mile[①] 范围内所有飞机的位置。

⑩ 机场地面探测设备。机场地面探测设备用于补偿能见度降低期间地面交通的视线损失。

⑪ 自动气象观测站。自动记录仪测量云高、能见度、风速和风向、温度、露点等。

⑫ 机场交通控制塔。空中交通管制员控制机场指定空域内的飞行操作以及活动区域内飞机和车辆的运行。

2.4　机场平面布局

机场平面布局是确定机场消防救援车最适合的响应路线的关键因素。为了熟悉机场设计和布局，消防队员必须熟悉以下系统、资源和位置：网格地图、机场地形、建筑物、机场导

---

① 1 n mile＝1852 m。

航设备、道路和桥梁、跑道、机场停机坪、控制进入点、围栏和大门、指定隔离区域、供水、燃油储存和分配、机场排放系统。本节就几个重要位置的布局做介绍。

2.4.1 机场网格地图

规划应急响应路线时,网格地图十分重要。机场消防救援和机场支持人员使用这些地图确定地面位置。互援部门有必要知道如何解读网格地图,并且应熟悉所响应机场的网格地图。网格地图使用直角坐标系或方位角标志。这些地图可能是标准的地图、大比例尺的商业地图或修改的轮廓图。无论使用什么类型的地图,网格地图都应包括涵盖机场外应急响应区的区域。

网格地图将一个区域分成许多小正方形(标有数字和字母),以便快速找到任何一点的平面图。除了使用标志坐标系和坐标制以外,这些网格地图还应包括起落航线和控制区。NFPA® 403《飞机消防救援标准》规定了两个网格地图上应标出的应急响应区域:快速响应区(rapid response area,RRA)和消防救援通道关键区域(the critical rescue and firefighting access area,CRFFAA)(图2.12)。快速响应区是一个长方形,包括跑道和跑道周围延长至但不超过机场界址线的区域。该区域从跑道中心线两侧延长152.4 m,向跑道两端延长502.9 m。NFPA® 403规定,第一辆机场消防救援车必须在2.5 min以内到达机场快速响应区内的任一地点。消防救援通道关键区域是任何跑道周围的一个矩形区域。该区域宽度为跑道中心线向两侧延伸150 m,长度为跑道两端向外延伸1000 m。根据NFPA® 402《飞机消防救援作业指导》,大部分重大商用飞机事故都发生在消防救援通道关键区域。

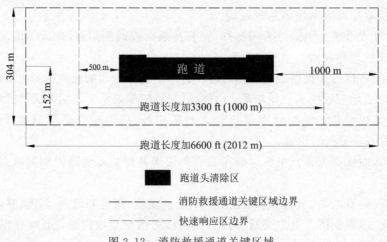

图2.12 消防救援通道关键区域

通过检查地图标出的区域,机场消防救援人员可以确定地图上标志的相关地形特征。地图上的地标、水体、道路、桥梁、排放系统和其他特征的标准地图符号十分重要,根据这些地图符号应急响应人员可以充分了解事故/意外事件现场。使用网格地图的地图定位系统可以将飞机事故/意外事件发生时所有相关责任团体联系起来。这类地图的完整最新副本必须提交给控制塔人员、当地消防部门、当地执法机构、救护车和急救医护人员、当地政府机构以及其他所有合法当事人。

紧急情况下,现场的位置应按坐标制表示。可使用标有数字和字母的平面直角坐标快

速确定事件地点。网格地图坐标系一般读作"数字"点"数字",接着是"字母"点"数字",例如
"5.7,L.3",读作"5 点 7,Lima 点 3"。而有些地点则读作"字母"点"数字",接着是"数字"点
"数字"。例如"L.3,5.7",读作"Lima 点 3,5 点 7"。在使用整个字母表的地点,网格采用
AA、BB,以此类推。机场消防救援人员必须学习他们所在地点使用的方法。事故/意外事
件地点说明中应包括所有可能的信息,机场消防救援人员才能快速准确到达该地点。

此外,机场消防队员可用的其他地图包括公共设施地图(水分布、供电和输气管道分
布)、建筑物定位地图、燃料泄漏控制地图等。最安全的响应路线可以在很大程度上节约响
应事故的时间。使用所有可用的地图充分了解进入的环境将有助于灭火救援。

2.4.2　机场地形及气候

机场消防队员必须了解机场及其周围的地形分布。在确定设备的响应路线以及发生泄
漏时确定燃料的排放方向时,机场地形十分重要。恶劣天气状况下,有些地形可能无法通
过。例如,通常干燥的区域可能因大雨转化为泥泞的区域;大雪堆积超过除雪人员的能力;
或水沉积在低洼地区阻塞进入机场某些地区的道路。如果飞机坠机或不同海拔地区发生火
灾,了解地形也可帮助预测火势蔓延。火灾周围区域的地形不仅影响火势强度,也影响火势
蔓延的速度和方向。不同地势穿过的风也会影响火势蔓延。有关天气和地形是怎样影响火
灾的信息,可参考国际消防培训协会的 *Fundamentals of Wildland Firefighting*(《野外消
防基本原则》)手册。

我国地域辽阔,地形复杂,拥有世界上数量最多的高高原机场(海拔在 2438 m 及以上
的机场)。截至 2016 年底,全球高高原机场共有 42 个,中国占据 16 个,其中有 6 个运输机
场的海拔大于 4000 m。由于高高原机场的运行环境相对于一般机场要复杂得多,包括天
气、地形、气压和人员高原反应等多方面因素,容易造成运输机场的消防设施设备的使用效
率较低,从而降低机场消防保障能力;同时我国很多运输机场处于极寒地区,东北、内蒙
古、新疆等地区的运输机场进入冬季以后,低温环境使运输机场内大部分消防设施设备结
冰,造成消防设施设备不能正常使用,这对我国保障运输机场消防救援能力提出了严峻考
验。为此,有学者对东北地区机场、新疆地区机场以及高高原机场进行了实地调研,并以访
谈交流以及调查问卷的方式调研了特殊气象对机场消防工作的影响,调研结果指出特殊气
象条件对机场消防保障的影响主要体现在以下几个方面:

(1)低温环境对运输机场消防装备的影响。在高高原机场,气温随海拔增加而降低,海
拔每升高 100 m 气温下降 0.56℃,海拔较高的机场最低温度可达−30℃。由于飞行区内低
温,导致消防栓内水压不能按正常保压,流速变缓,消防栓内水流容易结冰,最终导致消防栓
系统不能正常发挥作用。消防水带等设施在使用过程中,也很容易在低温环境结冰,不能有
效喷射水流,缩短喷射距离。低温工况条件下,燃油的点火性能恶化,润滑油黏度增大,油路
发生凝结,移动消防设备和消防车发动机的启动受阻,导致装备在关键时刻不能正常启动使
用,从而降低运输机场消防救援效率,还会导致设备发生腐蚀或破裂,从而降低机场消防保
障能力。

(2)低压低氧环境对消防动力装备的影响。海拔每增加 1000 m,大气压力降低
10 kPa,致使车用发动机以及其他动力装备发动机进气密度降低,发动机的进气量减少,导
致混合气体的密度降低,混合预反应的物理和化学时间延长,滞燃期延长。发动机火用损失

增大,有效热功率降低,引起发动机动力性能下降,可能会导致消防车爬坡能力降低、消防炮额定流量不足或喷射距离缩短。

(3) 特殊气象条件对消防人员的影响。高高原地区和极寒地区的冬季环境寒冷,消防战斗员为了保暖,衣着较多,行动极为不便,对消防出警和设备的操作极为不利;高高原环境具有气压低、氧分压低、气温低和紫外线辐射强等特点。消防员在高高原低压低氧环境下进行大强度运动时,机体供氧满足不了需氧量,容易导致心肌缺血缺氧,引起组织功能的障碍,进一步会导致整个心血管系统功能下降,降低机体健康水平和滞缓运动能力。高高原上人体所有体液排出总和是平原地区人体的 2 倍,将会导致高高原地区消防员体力透支过快,不能满足高高原高强度体力要求。高高原环境的特殊性,对消防人员的身心健康、训练以及作战会产生影响。

2.4.3　机场建筑物

由于可能需要机场消防救援人员响应机场建筑物内的警报以及飞机紧急情况,因此机场消防救援人员必须熟悉与机场建筑物相关的危险。无论机场的设施是什么,机场消防队员的应对和反应能力都与其对设施的熟悉程度以及预先计划直接相关。本节将介绍航站楼、机务设施和飞机拦阻设施,但是消防队员还应熟悉其他机场建筑物,例如空运设施、空中交通控制塔、多层停机设施和客运系统等。

1. 航站楼

航站楼的人员荷载和燃料荷载取决于当时的空中交通量。机场航站楼应急响应的机场消防救援人员主要关注的问题包括:

(1) 安全出口。大量不熟悉安全出口位置的人群可能拥挤在航站楼。安全出口可能引导到受限制的机场运行区域,这会增加额外的危险。机场应有将人群疏散到停机坪的预案。

(2) 廊桥。由于廊桥连接飞机和航站楼(图 2.13),烟雾和火焰可能通过该通道从一个区域蔓延到另一区域。当响应登机口区域的飞机火灾时,响应人员应牢记收回廊桥或雨篷,避免烟或气体进入航站楼。

图 2.13　廊桥

(3) 行李处理和存储区域。这些区域通常位于较低水平处,可能包括有害物质,通道和传送带通常很狭窄,并且可能装有行李和货物,使得很难展开小口径水带或进行其他灭火操作。

2. 机务设施

机务设施也就是飞机检修设施,在定检维护工作中,机务工程师运用各种工具、量具、设备和设施,对飞机机体、动力装置及电气系统附件进行修理及飞机定检工作。飞机维修一般在机务维修区(飞机库)进行,可执行的维修操作主要包括:

(1) 飞机燃油箱和系统的维护及维修。

(2) 使用易燃和危险化学品喷涂和标线。

(3) 飞机电气、航空电子设备和雷达系统的维修。

（4）飞机重大维护，包括拆卸飞机及其内部的大型零件，使用清洗液，以及用密封剂、胶黏剂和涂料重新装配飞机。

（5）制造或维修飞机零件或组件而进行的焊接、切割和研磨操作。

（6）飞机维护所用危险物质的存储。

随着我国民用航空行业的迅猛发展，各大航空公司不断扩大飞机的数量规模，同时开辟了越来越多的新航线。维持飞机运营需要投入大量的维修和维护成本，且维修项目复杂，技术难度大，如图2.14所示。目前我国民航机务维修仍存在工艺布局落后、维修规程匮乏、维修设备老旧和信息化管理繁杂等问题。

图 2.14　飞机库中飞机的维修操作

3. 飞机拦阻设施

近40年来，由于飞机着陆速度和重量的增加，空军机场，特别是前线支援飞机使用的机场，已经修得相当长，一般都在2000 m左右，但是仍有不少飞机着陆时冲出跑道，特别是作战飞机终止起飞情况更为严重。西方国家以及使用西方战机的亚洲国家的军用飞机上几乎都加装了拦阻钩，并在跑道上设置了绳网结合的拦阻装置进行应急拦阻。飞机拦阻装置的应用已引起世界各国空军的高度重视，已经成为机场的重要常务保障设施之一，其最初的作用是用来对意外原因冲出跑道的飞机实施拦阻，以保障人机安全，该系统的作用已从单一的应急安全防护装置向正常着陆拦阻装置发展。

国外飞机拦阻技术发展很快，对飞机拦阻装置的应用也比较早，根据各型军用飞机的作战训练任务要求，研制出了多种形式的飞机拦阻装置。按照拦阻形式可以分为拦阻网式（图2.15）、拦阻索式和网索混合式；按照拦阻地点分为陆基拦阻装置和舰基拦阻装置；按照安装形式分为固定式和移动式；按照遂行任务分为应急型和正常着陆使用型。美国拥有8种陆基拦阻设备，并且可以几种综合利用。最常用的是BAK-12拦阻系统。美国空军总共有这种拦阻系统300多套，这种系统使用占应急拦阻装置使用次数的54%。BAK-12系

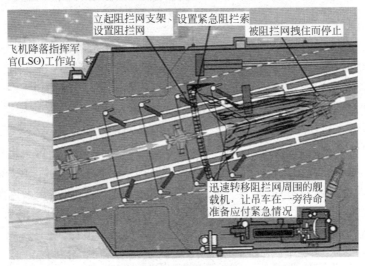

图 2.15　拦阻网布置图

统由设置在跑道表面上准备靠飞机拦阻钩拦阻的拦阻索组成,拦阻设备工作元件是鼓型系统。另一种应急拦阻设备是 BAK-13,也用于带有拦阻钩的飞机。这种系统是液压式的,使用后可以立即恢复到起始状态,该系统使用次数占应急拦阻装置使用次数的 13%。还在继续使用的其他拦阻设备有 BAK-9、BAK-14 以及 50 年代研制出来的拦阻设备 MA-1A 和 E-5。

我国现役的飞机拦阻设备是水涡轮式固定型的,需要预先浇灌水泥地基,而且仅有 LZ-II 型及 LZ-III 型两种系列。其主要作用与外军相比还仅仅局限在防止飞机中止起飞或着陆时冲出跑道,以保证人机安全。远不能满足新时期部队加大训练难度和新型飞机装备部队后正常训练的要求,特别是战时不能根据遂行任务要求,在野战条件下灵活机动,充分发挥拦阻装置的综合效能。我国拦阻装置主要存在机动性差、安装周期长、费用高、不能实现多机种拦阻、拦停距离不能调整等问题。

2.4.4　机场停机坪

停机坪是机场最拥堵的区域(图 2.16),该区域涵盖的主要功能包括行人交通、加油作业、行李处理、服务车辆运动、从移动飞机地面电源装置(ground power units,GPU)至飞机的高压供电、飞机维护、运输/转移有害物质/危险物品等。

图 2.16　停机坪

消防队员应远离停机坪区域的飞机,切勿将车停在航站楼登机口飞机的后面,尽量与停机坪人员一同确认最佳和最安全的停车地点。当消防部门车辆停在可疑地区时,车辆旁尽量留人看守,并避让从登机口退后的飞机,除非地面人员挥手示意前进。

停机坪有时会遇到飞机倒退,倒退是指客机从登机道或航站楼区域后退滑行到离场跑道。在有些机场,飞机使用发动机反推装置倒退,但是通常飞机使用牵引车倒退。飞机倒退时,红色的防撞灯会点亮,这些灯装配在机身顶部和底部。准备倒退时,飞机移动之前,必须移动登机梯、登机道和止轮块;飞机门、舱口和货舱门应关闭;行李处理设备、加油车辆和其他地面支持设备应完成装载,离开飞机;牵引车和拖挂装置应连接在飞机前轮,牵引车驾驶员应坐好,连接好对讲机;可安排一个或一个以上配备指挥棒或灯具的机翼监护员。若满足了这些注意事项和条件,飞机就可安全地倒退,并可继续滑行。

此外,为了停机坪安全,消防队员应注意到机场停机坪和其他行驶地面上的异物(foreign object debris,FOD)。机场上松散的碎屑、垃圾和其他物体可能吸入喷气发动机的入口,引起重大损伤,这种损伤称为"异物损伤"。消防队员应随时警惕是否有异物,并且应花时间捡起这些异物,进行适当处理。当相关人员从未铺设的区域驾驶到飞机活动区域时应停车,并检查轮胎面是否夹带岩石、泥浆或其他物体。

2.4.5 机场控制区域

继飞机恐怖事件之后,全世界的机场都在其所在地点及周边实施了更强大的安检程序。制定了航站楼和其他机场建筑物附近停车的专用指南。另外,威胁增加期间机场航站楼附近或前面应急车辆停车的专用指南还包括:车辆之间至少保持 3 m 的距离,使潜在的犯罪分子或恐怖分子更难在未看守的车辆之间潜行。

机场消防救援人员同样也应保护所有未使用的身份识别卡、统一物件、消防战斗服、车辆和消防站。若潜在的劫持者或恐怖分子获得了消防站的控制权,或偷走了任何安全物品,他们就可摧毁机场的消防救援能力,或使用偷盗的物品威胁机场的安全。由于机场消防救援人员可以进入机场的控制区域,因此他们同样也能察觉潜在的安全漏洞和缺陷。机场安全部门或运营部门应立即注意到这些漏洞或缺陷,采取补救措施。FAA 人员可能不佩戴任何适当的身份证明就进入控制区域,测试机场员工的安全程序意识。

控制进入点是指为了消除不必要或未授权通行而限制进入的区域。红色实线、红白虚线或强制性标志可能用来标示这些控制进入点。这些区域可能在指定的控制进入点配备保安人员,作为安全标识显示区域(security identification display area,SIDA)的一部分。客运民航飞机的停机坪将在安全标识显示区域内。该区域的所有工作人员都必须在他们的外套上佩戴适当的身份证明。控制进入点可能是进入控制区域的唯一通道。控制进入点也可用于控制进入指定的区域,例如隔离区、仪表控制系统区域、弹药区域和燃油存储区域。

隔离区域是指预先设计用于出现危险物品、热刹车或武器故障等问题的飞机临时停机的区域。该区域也可用于处理飞机被劫持、炸弹威胁或恐怖袭击等危险情况。由于与主要设施和其他飞机交通的距离,隔离区域的位置是经过挑选的。因为存在特定危险,所以机场消防救援人员应了解所在机场的指定隔离区域以及停在这些区域的飞机的状态。

2.4.6 机场围界

要求防止蓄意破坏者和任何未授权的个人进入机场设施。为了安全起见,机场周围设置围栏,防止人和动物意外进入机场,并防止其进入机场的限制区域。

除了用作预期目的以外,这些围栏也可防止机场消防救援车使用非常规出口离开机场。长期以来,从战略上看,机场围栏沿线都设有易分离的围栏和大门,使机场消防救援车可以快速进入机场边界外的区域。知道易分离的围栏和大门的确切位置,机场消防救援人员就可以降低车辆到达机场边界外区域的时间。若无法及时开启这些设备,机场消防救援车可撞坏或撞塌设计的部分围栏和大门。

由于存在相应的安全风险,一些机场拆除了易分离的围栏,降低了围栏沿线的大门数量。若拆除了这些进入点,机场消防救援机构必须确定机场消防救援车进出机场的其他路线。一些机场已经开始安装高压电缆障碍,加强现有围栏,使易分离围栏不可用。

一些旧式的大门已经被更安全的大门所替代。若机场消防部门没有这些大门的钥匙,则安全人员应携带钥匙。若时间允许,通知安全人员打开大门。消防队员也必须知道全年以及恶劣天气期间是否可进入这些区域。

设计和建造成被大型车辆冲撞时可以倒塌,从而使车辆快速进入事故地点的围栏和大门。处理机场外事故时,消防队员知道这些围栏和大门的位置至关重要。

2.4.7　典型机场平面布局

1. 达拉斯-沃斯堡国际机场

达拉斯-沃斯堡国际机场(Dallas/Fort Worth International Airport)是一座位于美国得克萨斯州达拉斯-沃斯堡的民用机场(图 2.17),是得克萨斯州最大、最繁忙的机场。该机场是美国最大的航空基地和枢纽机场。2016 年,达拉斯-沃斯堡机场的飞机起降达到了 684 779 架次,在全世界排名第四。达拉斯-沃斯堡机场 2017 年的客运量达到了 67 092 224 人次,在世界上二十大最繁忙的机场中排名第十一。就占地面积而言,达拉斯-沃斯堡机场是全美第二大(仅次于丹佛国际机场)及世界第四大机场,面积达到 7315 hm^2,比整个曼哈顿岛还要大。该机场也是得州第一繁忙的国际枢纽,每天运送数万名旅客前往国际 57 个目的地。2006 年,根据一项调查结果,机场被授予"最佳货运机场"称号。

图 2.17　达拉斯-沃斯堡国际机场

达拉斯-沃斯堡国际机场一共有 7 条跑道,是目前世界上唯一同时拥有 4 条超过 4000 m跑道,且在使用的机场,也是世界上容量限制最少的大型机场,没有起降时刻限制,飞机平均滑行时间低于 5 min。机场有 3 个塔台,24 小时运行,没有宵禁。机场设有 5 个航站楼,其中 4 个为半圆形,1 个为 U 形。机场在最初设计时是想建 13 个半圆形的航站楼,实际建设时只完成 4 个,航站楼的设计是为了减少乘客往返汽车与飞机之间的距离,缓解航站楼周围的交通压力。

达拉斯-沃斯堡国际机场已建有 6 个机场消防站以及 1 个待建消防站,消防站布局见

图 2.18。这一系列消防站的建设为机场消防安全提供了强有力的保护,同时在此基础上达拉斯-沃斯堡国际机场成立了消防培训研究中心。该消防培训研究中心设有 4 个部门:应急医疗服务部、消防救援部、职业发展部和消防预防与规划处。该研究中心于 1995 年成立,已经培训了来自 24 个国家超过 15 000 名消防员。

图 2.18　达拉斯-沃斯堡机场消防站布局

注:数字表示总共 7 条跑道

2. 新加坡樟宜机场

新加坡樟宜机场(Singapore Changi Airport)是一座位于新加坡樟宜的国际机场,占地 13 km^2,距市区约 17.2 km。樟宜机场由新加坡民航局营运,是新加坡航空、新加坡航空货运、捷达航空货运、欣丰虎航、胜安航空、捷星亚洲航空和惠旅航空的主要枢纽。此外,它也是加鲁达印尼航空公司的运营基地。至 2015 年,樟宜机场每周共有 100 多家航空公司来往,提供超过 6800 个航班,连接超过 80 个国家的 320 个城市。

樟宜机场在 1975 年开始规划建设,确立了"三位一体"的三合一概念,即建设三座航站楼,航站楼之间相对独立又有紧密联系。随着 2008 年第三航站楼建成投入使用,机场整体建设布局基本完成,如图 2.19 所示。樟宜机场建有两条平行的远距离跑道,西跑道长 4000 m,宽 60 m,东跑道扩建后也达到长 4000 m,宽 60 m,进场路位于两跑道的中间位置,进场路的尽头是高 78 m 的塔台,塔台地处三个航站楼中央。

3. 北京大兴国际机场

北京大兴国际机场(Beijing Daxing International Airport),位于中国北京市大兴区和河北省廊坊市交界处,距天安门 46 km、距北京首都国际机场 67 km、距雄安新区 55 km、距北京南郊机场约 640 m,为 4F 级国际机场、大型国际枢纽机场、国家发展新动力源。北京大兴国际机场于 2014 年 12 月 26 日开工建设,2019 年 9 月 25 日正式通航,2019 年 10 月 27 日,北京大兴国际机场航空口岸正式对外开放,2020 年夏秋航季,北京大兴国际机场共有 10 家航空公司在此计划开通 328 条航线,共通航 124 个城市。2019 年,北京大兴国际机场共完成旅客吞吐量 313.5074 万人次,排名全国第 53 位;货邮吞吐量 7362.3 t,排名全国第 70 位;飞机起降 21 048 架次,排名全国第 88 位。

图 2.19　新加坡樟宜机场平面布局

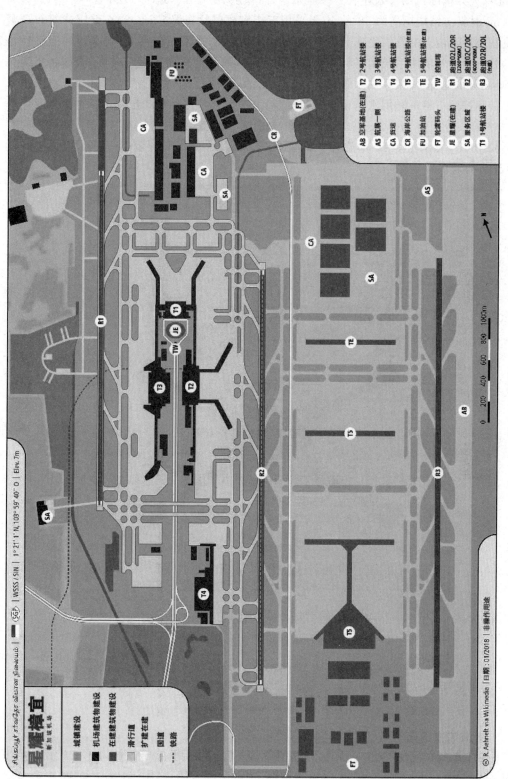

图 2.19 （续）

北京大兴国际机场规划建有一座航站楼,面积达 70 万 m²,地上 5 层,地下 2 层,建筑高度 50 m,混凝土结构标高约 28 m,由于采用五指廊放射状布置(图 2.20),整座建筑布局紧凑,航站楼最远两点的直线距离只有 1200 m。考虑到航站楼人员密度、安全性和经济性等因素,对航站楼的消防系统做了科学规划(图 2.21),航站楼平面区域不分区,全楼各系统共用 1 套消防水池、消防泵及供水管网,消防水池、消防泵组合中心区环管满足 2 倍消防用水量,而指廊按照 1 倍消防用水量设计。机场建设"三纵一横"四条跑道,东一、北一和西一跑道宽 60 m,长分别为 3400 m、3800 m 和 3800 m,西二跑道长 3800 m,宽 45 m。机场现建有机位共 268 个,可满足 2025 年旅客吞吐量 7200 万人次、货邮吞吐量 200 万 t、飞机起降量62 万架次的需求。

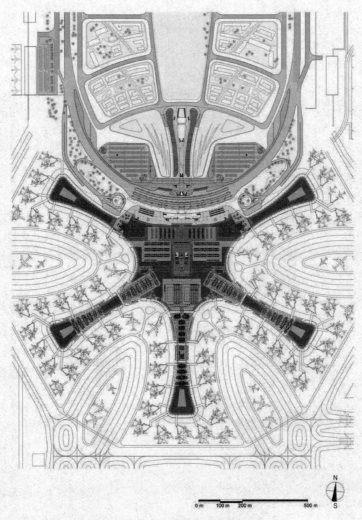

图 2.20　北京大兴国际机场平面布局

4. 上海浦东国际机场

上海浦东国际机场(Shanghai Pudong International Airport),位于中国上海市浦东新区,距上海市中心约 30 km,为 4F 级民用机场,是中国三大门户复合枢纽之一、长三角地区国际航空货运枢纽群成员、华东机场群成员、华东区域第一大枢纽机场、门户机场。上海浦

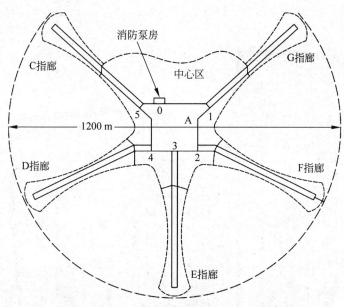

图 2.21 北京大兴国际机场航站楼消防布局

东国际机场于 1999 年建成(图 2.22),1999 年 9 月 16 日一期工程建成通航,2005 年 3 月 17 日第二跑道正式启用,2008 年 3 月 26 日第二航站楼及第三跑道正式通航启用,2015 年 3 月 28 日第四跑道正式启用。2019 年,上海浦东国际机场年旅客吞吐量 7615.34 万人次,年货邮吞吐量 363.56 万 t,年起降航班 51 万架次。截至 2017 年年底,已有 110 家航空公司开通了飞往上海虹桥国际机场和上海浦东国际机场的定期航班,上海浦东国际机场联通全球 47 个国家和地区的 297 个通航点。

根据 2017 年 11 月官网信息显示,上海浦东国际机场有两座航站楼和三个货运区,总面积 82.4 万 m^2,有 218 个机位,其中 135 个客机位。拥有 4 条跑道,分别为 3800 m 跑道 2 条、3400 m 跑道 1 条、4000 m 跑道 1 条。上海浦东国际机场分两期建成,这里介绍一期设施布局。一期建有一条主跑道、一座航站楼及相关设施,货运区布置在航站楼北侧,机务维修区布置在跑道的南部东侧,其他相关设施布置在机场北部工作区,整个机场由一条长 21 km 的护场河环绕。飞行区包括一条长 4000 m、宽 60 m 的跑道,两条平行滑行道和 80 万 m^2 左右的客机坪、货机坪、过夜机坪,灯光、航管、通信等设施均按 II 类精密进近系统设计并可升级为 III 类精密进近系统。在跑道北端东侧设计了一个较大规模的消防救援指挥中心,在跑道中部东侧设计了一个消防救援执勤站,由此可保证 2 min 内消防救援车辆到达飞行区的任何部位。一期航站区建有一座面积约 27.7 万 m^2 的航站楼、一幢停车楼、一栋站坪调度中心和相关设施。航站楼由航站主楼和候机长廊组成,中间有两条宽 54 m 的连接通道,航站主楼长 402 m、宽 128 m,候机长廊长 1374 m、宽 37 m。

5. 成都天府国际机场

成都天府国际机场(Chengdu Tianfu International Airport),位于中国四川省成都市简阳市芦葭镇,北距成都市中心 50 km,西北距成都双流国际机场 50 km,为 4F 级国际机场、国际航空枢纽、丝绸之路经济带中等级最高的航空港之一、成都国际航空枢纽的主枢纽。2015 年 9 月,中国民航局批准同意将成都新机场命名为"成都天府国际机场"(图 2.23),2016 年 5 月 7 日,

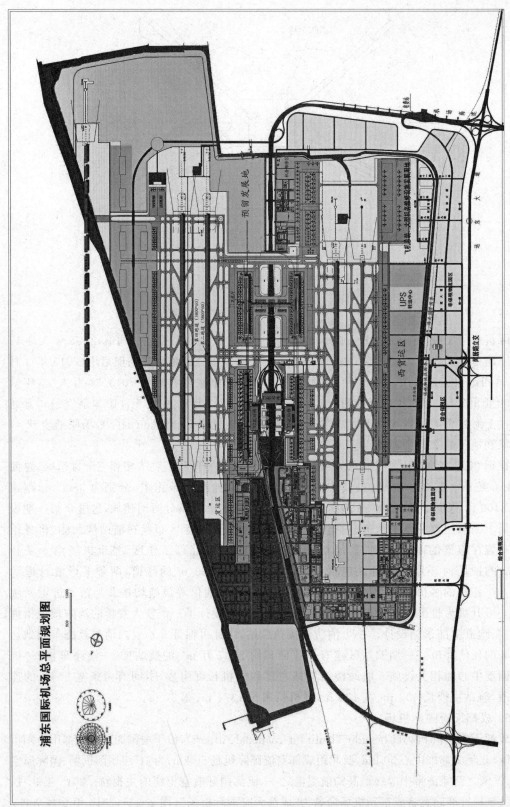

图 2.22　上海浦东国际机场平面布局

成都天府国际机场正式开工,并于 2021 年 6 月 27 日正式通航。

图 2.23　成都天府国际机场平面图

成都天府国际机场规划建四座单元式航站楼,分别是位于北航站区的 T1、T2 航站楼
(已建成,面积约为 60 万 m^2)和位于南航站区的 T3、T4 航站楼,航站楼总面积约 126 万 m^2,
机场总体规划建设 6 条跑道。目前一期工程已建成 T1、T2 航站楼(已建成,面积约为
60 万 m^2),民航站坪设 246 个机位。其中 T1 航站楼建筑面积约为 33 万 m^2,基底面积
12.5 万 m^2,登机口数量为 38 个,其建筑平面呈"Ə"形,南北长 1283 m,东西宽 520 m,屋面
最高点 45 m,平面中部为中央大厅,三边分别为南指廊(A 指廊)、中指廊(B 指廊)和北指廊
(C 指廊)。T1 航站楼共有 5 层,地上主体 4 层,地下 1 层。一期建成"两纵一横" 3 条跑道,
东、西跑道间距 2400 m,其中西跑道按 4F 标准设计,跑道长 4000 m、宽 60 m;东跑道按 4E
标准设计,跑道长 3200 m、宽 45 m;北跑道按 4E 标准设计,跑道长 3800 m、宽 45 m,相应
建设了滑行道和联络道系统。东、西跑道主降方向设置Ⅲ类精密进近灯光系统,次降方向设
置Ⅰ类精密进近灯光系统。此外,一期还建设了 8 万 m^2 的综合交通换乘中心、17 m^2 的停
车楼以及货运、机务维修、消防救援、辅助生产生活设施,配套建设供电、供水、给排水、供热、
供气等设施。

参考文献

[1]　ICAO. Doc 9137-AN/898 机场服务手册 第 1 部分:救援与消防(第四版)[S]. ICAO,2015.

[2]　中国民用航空局机场司.民用机场飞行区技术标准:MH 5001—2021[S].中国民用航空局,2021.

[3]　陈毓夔.民航机务维修现状及应对[J].管理学家,2019,05:146-147.

[4]　周力行.浅谈大型枢纽机场货运区规划与功能布局[J].空运商务,2020(2):36-41.

[5]　Aircraft Rescue and Fire Fighting (ARFF) Training Facilities:AC 150/5220-17B[S]. Washington D.

　　　　C.：FAA Advisory Circular,2010.

[6]　Standards for Airport Markings Document Information：AC 150/5340-1J[S]. Washington D. C.：FAA Advisory Circular,2010.

[7]　Design and Installation Details for Airport Visual Aids：AC150/5340-30J[S]. Washington D. C.：FAA Advisory Circular,2018.

[8]　Standards for Airport Sign Systems Document Information：AC 150/5340-18F[S]. Washington D. C.：FAA Advisory Circular,2010.

[9]　Guide for aircraft rescue and fire-fighting operations：NFPA-402[S].Massachusetts：NFPA,2019.

[10]　Standard for Aircraft Rescue and Fire-Fighting Services at Airports：NFPA-403[S].Massachusetts：NFPA,2018.

[11]　WILLIAM D S. Aircraft Rescue and Firefighting [M]. 6th ed. IFSTA Aircraft Rescue and Firefighting Validation Committee,2016.

[12]　贾井运.特殊气象条件对机场消费保障能力影响分析及应对措施[J].消防安全与防雷减灾,2018(3)：169-171.

[13]　韩维平,屈连松,穆阳,等.北京大兴国际机场航站楼消防系统设计难点[J].给水排水,2019,45(6)：98-102.

[14]　刘武君.上海浦东国际机场规划设计[J].时代建筑,1997(1)：31-33.

[15]　李贯成,姜志峰,吴云生.飞机拦阻系统的现状及其发展[J].洪都科技,2007(3)：7-11.

第3章

飞机火灾事故的特点

3.1 飞机的类型

3.1.1 商业运输机

用于乘客商业运输的飞机通常具有机体大的特点,可分为窄体和宽体飞机。但是,现在采用的是比较新的设计——新型大型飞机。

1. 窄体飞机

窄体飞机的客舱一般设计有一条 18~20 in(46~51 cm)的过道。这种窄体飞机客舱若为单级(经济舱)布局,最多可容纳 235 人(图 3.1)。这些窄体飞机配备 2~3 个喷射发动机,最多可携带 13 000 gal(52 000 L)喷气燃油。旧式窄体飞机带有内嵌式舱门,而有的新型窄体飞机则使用拱式舱门。窄体飞机舱门一般向前外摆。有的窄体飞机会配备气动应急开门系统,可在发生低冲击碰撞时帮助打开卡住的舱门。依据联邦航空条例(Federal Aviation Regulations,FAR)121.310"附加应急设备",伸出机轮时距离地面的门槛高度不小于 6 ft(2 m)的飞机必须配备应急逃生滑梯。窄体飞机不能从外部解除逃生滑梯,在舱门开启时自动放下逃生滑梯。设置翼上逃生舱口,逃生舱口可配逃生滑梯,在从机内开启逃生舱口时启动逃生滑梯。货物和行李一般散装堆放在 2~3 个货舱内。货舱分布在机身底部,在飞机右侧设置货舱入口。

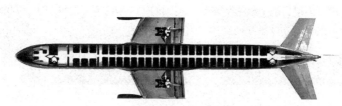

图 3.1 窄体飞机的内部布局示意图

2. 宽体飞机

宽体飞机拥有 2～4 个喷射发动机,可携带超过 58 000 gal(220 000 L)喷气燃油。宽体飞机的客舱有两条过道,在中间部分也设置了座位,可容纳超过 500 名乘客(图 3.2)。宽体飞机舱门通常采用电动舱门,可配气动或弹簧张力应急操作系统。宽体飞机的舱门有可向上开启的,也有向前外摆开启的。多数旧式宽体飞机采用内嵌式舱门,而新型宽体飞机则采用拱式舱门。几乎所有宽体飞机的逃生滑梯都可以从外部解除。

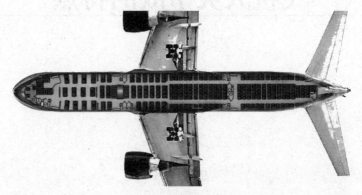

图 3.2　宽体飞机的内部布局示意图

3. 新型大型飞机

随着越来越多的具有轻质、高强度等特点的复合材料部件的广泛使用,飞机制造商研发出了新一代大型飞机。新型大型飞机或超大型飞机的客容量可达到 900 人(图 3.3)。为适应这样的飞机尺寸,当前正在展开机场重新设计工作。机场消防与救援相关机构可能需要重新评估相关设备的类型和数量,以及满足这些新型大型飞机消防救援需求所需的人员配备情况。由于新型大型飞机(new large aircraft,NLA)的客舱将采用双层座位布局,这给ARFF 响应人员带来了大量的救援问题。尤其是,飞机消防救援人员需要计划如何进入上层,疏散乘客。还有另一个问题:飞机消防救援人员需要考虑到上层倒塌的情况或可能发生的倒塌情况。上层倒塌会危及乘客和飞机消防救援人员。因此,飞机消防救援人员需要

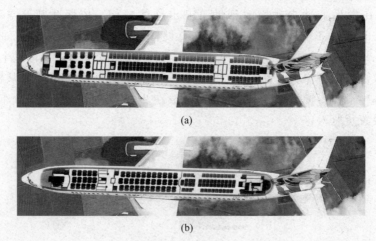

(a)

(b)

图 3.3　新型大型飞机的内部布局示意图

(a) 主层;(b) 上层

熟悉密闭空间内的救援和预先疏散。

3.1.2　通勤飞机（支线飞机）

通勤飞机是用于乘客短途商业运输的飞机，一般往返于枢纽机场和小型机场之间。随着喷气式飞机作为通勤飞机的使用，双发动机涡轮螺旋桨飞机正在逐步成为过去。这些增压式飞机可搭载 19～60 名乘客（图 3.4（a）），飞行速度和飞行距离也不输于较大的飞机。通勤飞机内部会比较狭窄且拥挤，紧急情况下的工作环境会较为艰难。这些飞机的出口位置常常比较少，通常只有一个客舱入口舱门。它们还装有前服务舱门，方便提供餐饮和清洁服务。根据飞机型号/类型，也可能从后部载货区进入客舱。随着航空旅行的普及，通勤飞机比以前任何时候都要忙碌。由于载客负担的增加，有的航空公司改用更大的飞机作为通勤飞机。改用的飞机是之前飞机的扩展型：另外增加一扇或两扇舱门，增加座次，将载客量增加到 100 人（图 3.4（b））。大部分系统及其关闭装置的位置保持不变。其最大的隐患通常在嵌入主舱门的入口梯处。发生低冲击碰撞的情况下，舱门开启时，入口梯可能会被卡住，影响人员疏散。

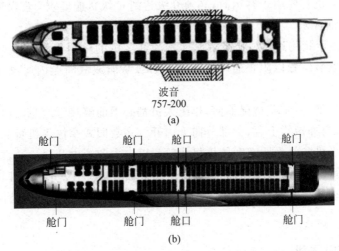

图 3.4　小型通勤飞机的内部布局和较大通勤飞机的内部布局示意图

（a）小型通勤飞机的内部布局；（b）较大通勤飞机的内部布局

3.1.3　运输机（包括客货两用飞机）

运输机（通常称为货机）主要用于货物运输，可包括上述所有机型。许多货机都是由以前的客机改装而成的，用于搭载托盘或集装箱，可装载大量危险品。客货两用飞机主层搭载乘客和货物，主层以下可搭载货物。有的运输机在工作日内作为货机，而在周末时也可用作客机。将客机改为纯运输机布局时，除两处前登机门外，可禁用或封闭其他所有舱门和出舱口。虽然在紧急情况下许多飞机的货舱门都可以手动开启，但在正常情况下需电力开启。集装箱和托盘依次从飞机后部标有编号或字母的位置依次放入。窄体飞机的下层货舱通常装运单重不超过 70 lb[①] 的包装物。

---

① 　1 lb＝0.453 592 37 kg。

飞机货舱共分五个等级：A、B、C、D、E 级。后一级的货舱往往比前一级大,即 A 级货舱最小,E 级货舱最大(由运输机的整个主层构成)。新型飞机已不再使用 D 级货舱,而旧式飞机上的 D 级货舱也必须升级为 C 级。根据在飞机上的位置、装机火警探测和消防系统、进出等因素,每个货舱都有其特定属性。

A 级——机组人员在其所处位置即可轻易发现火情的货舱。A 级货舱可位于驾驶舱和客舱之间,也可靠近飞机厨房或置于飞机后部。

B 级——安装有独立的、经批准的烟雾或火警探测系统,可向飞行员或飞行工程师发出警告。飞行过程中易进入,方便持手提灭火器的机组人员有效到达该舱的任何位置。

C 级——与 B 级货舱的不同之处在于其要求安装内置灭火系统,无须机组人员进入即可控火。C 级货舱必须配备烟雾或火警探测系统,舱内安装通风控制装置。C 级货舱通常位于宽体飞机客舱地板下。C 级和升级 D 级货舱常用于现代客机,在纯运输机上,位于主层地板下部。

D 级——D 级货舱内气流极低,火灾不易发生。但新型飞机不再采用 D 级货舱。具有 D 级货舱的现有飞机若要用于客运时,必须升级达到 C 级货舱要求;若仅用于货运,则必须升级达到 E 级货舱要求。

E 级——仅用于货物运输。E 级货舱通常为纯客机的整个机舱,要求装有烟雾或火警探测系统。必须安装装置以阻止通风气流进入 E 级货舱或截断舱内通风气流,因而无须采取灭火措施。

无论飞机布局如何,装载情况如何,机组人员都必须能够接近应急出口。大多数货舱门铰接于开口顶部,为外摆式上翻,少部分向上内开。多数旧式窄体飞机货舱门都是手动开启的。较新的窄体飞机和几乎所有宽体飞机货舱门以电力和液力开启。通常可通过释放锁柄来释放门锁,在适当尺寸的槽孔内插入一个 1/4 in、3/8 in 或 1/2 in[①] 的棘轮传动装置,再旋转传动装置来手动开启机械操纵货舱门。由于会出现旋转过快、堵塞等情况,不能使用气压传动装置。

3.1.4　通用飞机

通用飞机主要用于娱乐或培训,一般为小型、轻型和非增压式飞机,一般采用单个或两个内燃机提供动力。通用飞机一般搭载 1～10 名乘客,携带最多 90 gal(360 L)航空汽油。有的通用飞机可能要大些,能携带 500 gal(2000 L)燃油。从国家运输安全委员会(National Transportation Safety Board,NTSB)统计数据可以看出,大多数航空事故都涉及此类飞机。

3.1.5　商务机(公务机)

商务机(公务机)是指主要用于商务运输的飞机。从小型、轻型、非增压式飞机,到大型商务喷气式飞机(如波音 737 或波音公务机),商务机涉及多种机型、多个制造商。有部分大型商务机,可以携带足够的燃油飞往欧洲或亚洲。商务机通常由两个喷气燃油的喷射发动机提供动力。商务机一般为增压式飞机,通常可搭载 6～19 名乘客。多数商务飞机内部采

---

① 1 in＝25.4 mm。

用定制设计,与常规布局大有不同(图3.5)。大多数商务机设置一扇入口舱门,通常位于飞机左侧机翼前方。有的会在右侧设置一个翼上逃生舱口,而有的则会在飞机两侧各设置一个逃生舱口。多数翼上逃生舱口不能从外部开启,舱门、舱口、货舱及其他空间需上锁。这些飞机通常不能安装可开启的驾驶舱窗。

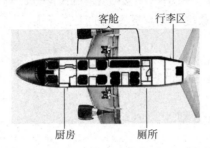

图3.5 商务机/公务机的内部布局示意图

3.1.6 军用飞机

军事组织可以操作多种多样的飞机,以期达成军事目的。军事飞机能在全球任何地方飞行,一般在民用机场起飞或降落。军用飞机从单发战斗机到大型多发运输机和轰炸机,都有涉及。由于军事上涉及高海拔、高速、复杂仪表和武器要求,于应急响应人员而言,军事飞机存在更多危险。虽然机组人员数量严格限制为少数几人,但飞机还要携带武器、液氧、高功率雷达、大规模的复合材料和炸药弹射装置。军用飞机上有指定字母代码,响应人员可根据该字母代码确定飞机类型。这些字母与飞机及其被分配的任务相对应,包括以下字母:A——攻击机、B——轰炸机、C——运输机/客机、E——特种电子设备携带机、F——战斗机、H——直升机、K——加油机、O——观测机、P——巡逻机、Q——无人机、R——侦察机、S——反潜机、T——教练机、U——多用途机、V——垂直起落机/短距起落机、X——研究机。

3.1.7 旋翼飞机(直升机)

旋翼飞机或直升机可以是小型单座机型,也可以是最多能搭载50名乘客的大型运输机。由于大多数直升机并未严格制成"固定翼"飞机,发生事故时,直升机很容易坠毁,困住乘客。多数旋翼飞机出现飞行控制问题时很容易从天空垂直坠落,而不会像固定翼飞机一样滑翔。直升机可配活塞发动机或燃气涡轮发动机,装油量可为70~1000 gal(280~4000 L)。内部油箱通常位于货舱底板下面。副油箱可位于尾段主舱内或挂在飞机外部。主旋翼与固定翼飞机上的机翼和螺旋桨作用相同,提供升力和定向运动。若直升机装有尾旋翼,则可控制飞机方向。直升机制造材料与固定翼飞机制造材料相似,有铝、钛、镁及多种复合材料。

3.1.8 消防飞机

除充当救伤直升机和高角救援机的作用外,飞机还可充当许多角色,支持消防作业,如固定翼飞机可用于短距离搭载跳伞运动员,固定翼空中加油机可携带800~3000 gal(3200~12 000 L)的灭火剂,旋翼飞机的挂桶可携带100~1000 gal(400~4000 L)灭火剂,旋翼飞机还能用于搭载消防队员和物品。

3.1.9 其他

跳伞运输机、医疗后送/运输机、农业喷洒(农药喷洒)飞机、实验机/自制飞机、倾转旋翼机等机型均可能出现在机场。熟悉在机场内外作业的飞机,对于飞机消防救援人员来说极其重要,以确保在必须进行救援时能有更安全的工作环境。

3.2 民用飞机的主要部件及材料

3.2.1 民用飞机的类型

民用飞机是指一切非军事用途的飞机,也称民航飞机。民用飞机又分为执行商业航班飞行的航线飞机和用于通用航空的通用航空飞机两大类,包括客机、货机和客货两用机。

民用飞机依其分类标准的不同,有以下划分方法:

按飞机发动机的类型分为螺旋桨飞机和喷气式飞机。螺旋桨飞机包括活塞螺旋桨式飞机和涡轮螺旋桨式飞机。喷气式飞机包括涡轮喷气式和涡轮风扇喷气式飞机。喷气式飞机的优点是结构简单、速度快(一般时速可达 500~600 mile)、燃料费用节省、装载量大(一般可载客 400~500 人或携带 100 t 货物)等。

按飞机的发动机数量分为单发动机飞机、双发动机飞机、三发动机飞机和四发动机飞机。

按飞机的飞行速度分为亚音速飞机和超音速飞机、高超音速飞机。亚音速飞机又分低速飞机(飞行速度低于 400 km/h)和高亚音速飞机(飞行速度马赫数为 0.8~0.9)。多数喷气式飞机为高亚音速飞机。

按飞机的航程远近分为近程、中程、远程飞机。远程飞机的航程为 11 000 km 左右,可以完成中途不着陆的洲际跨洋飞行。中程飞机的航程为 3000 km 左右。近程飞机的航程一般小于 1000 km。短航线的飞机一般在 6000~9600 m 飞行,长航线的飞机一般在 8000~12 600 m 飞行,普通民航客机最高飞行高度不会超过 12 600 m,有一些公务机的飞行高度可以达到 15 000 m。

按服务的航线性质分为干线客机和支线客机。干线客机一般指乘客座位数量 100 座以上,用于主要城市之间的主要航线的民航客机,如波音 737、空中客车 A320;支线客机一般指乘客座位设计数量 35~100 座,承担局部地区短距离、小城市之间商业运载的民航客机,如新舟 60、ARJ21 翔凤客机。

3.2.2 飞机的主要部件

飞机的主要部件包括机翼、机身、驾驶舱、尾翼、发动机、起落架和安全出口,如图 3.6 所示。

1. 机翼

机翼固定在机身两侧,包括水平尾翼和垂直尾翼。水平尾翼由固定的水平安定面和可动的升降舵组成,有的高速飞机将水平安定面和升降舵合为一体,成为全动平尾。垂直尾翼

图 3.6　空客 A340 飞机的主要结构

包括固定的垂直安定面和可动的方向舵。尾翼的作用是操纵飞机俯仰和偏转,保证飞机能平稳飞行。机翼是飞机的重要组成部分,机翼除了提供升力外,还作为油箱和起落架舱的安放位置。机翼的翼尖两点的距离称为翼展。机翼的剖面称为翼型,翼型要符合飞机的飞行速度范围,并产生足够升力。机翼内部的空间,除了安装机翼表面上的各种附加翼面的操纵装置外,主要是用来存储燃油的油箱,大型喷气客机机翼上的燃油载量占全机燃油载量的20%～25%。不少飞机起落架舱安置在机翼中,有的飞机发动机装在机翼上,但大多数客机的发动机吊装在机翼下。

2. 机身

机身是飞机的主体,又叫机舱,位于飞机的中央部位,用来容纳乘客及货物,连接机翼和机尾。它是由骨架、地板骨架和蒙皮铆接而成的长筒形气密增压舱,用于联结、安装航空器的其他部件,承载客舱、货舱的固定,承载驾驶员、操纵系统,取得升力,存储燃料,主要构造为金属结构。早期飞机的机身是利用木质结构、钢或铝管组成的开放式桁架结构,通过把这些管子焊接成一系列三角形来获得刚度和强度。随着技术的发展,目前普遍使用的机身类型结构是单体或半单体构造的加强型外壳结构。单体构造设计使用加强的外壳来支撑几乎全部的载荷。这种结构非常坚固,但是表面不能有凹痕或变形。这种特性类似于铝制饮料罐,若对饮料罐两头施加力量,罐子不会受到损坏。但罐壁上一旦有一点凹痕,罐子就很容易发生扭曲变形。单体结构由外壳、隔框和防水壁组成。由于没有支柱,机体外壳要保持足够的坚固以保持机身的刚性。

3. 驾驶舱

驾驶舱位于机身最前部,与客舱用隔板分开,里面有驾驶、导航、通信等仪器设备,舱壁上密布着各种仪表和控制开关。

4. 尾翼

尾翼是飞机尾部的水平尾翼和垂直尾翼的统称。垂直尾翼由固定的垂直安定面和可偏转的方向舵组成。水平尾翼由固定的水平安定面和可偏转的升降舵组成。水平尾翼水平固定在机尾两边,控制飞机的纵向平衡。垂直尾翼垂直固定在机尾中间,控制飞机的定向平衡。有一些飞机的尾翼设置有油箱,用于存储燃料。尾翼主要由金属材料和复合材料构造而成。

5. 发动机

发动机吊舱用于装载发动机,对称安装在主机翼下或安装在机身尾部两侧。一般小型民用飞机有 1～2 部发动机。中型民用飞机有 2～3 部发动机。大型民用飞机有 3～4 部发动机。发动机的主要作用是产生拉力和推力,使飞机前进。

6. 起落架

飞机的起落架大都由减震支柱和机轮组成,作用是飞机在地面停放、滑行、起飞、着陆、滑跑时用于支撑飞机重力,承受相应载荷。大多数的起落架由轮子组成(一些特殊用途的飞机也可以装备浮筒或雪橇,以便在水上航行或雪地上滑行)。起落架一般由三个轮子组成,两个主轮子和一个可以安装在前机身(前三点式起落架或三轮车式起落架)或后机身的轮子(传统起落架或后三点式起落架)。大部分飞机的起落架的控制靠方向舵脚踏板。

7. 安全出口(舱门、滑梯与紧急出口)

为了方便乘客和机组人员上、下飞机或在紧急情况下脱险,飞机上设有客舱门、驾驶舱门、紧急出口,并在舱门部位设有紧急疏散滑梯。由于飞机种类很多,其舱门、滑梯和紧急出口设置的部位及使用、开启方法并不一样。

3.2.3　飞机部件材料

飞机材料的范围较广,分为机体材料(包括结构材料和非结构材料)、发动机材料和涂料,其中最主要的是机体结构材料和发动机材料。非结构材料包括透明材料、舱内装饰材料、轮胎材料等。非结构材料量少而品种多,包括玻璃、塑料、纺织品、橡胶、铝合金、镁合金、铜合金和不锈钢等。20 世纪初,第一架载人上天的飞机是用木材、布和钢制造的。硬铝的出现给机体结构带来巨大的变化。1910—1925 年开始用钢管代替木材作机身骨架,用铝作蒙皮,制造全金属结构的飞机。金属结构飞机提高了结构强度,改善了气动外形,使飞机性能得到了提高。40 年代全金属结构飞机的速度已超过 600 km/h。50 年代末喷气式飞机的速度已超过 2 倍音速,给飞机材料带来了热障问题。铝合金耐高温性能差,在 200℃时强度已下降到常温值的 1/2 左右,需要选用耐热性更好的钛或钢。60 年代出现 3 倍音速的 SR-71 全钛高空高速侦察机和不锈钢占机体结构重量 69% 的 XB-70 轰炸机。苏联的米格 25 歼击机机翼蒙皮也采用了钛和钢。70 年代以后越来越多地使用以硼纤维或碳纤维增强的复合材料。铝、钛、钢和复合材料已成为飞机的基本结构材料。

复合材料具有强度高、刚度大、质量轻、抗疲劳、减振、耐高温、可设计等一系列优点。目前应用在飞机上的复合材料多采用夹层结构的设计来满足强度、刚度的要求。夹层结构采用先进复合材料作面板,其夹芯为轻质材料。夹层结构的弯曲刚度性能主要取决于面板的性能和两层面板之间的高度,高度越大,其弯曲刚度就越大。夹层结构的芯材主要承受剪应力并支撑面板,使其不失去稳定性,通常这类结构的剪切力较小。选择轻质材料作为夹芯,可较大幅度地减轻构件的重量。对于面板很薄的夹层结构,还应考虑抗冲击载荷的能力。从成本方面评估夹层结构时,不仅要考虑制造成本,还必须考虑飞机使用期的全寿命成本。

1. 机翼材料

机翼是飞机的主要部件,早期的低速飞机的机翼为木结构,用布作蒙皮。这种机翼的结构强度低,气动效率差,早已被金属机翼所取代。机翼内部的梁是机翼的主要受力件,一般采用超硬铝和钢或钛合金。翼梁与机身的接头部分采用高强度结构钢。机翼蒙皮因上下翼面的受力情况不同,分别采用抗压性能好的超硬铝及抗拉和疲劳性能好的硬铝。为了减轻质量,机翼的前后缘常采用玻璃纤维增强塑料(玻璃钢)或铝蜂窝夹层(芯)结构。尾翼结构材料一般采用超硬铝。有时歼击机选用硼或碳纤维环氧复合材料,以减轻尾部质量,提高作战性能。尾翼上的方向舵和升降舵采用硬铝。

2. 机身材料

飞机在高空飞行时,机身增压座舱承受内压力,需要采用抗拉强度高、耐疲劳的硬铝作蒙皮材料。机身隔框一般采用超硬铝,承受较大载荷的加强框采用高强度结构钢或钛合金。很多飞机的机载雷达装在机身头部,一般采用玻璃纤维增强塑料做成的头锥将它罩住,以便能透过电磁波。驾驶舱的座舱盖和挡风玻璃采用甲基丙烯酸酯透明塑料(有机玻璃)。飞机在着陆时主起落架要在一瞬间承受几百千牛乃至几兆牛(几十吨力至几百吨力)的撞击力,因此必须采用冲击韧性好的超高强度结构钢。前起落架受力较小,通常采用普通合金钢或超硬铝。从20世纪60年代末期开始,在飞机上使用的复合材料,已由当初只应用于口盖和舱门等非承力构件,逐步扩大应用到减速板和尾翼等次承力构件,而且正向用于机翼甚至前机身等主承力构件的方向发展。另外,为提高突防攻击能力、不被敌方雷达捕获,已在飞机上采用吸波材料。

3. 航空发动机材料

航空发动机材料是指制造航空发动机的汽缸、活塞、压气机、燃烧室、涡轮、轴和尾喷管等主要部件所用的各种结构材料。航空发动机的特点是体积小、功率大,各部件的工作条件严酷,特别是转动件在不同的温度、载荷、环境介质(空气、燃气)下工作,大多须用比强度高、耐热性好和抗腐蚀能力强的材料制造。航空发动机的使用期限不尽相同,军用飞机发动机一般为100～1000 h;民用机发动机甚至要求1万h以上,所用材料的组织和性能须保持长时间稳定。航空发动机早期采用铝合金、镁合金、高强度钢和不锈钢等制造;后期为适应增加发动机推力、提高飞机飞行速度的需要,钛合金、高温合金和复合材料相继得到应用。

活塞式航空发动机,汽缸一般用强度达1000 MPa的中碳-铬-钼-铝钢制作,以便表面渗氮,提高耐磨性和耐蚀性。活塞用强度为300 MPa的锻造铝合金制作,再嵌装上合金铸铁涨圈,起耐磨和封严的作用。联杆和曲轴用优质的铬-镍合金钢制造,有耐磨要求的部位还要经过渗碳或氮化处理。

涡轮喷气发动机压气机的零部件工作温度一般低于650℃,要求用比强度和疲劳强度高、抗冲击和耐腐蚀的材料制造。离心式压气机的叶轮使用高强度铝合金。轴流式压气机的前风扇叶片用钛合金。低压转子的轮盘和叶片用钢和铝合金,发展趋势是全部用钛合金。高压转子的轮盘和叶片用耐热钢,发展趋势是用高温合金。前机匣用钢或钛合金制造,有的机匣为了隔音还需要用吸音材料。燃烧室内燃烧区的温度高达1800～2000℃,尽管引入气流冷却,燃烧室壁温一般仍在900℃以上,常用易成形、可焊接的高温合金(新型镍基和钴基合金)板材制造。为了防止燃气冲刷、热腐蚀和隔热,常喷涂防护涂层。弥散强化合金不需涂层即可用于制造耐1200℃的燃烧室。燃烧室用的材料均可用于制造加力燃烧室和尾喷管。制造涡轮叶片和涡轮盘的材料是影响发动机性能的重要材料,适宜于制造涡轮叶片的材料有铸造镍基合金。现代试验型发动机的涡轮进口温度已达到1650℃,更高的要求达到1930℃。为适应更先进发动机的涡轮叶片和涡轮盘的需要,正在研制定向单晶、定向共晶、钨丝增强镍基合金、陶瓷材料、弥散强化镍基合金和新型粉末涡轮盘合金等。

在航空发动机中,涡轮叶片处于温度最高、应力最复杂、环境最恶劣的部位,被列为第一关键件。涡轮叶片的性能水平,特别是承温能力成为发动机先进程度的重要标志,在一定意义上,也是一个国家航空工业水平的显著标志。

3.3 飞机系统

燃油系统、液压系统、电气系统、氧气系统、飞行控制系统、起落架系统及飞机疏散或逃生系统都存在安全隐患。制定应对飞机事故/意外事件策略时,救援人员需认真考虑上述潜在危险区并制定方案和标准作业程序,提出施救过程中的危害问题,排除并控制这些危害。

3.3.1 燃油系统

燃油系统是飞机中最大的系统。燃油系统部件包括油箱、燃油管线、控制阀和燃油泵,分布在整个飞机上。因此在飞机事故中,燃油系统存在最大的安全隐患。燃油系统由油箱和分配系统两大部分组成。

1. 油箱

依据飞机的具体类型和用途,油箱可为独立装置或飞机的组成部分。小型通用飞机的油箱通常在机翼中,由铝或复合材料制成。商务机、通勤飞机和商用飞机用专门的环氧树脂密封机翼内部结构,形成整体油箱,可在机翼内储存燃油。除在机翼部分外,商务机、通勤飞机和商用飞机还在机翼之间的中间机身段储存燃油(图 3.7),有时会在中间机身油箱的前面或后面安装附加油箱。双壁机身油箱用于远程飞行的飞机。由于这些油箱都位于机翼中间段箱形结构之外,因此这些油箱并没有任何实质上的结构保护。其他位于中间机身吊舱、翼尖、机尾(水平或垂直安定面)或尾锥区域的附加油箱也是如此。无论采取何种油箱构造,飞机受损时都可能会泄露燃油,造成严重的安全事故。

图 3.7 典型的飞机油箱布置

2. 分配系统

通过分布在整个飞机上的燃油管线、控制阀和燃油泵可将燃油从飞机油箱分配至发动机。对于机尾有发动机或辅助动力装置的飞机,其燃油管线可能会经由内壁、顶板或主舱地板和货物区之间。燃油管线直径可从 1/8 in(3 mm)到 4 in(100 mm),由金属、橡胶或各种材料组合制成。燃油管线有管套,可控制泄露。用于控制燃油管线内的燃油流量的泵可产生 4～40 psi(28～280 kPa)的压力。发生泄漏时,可关闭燃油泵,从而控制燃油系统的泄漏,最好通过固定驾驶舱内的飞机动力和燃油控制装置来关闭燃油泵。

3.3.2 液压系统

飞机液压系统能产生操纵飞机上控制面及伸缩起落架所需的庞大动力。液压系统由液压流体储存器、电动泵或发动机驱动泵、各种设施、液压蓄能器和连接该系统的管子组成。向压力泵中输入液压流体,使流体流过整个液压系统。同时向蓄能器中输入液压流体,可压力储存部分流体。之后所储存的流体可用于向起落架、前起落架、转向机构、刹车、襟翼等主要飞机系统(图3.8)提供液压。蓄能器可压力储存这部分流体相当长的时间,甚至是直到发动机停止工作。多数现代飞机液压系统的工作压力为3000 psi(21 000 kPa)或以上,该系统最多可携带185 gal(740 L)液压流体。生产的三种液压流体中,合成液压流体是使用最为广泛的一种,其中最常见的合成液压流体为磷酸酯材料。

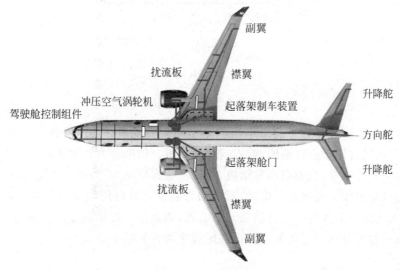

图3.8 飞机液压系统及其提供压力的典型布局

3.3.3 起落架系统

起落架设计是用于支撑飞机在地面上的重量。起落架由机轮总成组成,包括轮辋、刹车装置和轮胎。旧式飞机的机轮总成或转向架中的轮辋由铝制成,而新型飞机的则由钛或铝合金制成。大多数飞机轮辋都配有易熔塞,其可在轮辋达到预定温度时熔化,使轮胎自动放气。转向架带中间支柱起落架轮的串联装置,可上下转动,使得飞机高度改变或地面坡度改变时,所有机轮均可停在地面。飞机刹车装置设计用于飞机降落后、中断起飞或滑行过程中的减速或停机。飞机刹车系统非常复杂,大型喷气式飞机上的刹车装置有多达三个独立液压动力源,两个防滑系统和一个自动刹车系统。旧式飞机上的刹车总成由镁、铍或石棉制成,而新型飞机上的则由碳复合材料制成。飞机起飞和降落过程中会产生大量热量,因此,轮胎内通常填充氮气(惰性气体)。

3.3.4 电力、电气和辅助系统

飞机电气系统的典型配置示意图如图3.9所示。飞机依靠电气系统为电灯、电子设备、

液压泵、燃油泵、武器系统、警告系统和其他装置提供电流。有的飞机布线可长达数英里，为整架飞机供电。有的设备利用交流电流(或直流电流)工作，比利用直流电流(或交流电流)更为有效，因此飞机电气系统同时使用交流电流和直流电流来供电。轻型飞机使用 12/24 V 直流系统，大型飞机使用 24/28 V 直流和 110/115 V 交流系统。此外，有些飞机可使用电压高达 270 V 的直流电气系统。

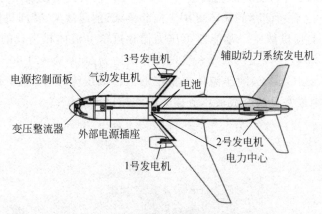

图 3.9　飞机电气系统的典型配置示意图

飞机的辅助动力装置为带有发电机的小型喷射发动机。飞机在地面上或登机口停靠时，辅助动力装置可用于运行系统，而不运行发动机。辅助动力装置涡轮发动机提供用于气动系统的空气和交流电，从而启动发动机，为驾驶舱提供动力，为电池充电，提供机舱照明并维持舒适的机舱温度。飞机在空中时，辅助动力装置有时可用作备用电源。大多数商用飞机、部分通勤飞机和公务机上都有辅助动力装置，通常位于机尾部分。大型飞机上的外部辅助动力装置一般安装在前起落架、机腹、机尾或主起落架舱上。

3.3.5　氧气系统

所有高空飞机都使用氧气系统，为机组人员和乘客提供生命保障。正常情况下，氧气以气态或液态形式保存。各种飞机上不同部位都有氧气瓶。驾驶舱由独立氧气系统供氧。该独立系统仅由一个单独气瓶组成，常置于驾驶舱、前货舱或电子设备舱内。许多客机上，机组人员和乘客所需的氧气都储存在机身内的增压气瓶内。商用飞机上的机组人员使用压缩氧气系统。机舱内还分布有小的医用氧气瓶，其具体位置根据机舱布局决定。军用飞机的弹射座椅系统中，座椅连接有小的应急氧气瓶。部分医疗运输直升机、多数军用战斗机、轰炸机和攻击机使用液氧气瓶，通过调节系统将液态氧转换为可用氧。商用飞机配备了针对乘客的化学生氧系统。25 000 ft(7620 m)高空作业客机为乘客配备自落式氧气系统，为机组人员配备辅助氧气系统。

3.3.6　出入系统

遇到紧急情况时，飞机的设计疏散时间一般为 90 s 或更短的时间。设置主舱门，用于正常登机和离机。另设服务舱门，方便提供餐饮和清洁服务。这些舱门是主要的疏散路径。翼上/翼下舱口、尾锥抛放系统、后登机梯或飞机尾部梯子及顶部舱口为辅助疏散路径。

正常情况下,主要从维修用舱门或常规出入舱门进行疏散。这些舱门可位于机身两侧或一侧,疏散简单。所有舱门都配有一个外部锁闩释放机构,可断开锁紧装置,允许舱门外摆开启、旋转开启、下摆或从飞机上自由下落。商用飞机舱门和舱口上或附近有开启说明。根据飞机尺寸的大小,有多种不同类型的舱门。同一架飞机上不同舱门的开启和操作程序有很大的不同。机内作业过程中需要快速疏散时,了解如何从飞机内部操作舱门非常重要。

3.3.7 其他系统

有些飞机还含有其他系统,包括照明系统、雷达系统、数据记录系统、防冰系统、增压系统等。照明系统用于夜间处理飞机应急情况时,确定相关人员相对于飞机的位置。雷达系统用于空中警戒、侦察,保障准确航行和飞行安全。数据记录系统,也称"黑匣子",对飞机事故调查非常重要,黑匣子有飞行资料记录器(flight data recorder,FDR)和驾驶舱话音记录器(cockpit voice recorder,CVR),通常安装在货舱壁上或机身尾部。防冰系统一般使用电气元件加热驾驶舱窗、螺旋桨及沿机身排布的探针、开口和排水竖管。增压系统通过开启、关闭电气排气活门,可调节排出飞机的机舱空气量,从而控制压力。

3.4 机载灭火系统

不管是飞行中还是在地面上,火对飞机来说是最危险的威胁之一。飞机的失火是飞机使用、维护过程中发生次数最多的事故之一。很多飞机发生事故时都伴有起火爆炸现象出现。据统计,美国民航飞机坠毁事故中全部死亡人数的 15% 是由坠毁后起火烧死的,而在那些撞击后存在生存可能的事故中,烧死的人数几乎占死亡人数的 40%。因此,世界各国对飞机防火工作都十分重视。美国和欧洲对飞机防火系统的设计、分析和验证方法已有深入的研究并积累了丰富的经验。我国对飞机防火系统的研究起步较晚,与国外先进的飞机制造商相比,我国的飞机防火系统设计水平还有很大差距,国内的试验设备和验证技术几乎处于空白。而国外已经具有几十年的研发和设计经验,具有完备的系统试验室,可以进行原理性研发试验、系统级验证试验和飞机级验证试验。

飞机防火系统对指定防护区的过热、烟雾或着火状况进行探测、监控和告警,并提供有效的灭火或者火情抑制措施。防火系统主要由探测系统、灭火系统和控制指示系统组成,如图 3.10 所示。其中探测系统包括发动机过热和着火探测及告警、辅助动力装置(auxiliary power unit,APU)着火探测和告警、主起落架舱过热探测、引气管泄漏过热探测、电子电气设备舱烟雾探测、货舱烟雾探测和盥洗室烟雾探测等。灭火系统包括发动机灭火、辅助动力装置灭火、货舱灭火和抑制、盥洗室自动灭火以及手提式灭火瓶。控制指示系统包括驾驶舱指示系统和控制装置。

1. 防火系统的组成及工作原理

探测系统采用温度、烟雾、火焰等传感器对防护区域的着火、过热和烟雾等危险状况进行探测。控制器对探测器进行监测、逻辑处理、故障诊断和隔离,并通过中央维护计算机为空地勤人员提供快速准确的告警和指示。

灭火系统采用灭火剂容器储存足够重量和压力的灭火剂,采用管路、阀、流量调节器和

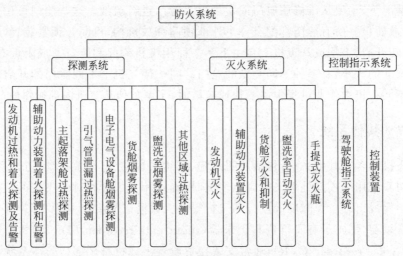

图 3.10　防火系统组成

喷嘴等元件将灭火剂分配、传输到指定区域。系统控制元件控制灭火剂的释放,监测灭火系统的故障状态,并为空地勤人员提供准确可靠的状态指示和故障信息。手提式灭火瓶采用灭火剂容器储存足够重量和压力的灭火剂以及易于拆卸的安装方式,供空勤人员扑灭载人舱内的着火,防火系统的工作原理如图 3.11 所示。

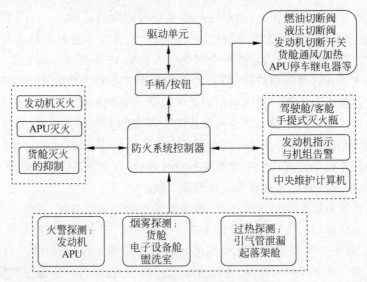

图 3.11　防火系统的工作原理

2. 控制指示系统

控制指示系统有两种基本方法,一种是综合控制系统方法,另一种是机电综合系统方法。传统的飞机采用综合控制系统方法,即采用独立的控制器对防火系统进行监测和控制,并实现防火系统和中央维护计算机以及其他系统的通信。综合控制系统方法是由防火控制器、探测系统和灭火系统共同实现防火系统的功能,采用这种方法可以降低研发成本,加快研制进度,降低研制风险。新型的飞机大多选用机电综合系统方法,将防火系统控制功能集成到航电综合控制计算机中,由航电综合控制计算机对防火系统各部件进行监测和控制并提供指示和告警。机电综合系统方法采用常规技术,主要由探测系统、灭火系统组成。具体实施的方法是将防火系统控制器软件集成到航电计算机,通过航电计算机运行防火控制软件实现防火系统控制器的功能,防火系统控制器/控制板负责接收发动机舱、APU舱、货舱、电子设备舱和盥洗室各探测器的报警和故障信号,进行逻辑判断后,自动控制发动机舱、APU舱、货舱、电子设备舱的灭火系统进行灭火,同时给指示与告警设备发送报警和故障信号。

3. 探测系统

探测系统包括发动机着火探测、APU着火探测、货舱烟雾探测、主起舱过热探测、引气渗漏过热探测、盥洗室烟雾探测和电子电器设备舱烟雾探测等。按照感受温度可分为:双金属探测器、热电偶探测器、热敏电阻探测器、共晶盐探测器、气动式探测器和光纤探测器;按照感受光(火焰)可分为:紫外探测器、红外探测器、紫外红外复合探测器、离子探测器;按照感受烟雾可分为:光电烟雾探测器、离子烟雾探测器。

自19世纪50年代至今,飞机发动机舱普遍采用线状火警探测器,优点是探测范围大,减少了连接线缆,降低了质量。线状火警探测器主要包括热敏电阻火警探测器、共晶盐火警探测器、气动热敏探测器。气动热敏探测器是飞机火警探测器发展史上的一个新的高点,其使用寿命已经有5亿多飞行小时,国际上新机种普遍采用气动热敏探测器。气动热敏探测器应用于全长的着火和过热探测,报警温度范围是$79\sim454℃$,探测线的长度范围为$0.6\sim12\,\mathrm{m}$,工作原理是温度-压力变化,理论依据是理想气体状态方程。热敏电阻探测器应用于全长的着火和过热探测,报警温度范围是$175\sim704℃$,探测线的组合长度是$0.3\sim15\,\mathrm{m}$,单根最长为$7.5\,\mathrm{m}$,工作原理是温度-电阻变化,理论依据是金属氧化物的负温度系数特性。共晶盐探测器应用于高温引气管路泄漏探测,报警温度范围是$120\sim510℃$,热敏线的组合长度是$0.3\sim30\,\mathrm{m}$,单根最长是$6\,\mathrm{m}$,工作原理是温度-阻抗变化,理论依据是共晶盐常温下高阻抗、高温下熔化导电特性。

4. 灭火系统

灭火系统主要包括发动机灭火系统、APU灭火系统、货舱灭火系统、盥洗室灭火系统和手提式灭火瓶。发动机舱、APU舱、货舱采用固定式灭火器进行灭火。驾驶舱、客舱由于有机组人员及旅客,一般使用手提灭火瓶进行灭火,电子设备舱一般机组人员可进入,可使用手提灭火瓶灭火,盥洗室内的垃圾桶需要用固定灭火器自动灭火。欧美国家在发动机舱、APU舱、货舱中采用钢质的固定式灭火器,而俄罗斯则使用复合材料瓶体的固定式灭火器。发动机灭火系统应提供每台发动机连续两次灭火能力,当探测系统探测到发动机或APU舱内着火时,系统立刻向驾驶员发出报警信号。驾驶员经判断确认火情后,向发动机舱内或APU舱内喷射灭火剂实施灭火。

3.5 飞机火灾基本特性

3.5.1 飞机火灾的危险性

与其他交通运输工具相比较,飞机火灾的危险性较大,主要原因为:

(1) 航程远、载燃油量大。飞机航行时的燃料主要有航空煤油、汽油和喷气燃料。小型客机装载燃油量约为 1200～5000 L,中型客机装载燃油约 1 万～10 万 L,大型客机装载燃油为 17 万 L 以上。

(2) 通道窄、出口少、载客量大。客舱过道和舱门宽度约为 1 m。

(3) 可燃物质多、火灾危险性大。机舱的装饰比较多,装饰材料一般都采用易燃可燃材料。例如:座椅、结构装饰、地毯、救生器材、行李衣物、木材、飞机的电气线路等。

3.5.2　飞机火灾的发展过程

飞机火灾的发生和发展基本上可分为四个阶段:

(1) 油雾着火,并延续 15～20 s。

(2) 渗漏燃油着火,并逐渐增加强度,这很可能引燃其他的可燃物质,例如引燃镁合金轮毂等。

(3) 经过 2～5 min,火势将达到猛烈的程度。

(4) 随着渗漏的燃油被逐渐消耗,最强烈的火势逐渐减弱,这一过程延续的时间会很长。

3.5.3　飞机火灾的基本特点

飞机在发生火灾后,具有很强的火灾危害性,飞机火灾的基本特点如下:

(1) 飞机可燃、易燃物多、火灾危险性大。首先,现代化的飞机为了给旅客带来舒适的环境,客舱内部采用了大量可燃、易燃装饰材料,客舱内密集的座椅、地板上的地毯以及其他设施,都是飞机本身携带的可燃物。其次,乘客随身携带的行李、衣物等外来可燃物也增加了飞机内部的火灾载荷。飞机上的主要起火部位有燃油箱、润滑油箱、电池组、汽油、燃烧加热器、液压液剂储存器。

(2) 飞机火灾蔓延速度快、扑救困难。如果飞机在起飞或者着陆时发生火灾,扑救难度相对较低,这时可以使用机场专职消防力量实施有效灭火救援。但是,如果飞机在飞行过程中发生着火,而机组人员没能及时在火灾发生初期将火灾扑灭,那么火灾就会迅速发生蔓延,甚至失去控制,其原因主要为:①飞机内空间相对狭小,可燃物聚集,火灾载荷大;②飞机各舱室之间没有有效的防火分隔,其中一个舱室着火,很容易会蔓延到其他舱室;③飞机在飞行过程中,高空环境条件复杂;④飞机在飞行过程中起火,地面消防力量无法参与救援。

(3) 飞机容易发生爆炸。飞机内部起火,密闭狭小的空间内温度会迅速升高,里面的气体也会迅速膨胀,容易造成爆炸。另外,高温对发动机舱也有很大的威胁。

(4) 飞机火灾造成的烟气毒性大,易使人窒息死亡。飞机内部装饰材料的可燃物大多为有机高分子材料,在燃烧过程中会释放出大量的有毒有害气体。飞机各舱室之间相互连接,有毒气体很快就会充满机舱内部。同时,飞机客舱是一个增压密闭舱室,有毒气体和烟雾很难散发出去,飞机内人员容易发生中毒死亡的情况。

3.6 飞机火灾风险区域

由于载油量大、载客量大、逃生困难，火灾是民用飞机最大的安全威胁之一。飞机防火安全是适航当局、飞机制造商和运营商最为关注的安全问题。多年来，美国联邦航空管理局（FAA）定期更新的"运输类飞机关注问题清单"中一直将飞行结构防火、复合材料机身防火、货舱防火、易燃液体防火等防火安全问题作为飞机型号合格审定的重点关注问题。因货舱失火导致飞机坠毁的事故时有报道，2013 年 1 月日本航空公司波音 787 飞机电池着火，美国交通运输安全委员会（NTSB）于 2014 年再次将"改进交通运输防火安全"列入其"最希望得到改进的问题清单"。

飞机防火设计的目标是尽可能减少火灾发生的可能性，并将火灾发生后的危害最小化。火灾的孕育、发生和发展包含着湍流流动、相变、传热传质和复杂化学反应等物理化学作用，是一种涉及物质、动量、能量和化学组分在复杂多变的环境条件下相互作用的多相、非线性、非平衡态的动力学过程，该动力学过程还与作为外部因素的人、材料、环境及其他干预因素等发生相互作用。由于火灾现象自身的复杂性和随机性，同时飞机构造和运行环境非常复杂，定量的计算和分析火灾的发生、发展及其危害程度的工具和方法十分有限，目前飞机防火设计主要依赖于设计经验、事故案例分析结果、定性评估和工程判断。飞机防火安全涉及总体布置、结构、动力装置系统、辅助动力装置系统、燃油系统、环控系统、飞控系统、液压系统、起落架系统、航电系统、电气系统、防火系统等多个专业，合理制定飞机防火设计要求，并分解落实到各个专业的设计规范和方案中，对飞机防火安全至关重要。

3.6.1 防火区域类型

燃料、点火源、助燃剂（氧化剂）是着火的三个基本要素。在正常状态下，每一要素或其中两个要素是以有控制的状态存在的，但由于功能失效或意外，某控制要素或其组合会脱离控制状态，这些不受控制的基本要素同时存在，构成了潜在着火危险。飞机各个区域通常都存在可作为助燃剂的空气，易燃物主要包括燃油、液压油、滑油等易燃液体或蒸气，点火源主要包括热表面、热流体、火花/电弧等。飞机火灾通常都是由于易燃液体或其蒸气的点燃而引起的。根据易燃液体及其蒸气以及点火源的受控状态，可将飞机各物理区域分为火区、易燃区、易燃液体泄漏区和非危险区四种类型。飞机防火区域划分示意图如图 3.12 所示。

火区为正常运行条件下预期可能出现易燃液体或蒸气，且存在名义点火源的区域，通常包括发动机风扇舱、发动机核心舱、辅助动力装置舱。某些发动机将附件齿轮箱安装在核心舱，因此风扇舱不再列为火区。易燃区为正常运行条件下存在易燃液体或蒸气，但无点火源的区域，通常包括燃油箱、液压油箱、滑油箱等区域。易燃液体泄漏区是指由于某种失效或故障情况可能出现易燃液体或蒸气，但无名义点火源的区域，通常包括机翼除燃油箱之外的区域、垂尾、平尾、翼身整流罩等区域。需要说明的是，主起落架舱一般含有液压管路和部件，因而存在出现易燃液体或蒸气的可能性，且存在由刹车片制动而产生的名义点火源，但通常采取措施将点火源与易燃液体或蒸气隔离，从而将主起落架舱视为易燃液体泄漏区。非危险区是指与易燃液体或其蒸气隔绝的区域，通常为飞机的增压区域，包括驾驶舱、客舱、

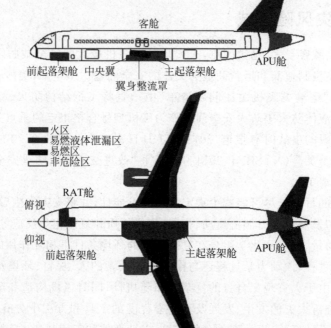

彩图 3.12

图 3.12   飞机防火区域划分示意图

电子电气设备舱、货舱等。

3.6.2   防火设计措施及其适用性

降低着火可能性及着火发生后危害的设计措施主要有设备/部件防火设计、隔离、分离、通风、排液、电气搭接和闪电防护、着火探测、灭火等。

设备/部件防火设计适用于所有结构、设备、管路和电缆，主要用于尽量防止设备/部件成为点火源或易燃液体泄漏源，同时设备/部件应根据其安装位置和功能满足《动车推进安装件和推进系统部件的防火试验方法》（AC20-135）和《机载设备环境条件和试验程序》（DO 160G）规定的阻燃、耐火、防火要求。

隔离主要用于隔绝不同区域的易燃液体和点火源，防止易燃液体或蒸气影响相邻区域，防止火灾蔓延到其他区域，主要适用于不同区域之间的隔绝或者同一区域内部的局部隔离。分离主要用于从布置上尽量避免易燃液体或蒸气与点火源接触的可能性，主要适用于潜在点火源和易燃液体泄漏源的布置。

通风主要用于防止易燃蒸气积聚，同时对舱内设备进行冷却，防止设备温度超过限制值，主要适用于存在高温部件及发热部件，以及可能出现相对于环境温度燃点较低的易燃液体泄漏的区域。排液主要用于防止易燃液体在舱内积聚，同时可用于及早发现并识别泄漏源，防止微小泄漏源发展为更为严重的泄漏。排液设计适用于预期可能出现危险的易燃液体泄漏的所有区域。

电气搭接和闪电防护主要用于消除可能由电气设备、电缆、静电或雷电引起的点火源，适用于所有设备、管路的安装。着火探测主要用于为飞机上需要防护的区域提供安全可靠的探测措施,为机组提供快速准确的告警指示,主要适用于火区、货舱、盥洗室等区域。灭火主要用于扑灭或抑制火情,将着火发生后的危害和损失降到最低,主要适用于火区、货舱、驾驶舱、客舱等区域。

3.6.3　各类型区域防火设计要求

1. 火区

位于火区内的影响飞机持续安全飞行和着陆的飞行操纵系统及其电缆、发动机架和其他飞行结构、易燃液体的切断装置和控制装置应满足防火要求。位于火区内的易燃液体和气体管路、发动机控制系统及其电缆、着火探测系统及其电缆应至少满足耐火要求。位于火区内的其他设备/部件应至少满足阻燃要求,并能承受正常运行条件下舱内最高环境温度。尽量不使用吸液材料,位于可能渗漏的易燃液体系统组件附近的吸液材料应加以包覆或处理,以防止吸收危险量的液体。火区必须采用防火墙与飞机其他区域隔离,任何穿透防火墙的管路、电缆接头应采用防火密封封严,防火墙、穿越防火墙所有接头均应满足防火要求。火区必须有措施切断燃油、滑油、除冰液以及其他易燃液体,防止危险量的易燃液体流入或流过火区。

应对火区内可能的点火源、易燃液体泄漏源进行合理的分析和布置,尽量降低易燃液体、蒸气与点火源接触的可能性。对于高压管路产生的可能直接喷射到点火源的泄漏,应采取挡板等措施进行防护。电缆应布置在易燃液体管路、接头和组件上方,防止泄漏的易燃液体滴落到电缆接头。电缆与易燃液体管路之间的间距应不小于 6 in,在最严重的失效条件下(考虑机身变形、装配误差和相对运动,支架安装等失效)最小间隙不应小于 1 in。火区必须通风,以防止易燃蒸气积聚,并维持舱内温度,保证部件及所用液体温度在规定的范围内。通常情况下,舱内通风流量应不小于 5 次/min 换气量。火区的每个部位必须能完全排放积存的油液,使容有易燃液体的任何组件失效或故障引起的危险减至最小。应进行泄漏源和排液路径分析,以识别泄漏源、确定预期的最大泄漏率,防止排液路径产生额外的着火危害。排液系统设计与飞机构型有关,应考虑区域内潜在的易燃液体泄漏量,从而确定排放到机外的排液能力(泄漏率),通常为 3.8 L/min。

通风排液进口的布置不应使其他区域的火焰、易燃液体或蒸气进入本区域。通风排液出口的布置应防止排出的液体或蒸气再次进入机身区域或高温表面。应合理采用电气搭接、屏蔽、闪电防护等措施,防止产生静电或火花。发动机舱、APU 舱应配置满足要求的着火探测系统和灭火系统。

2. 易燃区

燃油箱及其系统、设备应满足 CCAR25.981 规定的燃油箱点燃防护要求。

在正常或者失效条件下,易燃区所有设备/部件的表面温度应比可能接触的易燃液体自燃温度至少低 $50\,^\circ\!\text{F}$（$28\,^\circ\!\text{C}$）。

易燃区所有管路、部件应有良好的搭接和屏蔽,防止产生静电或火花。电气设备应具有过热保护和短路保护功能。

3. 易燃液体泄漏区

防火墙后面的短舱区域和包含易燃液体导管的发动机吊舱连接结构满足火区防火设计要求,但不必具有着火探测系统和灭火系统。易燃液体泄漏区内的设备/部件应至少满足阻燃要求,并能承受正常运行条件下舱内最高环境温度。应对易燃液体泄漏区内可能的点火源、易燃液体泄漏源进行合理的分析和布置,尽量降低易燃液体及其蒸气与点火源接触的可能性。对于可能出现相对于环境温度燃点较低的易燃液体泄漏的区域,应采取通风措施,防止易燃蒸气积聚。

易燃液体泄漏区应有排液措施,使容有易燃液体的任何组件失效或故障引起的危险减至最小。应进行泄漏源和排液路径分析,以识别泄漏源、确定预期的最大泄漏率,防止排液路径产生额外的着火危害。排液系统设计与飞机构型有关,应考虑区域内潜在的易燃液体泄漏量,从而确定排放到机外的排液能力,通常为 3.8 L/min。通风排液进口的布置不应使其他区域的火焰、易燃液体或蒸气进入本区域。通风排液出口的布置应防止排出的液体或蒸气再次进入机身区域或高温表面。应合理采用电气搭接、屏蔽、闪电防护等措施,防止产生静电或火花。

4. 非危险区

非危险区内的设备/部件应满足阻燃要求,并能承受正常运行条件下舱内最高环境温度。应避免在非危险区安装易燃油箱和携带易燃液体的组件,燃油管路应采用双层套管并通过排液管路通向机外,其他易燃液体管路应采用永久性接头。非危险区内携带易燃液体的组件应尽量布置在该区域的最下方。应采取隔离措施防止其他区域的易燃液体或蒸气进入非危险区。货舱、盥洗室必须设置符合要求的烟雾探测系统和灭火系统,驾驶舱和客舱应配备符合要求的灭火瓶。应合理采用电气搭接、屏蔽、闪电防护等措施,防止产生静电或火花。

3.6.4　飞机上的主要起火部位

1. 燃油箱

燃油箱一般设置在机翼内,有些油箱穿过机身,其余的均装在内外侧发动机上,有软油箱、硬油箱之分。软油箱,又称为囊或油箱,燃料油储存在胶袋内。软油箱在火灾情况下易破裂,从而使大量燃油泄出、流淌、燃烧。硬油箱起火后易发生爆炸。燃油箱相互连通,由供给阀控制。装载的燃料主要是航空煤油。

2. 润滑油箱

润滑油箱一般设在发动机吊舱内。有些设在发动机防火墙后面,有些设在防火墙前面。

3. 电池组

电池组一般设置在机身前部,外壳有标志。飞机降落后如果引起火灾,应立即将其拆除。

4. 燃烧加热器

燃烧加热器设在机翼、机身或尾部(仅限于往复式发动机飞机)。

5. 液压液剂储存器

液压液剂储存器设在机身前部或靠近机翼根部。

3.7　飞机典型可燃物火灾特性

飞机内可燃材料的存在是火灾发生的根本原因,按其形态可分为:固体、液体和气体三种。飞机内主要存在固体和液体两种形态的可燃材料。液体可燃材料主要为飞机航行时携带的大量航空燃油和液压油等,其中航空燃油是飞机上最易燃且火灾载荷最大的物质。固体可燃材料包括制造飞机使用的材料和飞机上托运的货物或旅客行李,飞机上使用的材料主要分为非金属和金属可燃材料。

飞机上使用的非金属可燃材料为高分子聚合材料,主要包含塑料制品(如用于座椅衬垫聚氨酯、用于窗户的有机玻璃和用于仪表的强化塑料等)、纺织品(如地毯、椅套、隔帘等)、橡胶制品(如飞机轮胎等)和木材(如胶合板等)。

飞机上使用的金属可燃材料主要包括:锂离子电池和镍铬电池(飞机发动机、APU 等启动或应急电源)、镁合金(在发动机罩、机翼蒙皮及座椅框架上使用)、航空电缆(连接着飞机航电、电气、通信和操纵等系统)等。飞机上使用的材料一般都经过阻燃处理且必须通过阻燃测试,阻燃测试并不要求材料不可燃,而是要求其在指定温度的明火下,可在一段时间内保持一定强度且燃烧速度低于指定速度,因此在正常情况下材料不易被点燃,只有受到长时间的高温作用才会发生燃烧。飞机托运的旅客行李或货物中大约有 80% 的可燃材料,这些物品有本身极易燃烧的,如托运的化学危险品(锂离子电池)、化妆品和衣物等,另外一些物品本身不自燃,但其包装或衬垫材料是可燃材料。

为了提高隔热、隔声、防潮效果,飞机的整个加压部分均使用隔热/隔声材料作内衬,尤其是在飞机客舱和机壳之间,隔热/隔声材料成了飞机中迄今为止使用量最大的非金属材料。隔热/隔声材料大多数是包覆层-絮状物-包覆层的三明治状,少部分由泡沫或毛毡组成,没有包覆层,隔声材料的要求比隔热材料的要求高。飞机所使用的隔热/隔声材料大多是纤维状玻璃棉,密度为 $0.42 \sim 0.61$ lb/ft^3,玻璃纤维的直径非常小,约为 0.006 in,隔热效果好。泡沫(如聚氨酯和聚酰亚胺)和毛毡(芳族聚酰胺)等隔热/隔声材料也被广泛使用。在较高的温度区域(如发动机短舱、动力装置和发动机排气管道),使用的是硅胶黏合剂(用于高温 700℉(371℃))和陶瓷棉(用于温度高达 2000℉(1093℃)区域)。包裹层覆盖隔热/隔声材料主要是将其保持在适当的位置,并防止灰尘和液体(特别是水)的污染。尼龙纱线增强的聚酯或聚氟乙烯塑料薄膜制作的包覆层,因其质量轻、抗撕裂性好而被广泛使用,高温区域则需要使用有机硅层的玻璃纤维、金属化玻璃纤维或陶瓷包覆层。

3.7.1　金属材料

1. 钛合金

钛及钛合金由于其具有密度小、比强度高、耐蚀、耐高温、无磁、可焊接等优异的综合性能,已经被广泛地应用于各个领域,尤其是在航空发动机工业中的应用范围及数量日益增多。早在 20 世纪 50 年代初,美国的 Pratt & Whitney 和英国的 Rolls-Royce 公司生产的喷气式发动机就已经使用了钛合金。从此,钛合金在航空发动机工业领域中的使用量稳步增长。如今,钛合金已普遍用于制造先进航空发动机的很多关键性的零部件,如风扇叶片、转子叶片、静子叶片、转子盘和压气机机匣等,已然成为航空发动机减轻结构质量、提高推重比必须采用的重要轻质材料,并在相当长时期内不可替代。

但是,钛合金自身具有的导热系数低,氧化生成热高和燃烧生成热高的特性,导致普通的钛合金在特定的航空发动机环境下(高温、高压以及高速气流的冲击)工作时,容易被点燃,并且发生持续的燃烧,从而在一定程度上限制了钛合金在先进航空发动机中的应用。随着航空工业的不断发展,飞机的性能也在不断提高,而用于航空发动机中的钛合金零部件将面临越来越高的工作温度、压力和气流速度,以及剧烈冲击和摩擦等。普通的钛合金在这般苛刻的工作条件下,大大地增加了对燃烧的敏感性和严重性,很容易发生钛合金燃烧事故。

"钛火"是指由于某种原因,例如剧烈的冲击、高温摩擦等因素导致钛及钛合金制件被点燃并发生燃烧,从而造成巨大损伤。一旦发生"钛火",可在几秒内烧毁发动机,后果十分严重。钛合金制件起火燃烧在军用和民用航空发动机上都发生过,国外已发生由于飞机发动机"钛火"引起的事故200多起,造成巨大的经济损失。金属钛的熔点为1660℃,但是在空气中,钛在1627℃就会被点燃。

钛自身具有的特点使其成为具有火灾危险的金属。研究表明,钛有一系列的氧化物,如Ti_2O、Ti_3O_5、TiO、Ti_2O_3和TiO_2等,从低价态的氧化物到高价态的氧化物,其密度逐渐下降。在工作温度低于500℃时,钛与氧的反应速率很慢,并会在其表面形成一层致密的氧化薄膜,牢牢地附着于钛合金表面上,能够阻止氧分子向合金基体内部扩散。但是在加热到更高的温度时,氧在钛中的溶解度升高,而氧化物中的氧含量就会降低,即氧化物中氧的饱和程度会随之降低,这增加了氧化层的缺氧程度。此时高价态的氧化物就会向低价的氧化物还原。根据前面所说的钛氧化物和密度之间的对应关系可知,此时合金表面氧化层的密度提高,氧化膜之间的黏着性降低,从而氧化膜发生开裂并剥落,氧化膜失去保护作用,大量的氧会进入反应前沿,与合金进行反应。当反应过程中释放的热量超过散失的热量时,温度快速升高,达到点燃温度并发生燃烧。

2. 铝合金

铝合金用于飞机的蒙皮和机翼、机身的某些受力构件,如翼梁、隔框、翼肋等都是硬铝制成的。机壳上的铝合金蒙皮,薄的部位容易破拆;厚的部位可用电动破拆工具破拆。铝合金在火灾情况下不燃烧,但在高温、火焰作用下可迅速熔化。

3. 镁合金

镁合金具有密度小、比强度和比刚度高以及电磁屏蔽性能好等优点,在航空航天等领域有广阔的应用前景。然而,镁元素金属活泼性较高,在受到高温燃气冲刷或以镁屑形式存在等特殊条件下有起火燃烧的风险,因此需要预防镁合金起火燃烧。此外,现有的燃烧试验能否保证镁合金应用的安全性还有待验证,目前确定镁合金燃点的试验方法多种多样,造成同一种镁合金在不同实验条件下的起燃温度具有相当大的差异,同时缺乏起燃时间、热释放速率等能够表征燃烧风险性参数方面的研究,急需可靠且标准化的镁合金起燃特性试验方法和评价标准。

北京科技大学张津教授和空军工程大学何光宇副教授等人总结了镁合金的起燃因素及机理方面的研究进展,重点阐述了镁合金的起燃机理,以及热物性参数、氧化膜性质、化学组分、几何尺寸和外部环境对镁合金起燃特性的影响规律。此外,对目前测试镁合金起燃和燃烧特性的试验方法进行了介绍和比较。他们同时指出镁合金燃烧行为研究中有待解决的问题以及未来的研究方向。

镁合金的起燃特性与燃烧特性有着本质上的区别。起燃特性是材料在热源作用下首次发生剧烈氧化反应的特性,目前多采用起燃温度作为表征参数;燃烧特性是材料在热源作用下发生持续燃烧的过程,多以持续燃烧时间或燃烧速度等作为表征参数。起燃不一定会导致燃烧,如果外界热源在起燃后被移除,燃烧可能不会持续。

镁合金起燃是受材料特征(成分、热物性、形状尺寸等)、环境特征(温度、氧气浓度、压强等)和点火能量三类因素共同作用的结果。镁合金燃烧是一种伴随有发光放热的剧烈氧化反应,其自身的化学反应和外界点火能量是根本动力,热量积累是控制因素,是反应系统从量变到质变的演变过程。因此,镁合金的起燃温度并不是物性常数,而是化学动力学参数和流体力学参数的综合函数。

镁合金合金化阻燃的研究已取得大量的成果,但还未有工作系统地考察镁合金起燃的临界条件、起燃判据模型及控制方法;航空领域中高压、富氧等特殊环境条件下镁合金的燃烧行为仍需补充完善;纳米颗粒在镁基复合材料起燃过程中发挥的作用尚不明确。再者,可靠且标准化的镁合金燃烧试验方法和评价标准还有待建立。此外,利用表面改性技术提升镁合金的阻燃防护能力还有待开发。

镁合金用以制造轮毂、发动机托架、螺旋发动机轴箱、涡轮发动机的压气铸件等。镁合金属难燃材料,加热时易氧化,当温度在 600℃ 以上时,能够燃烧,燃烧起来相当猛烈,火焰温度可达 3000℃,只能用特殊灭火剂(如 7150 灭火剂)将其扑灭,用大量射水办法可控制其燃烧,保护周围的结构不被损坏。消防员在切割镁合金时,务必小心操作,防止镁合金燃烧。

3.7.2　飞机座椅材料

飞机座椅部件主要由非金属材料组成,具体分为五个基本区域(图 3.13):泡沫衬垫、装饰材料、阻火层、塑料模制品和结构件,所有座椅部件必须符合 FAR 25.853(b)和(c)的要求。下面将对这五个区域所使用的材料进行介绍。

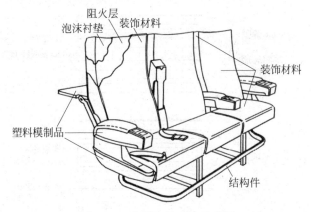

图 3.13　典型飞机座椅示意图

1. 泡沫衬垫

选择泡沫衬垫时要考虑磨损、舒适性、浮选性、易燃性等性能要求,为了满足这些要求,飞机上使用了各种密度的泡沫,其中开孔聚氨酯泡沫是最常用的,其密度低至 $1.981\ \text{lb/ft}^3$。如果缓冲垫在紧急情况下用浮选装置,泡沫必须是闭孔的,经常使用的是聚乙烯泡沫。

2. 装饰材料

典型的装饰罩面料主要包括羊毛、羊毛/尼龙混合物、皮革和阻燃聚酯,阻燃处理(通常为锆型)的羊毛/尼龙混合物是目前最常见的装饰材料,也是通过 FAR 25.853(b)和(c)测试的装饰材料中最可靠的一种。

3. 阻火层

飞机座椅的阻火层材料要求符合 FAR 25.853(c)，为了符合这一规定，把诸如聚苯并咪唑、芳族聚酰胺和玻璃合成纤维的纺织品织造或融化后来包封泡沫。阻火层的质量主要取决于泡沫结构和类型，较低密度的泡沫通常需要较重的阻火层。

4. 塑料模制品

飞机座椅采用各种各样的塑料模制品，如装饰性的外罩、装饰条、食物托盘和扶手。聚碳酸酯、丙烯腈-丁二烯-苯乙烯（ABS）和装饰性乙烯通常用于塑料模制品。

5. 结构件

大多数座椅结构件由铝合金和镁合金等制成，目前已经引入碳复合结构来减轻质量。

3.7.3　飞机其他内饰材料

为了确保飞机在使用过程中的安全，通常要求内饰材料具有阻燃性。飞机所采用的内饰材料一般具有不燃烧的特性，如果某一部分内饰材料具有可燃性，必须满足特定的阻燃性能要求，以提高飞机的安全性和舒适性。

1. 面板

因高刚度和高质量比，三明治结构是目前大多数飞机内部的面板结构，整体式层压板则使用得很少。三明治结构主要由面板、黏合剂、芯材和装饰覆盖物制成（图 3.14）。这些面板主要用于天花板、厨房、盥洗室、侧壁、行李架、地板、隔断和壁橱等。这些应用的面板都必须符合 FAR 25.853(a) 和 (a-1)，所有面板均由树脂系统和纤维增强剂件组成。

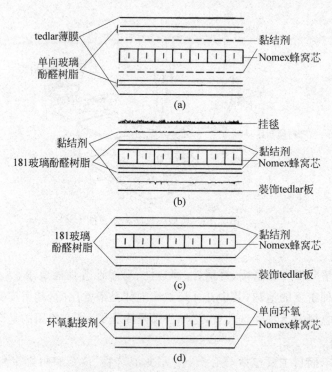

图 3.14　典型的飞机舱内面板示意图
(a) 厨房；(b) 盥洗室；(c) 天花板；(d) 地板

（1）树脂系统。虽然酚醛树脂的强度较低，但耐火性好、排烟量少，因此用来替代环氧树脂。

（2）纤维增强剂件。由于玻璃纤维、芳香族聚酰胺和石墨/碳具有高质量比和良好的耐火性，从而被广泛使用。

芯材：夹芯板的核心采用蜂窝结构，这种结构能够在最小质量下实现最佳物理性能。其中铝蜂窝已用于客舱内部，然而最常见的蜂窝结构是用酚醛树脂涂覆的芳族聚酰胺纸。芳纶蜂窝密度为 1.51 lb/ft^3，用于轻质天花板，蜂窝单元尺寸范围为 $1/8 \sim 3/4$ in。

面板及装饰覆盖物：所有内部面板在乘客可见的表面上都有装饰层（图 3.15）。

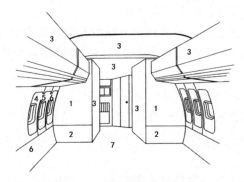

图 3.15 飞机客舱内部结构

1—带挂毯的面板结构；2—带有护壁板的面板结构；3—面板结构与装饰层塑料板；4—装饰塑料层压板；
5—成形热塑性或层压板；6—成形铝与装饰塑料层压板；7—复合层板与壁板盖

（1）塑料层压板。与乘客和机组人员直接接触的大多数表面都有装饰塑料层压板，其中过道、天花板、行李架、盥洗室内饰、厨房和洗手间表面是装饰塑料层压板的典型应用。由于乙烯基的耐磨性良好，其使用范围较广，而聚氟乙烯（PVC）或 PVE/乙烯基组合具有良好的清洁性和耐色牢度。

（2）装饰纺织品。厨房、卫生间、壁橱和隔板等面向乘客的表面通常用装饰性纺织品覆盖，毛绒、手工簇绒、100%羊毛面料挂毯通常用于上面板表面，下面板表面则通常使用轻便地毯或者花式罗布覆盖，护墙板通常由经处理的羊毛或尼龙制成。随着新的释热量的要求，大多数以前使用的挂毯和护墙板不再适用，开始使用由合成纤维和双酚合成组合物制成的挂毯和护墙布。

（3）油漆。聚氨酯油漆和水性油漆主要用于可以看到小瑕疵的表面，如飞行员背后的表面。

2. 地板覆盖物

地毯覆盖大部分的机舱地板，包括通道和座椅下方。大多数飞机地毯由聚酯、聚丙烯、棉或玻璃纤维被衬纱线和阻燃背面涂层的羊毛或尼龙面纱线组成，羊毛地毯用阻燃剂处理，尼龙地毯则用高度阻燃的背面耐火材料处理，地毯垫层用于某些飞机上进行噪声隔离，流体溢出的区域（如厨房和洗手间）通常使用乙烯基制成的塑胶地板来防滑。

3. 帷幔

帷幔用来分隔飞机的部分区域（如厨房），并分开各等级的客舱服务，帷幔通常是用阻燃剂处理的羊毛或聚酯织物组成。

4. 非金属空气通道

由于飞机的相对紧凑性,大部分空气管道必须绕过许多不同的部件,这导致一些管道形状非常复杂。因非金属管道比铝管道制造成本低很多,因此非金属管道应用十分广泛。非金属管道有常见的三种类型:纤维增强树脂、热塑性树脂和刚性泡沫塑料管道。

(1) 纤维增强树脂。纤维增强树脂由编织玻璃纤维与聚酯、环氧树脂或酚醛树脂、芳香族聚酰胺/环氧树脂等组成,这些材料制成的管道通常在外部固化之后用聚酯或环氧树脂涂覆密封以防泄漏。

(2) 热塑性树脂。热塑性树脂通常由真空成型的聚碳酸酯或聚醚酰亚胺制成。与纤维增强树脂相比,热塑性树脂制造成本和强度低。

(3) 刚性泡沫塑料管道。聚酰亚胺或聚异氰酸酯泡沫塑料管道用于制造形状复杂的较大管道,泡沫塑料管道因具有不需要额外绝缘和质量轻的优点而被广泛使用。

5. 衬垫(非面板)

在需要强度和柔性以提供轮廓形状的地方使用衬垫,如出门口、飞行甲板、机舱侧壁、门框和货舱的区域使用增强树脂或热塑性塑料制成的衬垫,某些飞机上使用由成形铝制成的装饰性侧壁衬里。根据应用场合,衬垫必须符合 FAR 25.853(a)、(a-1)或(b),FAR 25.855(a)、(a-1)或其综合要求。

(1) 增强树脂:织物增强树脂具有柔韧性高、抗冲击性好、强度高和质量轻等优点,在乘客和食品车通行区域使用,货物衬垫则由耐燃烧和耐冲击的玻璃纤维增强树脂制造。

(2) 热塑性塑料:热塑性塑料制造成本低,在不需要高强度的衬里中使用。真空和压力成形的热塑性塑料,如丙烯腈-丁二烯-苯乙烯共聚物(ABS)、聚碳酸酯和聚醚酰亚胺在飞机甲板侧壁、门内衬、服务台等部件广泛使用。在许多应用中,热塑性塑料是整体着色和有纹理的,不需要任何装饰性覆盖物。

6. 电子元件

(1) 电线电缆绝缘。对于压力外壳中的一般电线电缆,绝大多数使用的绝缘体都是聚酰亚胺,其次是辐射交联聚乙烯四氟乙烯。在某些区域使用芳香族聚酰胺材料织物覆盖电缆以达到抗磨损的效果。对于较高温度区域,则使用聚四氟乙烯(PTFE),在需要非常高的温度或耐穿透性的区域,通常使用填充的 PTFE,以前石棉被用作填料,目前石棉已经被纤维取代。为承受高温,使用镀镍铜线来确保电气设备的持续运行。所有电线绝缘需满足 FAR 25.1359(d),而位于高温区域的电线绝缘则必须满足 FAR 25.1359(b)。

(2) 连接器。飞机中的绝大多数连接器都是由具有硅胶或硬化电解质材料插入物的电木铝制成,并且没有特定的燃烧要求,而位于防火墙中的连接器必须是防火的,并且由低碳钢或不锈钢制成,以满足烧穿的要求。

7. 防火墙

所有指定的防火区(如发动机压缩机和附件部分)都需要防火墙来隔离火灾,使用至少 0.015 in 厚的钛和钢作为防火墙。钢是优选的材料,因为它在加热下不会扭曲到钛的程度。为了在特定区域提供更好的耐燃烧性,可使用树脂浸渍的高硅石玻璃或树脂涂覆的铌。

8. 窗

目前所有的飞机窗都是由拉伸浇铸聚甲基丙烯酸甲酯制成,拉伸聚甲基丙烯酸甲酯具有光学透明度、高强度、质量轻和耐溶剂型等优点。

3.7.4 复合材料

复合材料具有比强度高、比刚度高、可设计性强、抗疲劳性能好等优点,显示出比传统金属结构材料更优越的综合性能。先进复合材料具有比强度和比刚度高、性能可设计等许多优异特性,将其用于飞机结构上,可比常规的金属结构减重25%～30%,并可明显改善飞机气动弹性特性,提高飞行性能,这是其他材料无法或难以达到的。图3.16给出飞机上使用的复合材料的类型和位置。碳纤维增强树脂基复合材料是目前民用飞机上用量最大,也是航空航天等尖端科技领域发展较为成熟的先进复合材料。碳纤维本身耐高温,但将其黏结成形的树脂基体不耐高温。

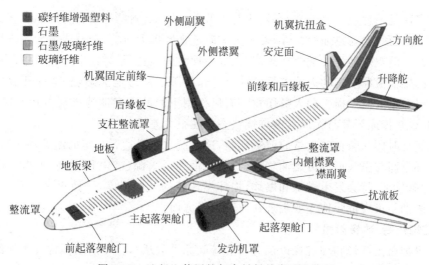

彩图3.16

图3.16 飞机上使用的复合材料的类型和位置

图3.17为复合材料热解及燃烧的主要过程。由图可知,复合材料的热解及燃烧过程在很大程度上取决于火灾环境,尤其是火场中复合材料的数量与其他可燃物的数量。热量是复合材料热解及点燃的驱动因素。例如机器过热导致的电子故障,已经发生燃烧的物质以及来自焊接管的热量都可能是点火源,也就是说复合材料可由建筑或场所中其他已经发生

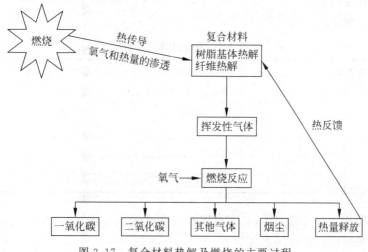

图3.17 复合材料热解及燃烧的主要过程

燃烧反应的物质引燃而发生快速燃烧。初始热解所需的热量来自于相邻物质的燃烧放热，此后，当复合材料热解出的可燃挥发性气体达到临界浓度时被点燃，这时其本身也作为一个热源对自身及其他物质进行热反馈，进而增加了其燃烧强度。关于碳纤维含量对于材料燃烧特性的影响，研究得出随着纤维含量的增多，点燃时间延长，热释放速率峰值下降，复合材料耐热性能均降低。关于碳纤维复合材料极限氧指数，研究得到以环氧树脂为基体的碳纤维复合材料具有更小值。关于复合材料的抗烧穿阻燃特性方面也有涉及，主要包括材料燃烧反应后维持结构完整性的能力以及残存部分的机械性能研究。

3.7.5 航空燃料

航空煤油是一种主要的航空燃料，相对于低碳氢燃料（酒精等），航空煤油燃烧具有燃烧速度快、火势凶猛、辐射热强等特性，发生火灾时危害性极大，往往会造成重大经济损失和惨重人员伤亡。航空煤油是一类燃烧热值高、危险性大的燃料，是燃油泄漏火灾中的重大危险源。典型的燃油泄漏引发的火灾多是一种有风作用下的液态池火燃烧，这种开放环境中的池火灾可引起重大财产损失和人员伤亡。有风作用下的航空煤油池火羽流形态特征、热辐射特性、池火热传递等都与无风自由燃烧状态存在很大差异。

飞机航行时燃油箱存储大量的航空燃料，这些航空燃料达到一定的温度和压力将蒸发，燃油箱上部空间与空气形成可燃油气混合气，在潜在引火源（静电积聚放电、雷击或电子设备短路）的条件下，将会发生燃烧和爆炸，损坏燃油箱的结构强度，导致火灾的蔓延，甚至机毁人亡。燃油箱火灾危险性主要表现在以下几个方面：

1. 燃烧热高、热辐射强

航空煤油是由链烃和环烷烃以及芳香烃等碳原子数从 $C_7 \sim C_{16}$ 的多种烃类所组成的混合物。在航空煤油的组分中，含碳原子少的轻质烃分子在受热时首先挥发，与燃油箱上部的空气形成可燃混合气体，在引火源的条件下，发生燃烧。由于航空煤油的燃烧热比目前常用的含碳较低的烃类燃料高，约为 43.3 MJ/kg，当其燃烧时，其产生的燃烧热会加速油箱内未燃液体的蒸发，增加燃烧强度，同时加大了燃油箱爆炸的危险性。

2. 闪点低、燃烧速度快

闪点是能在燃油表面上方产生燃烧的最低燃油蒸汽温度，是表示燃油的火灾危险性的一个重要参数。根据闪点的差异，可燃液体分类见表 3.1。

表 3.1 可燃液体分类表

液体编号		闪点温度/℃	沸点温度/℃	液体类型
Ⅰ	A	$T < 22.8$	$T < 37.8$	易燃液体
	B	$T < 22.8$	$T > 37.8$	
	C	$T > 22.8$	$T > 37.8$	
Ⅱ		$37.8 < T < 60$		可燃液体
Ⅲ	A	$T < 60$	$T < 93$	
	B	$T > 93$		

航空煤油属于二类可燃液体，其闪点比航空滑油低 60℃ 左右，容易被点燃。俄罗斯、美国和我国典型的航空燃油的闪点值如下：

1）俄罗斯燃油的闪点值

TC-1 不低于 28℃。

T-1 不低于 30℃；T-6 不低于 66℃；T-8 不低于 40℃。

PT 不低于 28℃。

2）美国燃油的闪点值

JetA-1 不低于 37.8℃；JetA 不低于 37.8℃。

JP-5 不高于 68℃；JP-7 不低于 60℃；JP-8 不高于 38℃。

TS 不低于 43℃。

3）我国燃油的闪点值

RP-1 不低于 28~80℃；RP-2 不低于 28℃；RP-3 不低于 38℃；RP-5 不低于 60℃。

3. 燃烧极限范围广、燃烧的可能性大

航空煤油蒸发并与燃油箱内的氧气混合后发生气相燃烧，因此航空煤油在燃烧箱内的燃烧属于预混燃烧，在燃烧过程中，预混火焰的火焰前锋仅能在航空煤油和氧气的组合范围内传播，该范围即为航空煤油的燃烧下限（lower flammable limit，LFT）和燃烧上限（upper flammable limit，UFL），见图 3.18。航空煤油是多烃类混合物，由于烃蒸汽从液体燃烧中溢出的数量不确定导致航空煤油的燃烧极限很难确定。

根据 FAA 统计结果，燃油系统的火灾爆炸部分大多数是由飞机加油过程中产生的静电放电引起的，少部分是由发动机故障产生的高温部件穿透油箱、雷击飞机蒙皮等原因引起的。当燃油生成易燃爆的混合气和静电放电形成起火源两个条件同时满足时，才会发生燃油箱的燃烧和爆炸。因此，可采取如下措施预防飞机燃油静电

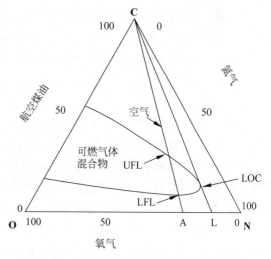

图 3.18 燃油箱中航空煤油燃烧极限示意图

起火。①防止生成燃油蒸气和空气的混合气。采用油箱惰化、使用高闪点燃油是防止生成燃油蒸气和空气的混合气的重要措施。油箱惰化可防止静电起火和雷电危害，但维护复杂、载重上升，在飞机发动机满足性能时可采用高闪点燃油。②防止燃油带电。不使物体内蓄积静电以及将已产生的静电安全消除是防止燃油带电的措施，在飞机燃油系统的设计中，通常采取静电中和技术及增加燃油导率等措施。③消除危险的静电放电。防止产生静电和带电的措施一旦失效时的一种补偿措施就是消除危险的静电放电。为消除放电，应在设计时保证金属零件之间良好的电搭接性能，其次是对难以保持电搭接的部位，应更改零件材料或改变结构形式，将危险的火花放电改变为其他危险性较小的放电，还可以改变放电空间介质，将油面上燃油蒸汽空间内的放电改为液态燃油内的放电，用于提高电击穿强度，使其在使用情况下不可能发生燃爆。

3.7.6　航空电缆

航空器夹层内的电缆稳定安全运行十分重要,根据相关的飞机制造商的资料发现,目前航空器内部的电缆有多重结构,多数由护套层、绝缘层和导体三大部分构成。制造材料主要有铜、铝、银、聚氯乙烯、聚乙烯、聚烯烃、树脂和丁苯橡胶、乙丙橡胶和丁腈橡胶等聚合物。同时会根据航空电缆的使用环境不同,向上述材料中添加一些阻燃剂、抑烟剂等,从而提高电缆的使用范围和寿命。航空器内部的电缆主要分布在驾驶舱的飞机仪表盘、客舱的座椅显示屏、四周沿壁夹层、卫生间照明设备和厨房的加热设备等,飞机内部的电缆在整个航空器的运行中起着照明、通信和动力系统供应等主要功能,一旦部分电缆燃烧导致系统运作失调,或者燃烧产生火焰蔓延及有毒烟气的扩散,将会造成巨大损失,因此需要及时对航空电缆的燃烧性能展开研究。

虽然根据美国联邦航空管理局(FAA)以及中国民用航空规章第 25 部运输类飞机适航标准(CCAR-25-R4),对航空器内电缆的燃烧性能设立了标准及等级要求,但夹层内的电缆在老化、短路和维护不足等情况下,仍然会发生燃烧,主要由以下几种情形引发:

(1) 电缆护套及绝缘层受到机械损伤时,引起电弧击穿电缆,进而发生燃烧;

(2) 空气潮气浸入电缆内部导体,使电缆护套层及绝缘层过热发生老化,电流击穿绝缘层材料导致短路,进而发生燃烧;

(3) 电缆材料长时间使用或者过载受热软化后迅速燃烧。此外,航空电缆材料燃烧过程中产生大量的 CO、NO_x、H_2S 等毒性气体和燃烧后悬浮于客舱的烟气颗粒,极易造成飞机舱内人员因呼吸困难和有毒气体而窒息死亡。

目前航空电缆按材料主要分为两类:军用直升机的聚酰亚胺-氟 46 复合膜绝缘电缆和用于近代军用和民用大型飞机的体积小、质量轻、耐高温的辐照交联乙烯-四氟乙烯共聚物绝缘电缆。航空电线电缆按用途主要分为 4 类:航空电网安装线及动力电缆(约占 80%)、飞机发动机高温耐火电缆、航空特种电缆和航空通信数据电缆。虽然航空电缆是特制的耐高温绝缘电缆,但电线电缆受辐射、过载、短路和振动等因素的影响会发生绝缘层裂化和炭化,诱发故障电弧,引起火灾,火灾得不到及时控制,可能会导致机毁人亡。

电缆火的防治主要从新型阻燃型电缆的研制和防火涂料的设计两方面来进行。使用阻燃电缆材料代替非阻燃电缆材料用于制作电缆的防套层和绝缘层,是阻燃电缆和非阻燃电缆的本质区别。电缆防火涂料是一种涂敷于电缆表面可形成具有防火阻燃保护及一定装饰作用的功能性涂料,其本身具有难燃或不燃性,遇火受热分解出不燃性气体和活性自由基团,不燃性气体冲淡被保护基材受热分解出的易燃气体和空气中的氧气,抑制燃烧,自由基与有机自由基结合,中断链锁反应,降低燃烧速度。

3.7.7　锂电池

锂电池是一种化学电源,加热、针刺、挤压、冲撞等滥用条件往往会引发隔膜的熔断,从而导致电池正、负极间直接接触而发生内短路,而高温作用下的电极材料会发生多种放热反应,热量的持续堆积有可能引发电池火灾。目前有部分学者对电池的安全性和火灾危险性进行了研究。

　　航空电池按构成材料不同,主要分为蓄电池和锂电池;按是否可充电,锂电池又分为锂金属电池(不可充电,负极为金属态的锂)和锂离子电池(可充电)。

　　锂电池的热失控通常由一些滥用条件所致,机械方面如针刺、挤压、冲撞,热方面如外界高温、火焰烤燃,电方面如过充过放。这些滥用条件会引发一系列的放热反应,并导致温度升高,高温反过来又加速放热反应的进行。锂电池发生热失控的主要原因是内部产热远高于散热速率,在其内部积累了大量的热量,根据热自燃理论和链锁反应着火理论,可能会引起电池起火、发烟和爆炸。热失控是由各种类型的滥用因素触发的,包括机械滥用、电气滥用和热滥用。图 3.19 为锂电池热失控的链锁反应机理。当锂电池的温度在滥用条件下异常升高时,发生一系列链锁反应,发生锂电池材料的分解反应,如固体电解质膜(SEI 膜)分解、阳极与电解质之间的反应、隔膜基体的熔化、阴极的分解以及电解质的分解等。当温度升高到 300℃ 时,隔膜的陶瓷涂层崩溃,电池的正负极直接接触造成大面积的内短路,则会瞬间释放电池的电能,导致电池发生热失控,严重时可能会伴随电解质的燃烧。

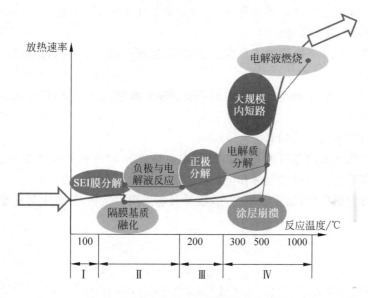

图 3.19　锂电池热失控的链锁反应机理

　　电池火灾主要是电池内部反应产生的烷烃、烯烃类气体和电解液蒸气发生燃烧。而这些烷烃、烯烃类气体主要是电解液在高温下与内嵌锂反应和自身的分解反应形成的。通过气相色谱仪(GC)测量电池内部反应生成气体,主要成分包括 CO、CO_2、H_2、CH_4、C_2H_6、C_3H_8 等,其中 H_2、CO_2 和 CO 的含量最高(H_2、CO_2 和碳氢化合物约各占总分解气体的 1/3)。电解液中部分有机溶剂在温度超过 130℃ 时就会蒸发,形成电解液蒸气,在可燃气体中占有很高的比例。而这些高温下产生的气体成分含量与电池的荷电状态有关。

　　美国 FAA 统计数据表明:1991—2007 年发生的电池事故中,27% 是锂电池事故,而这些事故中,68% 是由于内部或外部短路造成的,15% 是由于充电或放电造成的,7% 是由于设备意外启动,10% 为其他原因。航空运输锂电池火灾危险性特点为:火灾起初征兆不明显;短时间内发生剧烈燃烧或爆炸;燃烧温度高,蔓延速度快,破坏性大;自燃性高,复燃性大;烟雾毒气大,扑救困难,损失严重。

　　影响锂电池安全性的内部因素有以下几种。

(1) 电极材料。金属锂是一种特别活泼的金属,遇水或潮湿空气会释放易燃气体,化学反应方程式是 $2Li+2H_2O\!\Longrightarrow\!2LiOH+H_2$,因此金属锂属于遇湿易燃的危险品,反应产物氢气为易燃气体。

(2) 电解质。有机电解质溶液(锂盐类电解质)属易燃物,受热(内部、外部)可引起电池爆炸起火,并分解产生气体(如 CO_2、CH_4、C_2H_6、C_3H_6 等)及其他产物(如水)。

(3) 隔离膜。高分子薄膜的强度很低,在航空运输中,由于气流的影响飞机很容易颠簸,行李之间强烈的碰撞有可能损坏这层薄膜,导致电池内短路,短时间内放出大量的热,而电池内的有机电解液(锂盐类电解质)属易燃物,从而引发燃烧或者爆炸。

影响锂电池安全性的外部因素有以下几种。

(1) 过充电。由于锂电池负极无法嵌入更多的锂离子,导致锂离子在负极表面以金属锂析出,造成枝晶锂现象的出现,当枝晶锂生长到一定程度便会刺破隔膜,造成电池内部短路,从而引发安全事故。

(2) 高温。锂电池所处的环境温度较高时,例如处于 150℃ 环境下 30 min,就会出现内部压力骤增,引发燃烧和爆炸。

(3) 外短路。导体将电池的正负极直接接通,造成电池体系高温过热,从而导致电池的自燃或爆炸。

(4) 搬运、包装、储存不当。这些因素都有可能造成电池的短路,释放出大量的热量,从而引发燃烧和爆炸。

锂电池表面温升分三个阶段:

(1) 电池吸热导致内部温度升高,SEI 膜发生热分解,产生的热量使温度继续升高。

(2) 安全阀破裂释放可燃气体和电解液的燃烧增加了表面温度。

(3) 电池发生热失控,温度急剧升高,极易点燃周围可燃物,导致火势蔓延。

参考文献

[1]　王志超.民用飞机防火系统研究[J].民用飞机设计与研究,2011(3):11-13.

[2]　岳兴楠.飞机火灾特点和相应的预防措施[J].中国消防,2009(2):50.

[3]　银末宏,于水,唐宏刚.民用飞机防火设计要求研究[J].2014(2):11-13+30.

[4]　LEYENS C,PETERS M. 钛与钛合金[M].陈振华,等译.北京:化学工业出版社,2005.

[5]　霍武军,孙护国.航空发动机钛火故障及防护技术[J].航空科学技术,2002,(4):31-34.

[6]　HAN D, ZHANG J, HUANG J, et al. A review on ignition mechanisms and characteristics of magnesium alloys[J]. Journal of Magnesium and Alloys,2020,8(2):329-344.

[7]　TENDER A C. Aircraft Rescue and Firefighting[M]. City of Fresno, California,2001.

[8]　吕超.火灾环境下碳纤维/环氧复合材料火反应特性[D].沈阳:沈阳航空航天大学,2019.

[9]　庄磊.航空煤油池火热辐射特性及热传递研究[D].合肥:中国科学技术大学,2008.

[10]　黄沛丰.锂离子电池火灾危险性及热失控临界条件研究[D].合肥:中国科学技术大学,2018

[11]　刘敏,陈宾,张伟波,等.电动汽车锂电池热失控发生诱因及抑制手段研究进展[J].时代汽车,2019(6):87-88.

[12]　COMAN P T,DARCY E C,VEJE C T,et al. Modelling li-ion cell thermal runaway triggered by an internal short circuit device using an efficiency factor and arrhenius formulations[J]. Journal of The Electrochemical Society,2017,164(4):A587-A593.

第4章

机场灭火剂

在机场突发事件中通常会遇到 A、B、C、D 类火灾,航空消防与应急救援人员必须充分了解火情火势、灭火原理和灭火剂的正确使用方法。大多数机场都有种类繁多的灭火剂,每一种都有其特定的使用场景和使用方法。飞机燃油、合成材料/复合材料、可燃金属及不断开发并应用到现代飞机上的其他新型材料都有特定的燃烧特性。涉及这些材料的火灾需要使用专门的灭火剂,机场消防人员必须熟悉并掌握其应用方法。

机场灭火剂是针对飞机和机场建筑火灾的专用灭火剂。由于机场火灾的特殊性,国际民用航空组织(ICAO)《机场服务手册》、美国国际防火协会(NFPA)《飞机救援和消防泡沫设备评估标准》、美国联邦航空管理局(FAA)民航法规性文件及我国民用航空行业标准《民用航空运输机场消防站消防装备配备》等众多规范与标准均对机场灭火剂提出了要求。针对不同的灭火对象与应用场景,机场灭火剂涉及水系灭火剂、泡沫灭火剂、气体灭火剂、干粉灭火剂等几大类,本章在介绍飞机灭火基本原理及方法的基础上,将系统介绍每一类灭火剂。

4.1 飞机灭火基本原理及方法

4.1.1 可燃物着火基本理论

可燃物即能与空气中的氧或其他氧化剂作用引起燃烧化学反应的物质。可燃物按其物理状态分为气体可燃物、液体可燃物和固体可燃物三种类别。可燃物大多是含碳和氢的化合物,某些金属如镁、铝、钙等在某些条件下也可以燃烧,还有一些物质,如肼、臭氧等在高温下可以通过分解而放出光和热。本节将从可燃物着火方式和着火条件两方面着手介绍其着火基本理论。

1. 着火方式

可燃物在与空气共存的条件下,当达到某一温度时,与着火源接触即能引起燃烧,并在着火源离开后仍能持续燃烧,这种持续燃烧的现象叫着火。燃烧一旦在时间和空间上失去控制,就会引发火灾。能够引发火灾的可燃物着火方式,一般可分为以下几类。

(1)化学自燃:例如火柴受到摩擦而着火;炸药受到撞击而爆炸;金属钠在空气中的自燃;烟煤因堆积过高而自燃等。这类着火现象通常不需要外部加热,仅在常温下依靠自身化学反应就能够发生,通常称为化学自燃。

(2)热自燃:如果将可燃物与氧化物的混合物预先均匀加热,随着温度的升高,当混合物加热到某一温度时便会自动着火(这时着火发生在混合物的整个空间中),这种着火方式通常称为热自燃。

(3)点燃(或称强迫着火):是指从外部能源,诸如电热线圈、电火花、炽热质点、点火火焰等获取能量,使可燃混气的局部范围内受到急剧的加热而着火。这时在靠近点火源处就会产生火焰,然后依靠燃烧波传播到整个可燃混气中,这种着火方式通常称为引燃。大部分火灾都是由引燃所致。

必须指出的是,上述三种着火方式的分类,并不能十分恰当地反映出它们之间的联系和差别。例如化学自燃和热自燃都是既有化学反应的作用,又有热作用;热自燃和点燃的差别仅是整体加热与局部加热的不同,而不是"自动加热"和"受迫加热"的区别。另外,某些着火(如轰燃)有时候也叫爆炸,热自燃也叫热爆炸。这是因为此时着火的特点与爆炸相类似,其化学反应速率随时间激增,反应过程非常迅速。因此,在燃烧学中所谓"着火""爆炸"其实质是相同的,只是燃烧反应速率不同或叫法不同而已。

2. 谢苗诺夫自燃理论

任何能够发生燃烧的反应体系中,可燃混气一方面会由缓慢氧化而释放出热量,使反应体系的温度逐渐升高,同时体系又会通过器壁向外界散发热量,使反应体系温度逐渐下降。热自燃理论认为,着火的发生是反应体系中放热因素与散热因素相互作用的结果。如果反应体系中放热因素占优势,反应体系就会出现热量积累现象,体系中温度就会逐渐升高,反应速度逐渐加快,直至发生自燃;相反,如果散热因素占优势,反应体系温度就会逐渐下降,不能发生自燃。

1)产热速率的影响因素

(1)产热量。根据产热原因不同,产热量包括氧化反应热、分解反应热、聚合反应热、生物发酵热、吸附(物理吸附或化学吸附)热等。产热量越大,越容易发生自燃;产热量越小,则发生自燃所需要的蓄热条件越苛刻(即保温条件越好或散热条件越差),因而越不容易引发自燃。

(2)温度。一个可燃体系如果在常温下经过一定时间能够发生自燃,则说明该可燃物所处散热条件下的自燃点为常温或低于常温;一个可燃体系如果在常温下经过无限长时间也不能自燃,那么从热着火理论上则说明该可燃物所处散热条件下的最低自燃点高于常温。对于后一种可燃体系来说,若升高温度,化学反应速率提高,释放出的热量也随之提高,因而也有可能发生自燃。例如一个可燃体系在25℃的环境中长时间没有发生自燃,当把环境温度升高到40℃发生了自燃,则说明该可燃物在此散热条件下的最低自燃点大体上在40℃左右。

(3)催化物质。催化物质能够降低反应体系中反应的活化能,因此能够加快反应速度,从而促进热量产生,使可燃物逐渐升温。空气中的水蒸气或可燃物中的少量水分是许多自燃过程的催化剂,例如潮湿空气中的轻金属粉末或者潮湿的稻草垛中都很容易发生自燃。

但过量的水,会因为导热系数大以及水的热容量大,使自燃难以发生(某些遇湿自燃物质除外)。较高自燃点物质中含有的少量低自燃点物质也认为是一种催化剂,例如红磷中少量的黄磷、乙炔中少量的磷化氢等都能促进自燃的加速进行。

(4) 比表面积。在散热条件相同的情况下,某种发生反应的物质的比表面积越大,则与空气中氧气的接触面积越大,反应速率就会越快,越容易发生自燃。例如,边长为 1 cm 的立方体,比表面积为 6 cm^2/cm^3,若把同样大小的立方块粉碎成边长只有 0.01 cm 的小颗粒(近似为立方体),则它的表面积将增大到 600 cm^2。所以粉末状的可燃物比块状的可燃物更容易自燃。

(5) 新旧程度。发生氧化发热的物质,一般情况下,其表面必须是没有完全被氧化的,即新鲜的才能发生自燃。例如新开采的煤堆积起来易发生自燃;刚制成的金属粉末,表面活性较大,比较容易自燃。但也存在相反的情况,如已存放时间较长的硝化棉要比刚制成的硝化棉更容易分解放热引起自燃。

(6) 压力。反应体系所处的压力越大,也即参加反应的反应物密度越大,单位体积产生的热量越多,体系越容易积累热量,从而越易发生自燃。所以压力越大,自燃点越低。

2) 散热速率的影响因素

(1) 导热作用。一个可燃体系的导热系数越小,则散热速率越小,越容易在反应体系中心蓄积热量,促进反应进一步加速,进而导致自燃的发生。相同的物质,如果呈粉末状或纤维状,则粉末或纤维之间的空隙就会含有空气,由于空气导热系数低,具有一定的隔热作用,所以这样的可燃体系就容易蓄热自燃。

(2) 对流换热作用。从可燃体系内部经导热到达体系外表面的热流,会由于外部空气流动而将热量导走。外部空气的流动对可燃体系起着散热作用,而通风不良的场所则容易使反应体系蓄热自燃。例如浸满油脂的纱团或棉布堆放在不通风的角落里就很有可能发生自燃,而在通风良好的地方就不容易发生自燃。

(3) 堆积方式。大量堆积的粉末或叠加的薄片物体有利于蓄热,其中心部位近似于绝热状态,因此很容易发生自燃。评价堆积方式的参数是表面积/体积比,比值越大,散热能力越强,自燃点越高。例如桐油布雨伞、雨衣,在仓库中大量堆积时就很容易发生自燃。

3. 链式反应着火理论

谢苗诺夫的热自燃着火理论认为自燃之所以会发生,主要是由于在感应期内分子热运动使热量不断积累,活化分子不断增加以致造成反应的自行加速。这一理论可以阐明反应体系中可燃混合气体自燃过程的不少现象。很多碳氢化合物燃料在空气中自燃的实验结果(如着火极限)也大多数符合这一理论。但是,也有不少现象与实验结果无法由热自燃着火理论解释。例如,氢气和空气混合的着火浓度界限实验结果正好与热自燃着火理论对双分子反应的分析结果相反;在低压条件下一些可燃混合气,如 H_2+O_2 和 $CO+O_2$ 等,其着火临界压力与温度的关系曲线(图 4.1 中的实线)也不像热自燃着火理论所提出的那样单调下降(图 4.1 中的虚线),而是呈 S 形,有着两个或两个以上的着火界限,出现了所谓“着火半岛”现象。这些情况都说明着火并非在所有情况下都是由放热的积累而引起的。

链式自燃着火理论认为,使反应自动加速并不一定仅仅依靠热量积累,也可以通过链式反应的分枝,迅速增加活化中心来使反应不断加速直至着火爆炸。链式反应过程能以很快的速度进行,其原因是每一个基元反应或链式反应中的每一步都会产生一个或一个以上的

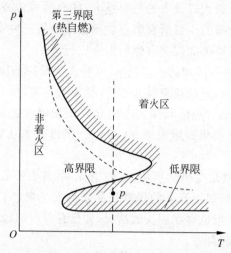

图 4.1　氢氧混合气体着火临界压力与温度的关系

活化中心,这些活化中心再与反应系统中的反应物进行反应。这些基元反应的反应活化能很小,一般在 40 kJ/mol 以下,比通常的分子与分子间化合的活化能(如 160 kJ/mol)要小得多。离子、自由基、原子间相互化合时其活化能就更小,几乎接近零。

4. 强迫着火

强迫着火也称点燃,一般指用炽热的高温物体,例如炽热固体质点、加热电线圈或电火花、一股热气流、点火火焰等引燃火焰,使混合气体的一小部分着火形成局部的火焰核心,然后这个火焰核心再把邻近的混合气体点燃,这样逐层依次地引起火焰的传播,从而使整个混合气体燃烧起来。强迫着火要求点火源发出的火焰能传至整个容积,因此着火条件不仅与点火源有关,还与火焰的传播有关。实际中火灾往往不是热自燃,而是强制点燃混合物或可燃物引起的。强迫着火与自发着火的区别有以下几个方面。

(1) 强迫着火仅仅在混合气体局部(点火源附近)进行,而自发着火则在整个混合气体空间进行。

(2) 自发着火是全部混合气体都处于环境温度包围下,由于反应自动加速,使全部可燃混合气体的温度逐步提高到自燃温度而引起的。强迫着火时,混合气体处于较低的温度状态,为了保证火焰能在较冷的混合气体中传播,点火温度一般要比自燃温度高得多。

(3) 可燃混合气体能否被点燃,不仅取决于炽热物体附面层局部混合气体能否着火,而且还与火焰能否在混合气体中自行传播有关。因此,强迫着火过程要比自发着火过程复杂得多。

强迫着火过程与自发着火过程一样,两者都具有依靠热反应和(或)链式反应推动的自身加热和自动催化的共同特征,都需要外部能量的初始激发,也有点火温度、点火延迟和点火可燃界限问题。但它们的影响因素却不同,强迫着火比自发着火的影响因素复杂,除了可燃混气的化学性质、浓度、温度和压力外,还与点火方法、点火能和混合气体的流动性有关。

4.1.2　灭火基本原理

物质燃烧必须同时具备四个条件:一定浓度的可燃物、一定浓度的助燃物、一定能量的引火源和不受抑制的链锁反应。当其中一个条件被去掉时,就不能发生燃烧。灭火是破坏燃烧条件使燃烧反应终止的过程。其基本原理可归纳为以下四个方面。

(1) 冷却灭火:对一般可燃物来说,能够持续燃烧的条件之一就是它们在火焰或热的作用下达到了各自的着火温度。因此,对一般可燃物火灾,将可燃物冷却到其燃点或闪点以下,燃烧反应就会中止。水的灭火机理主要是冷却作用。

(2) 窒息灭火:各种可燃物的燃烧都有一个必需的最低氧气浓度,在此浓度之下燃烧不能持续进行。因此,通过降低燃烧物周围的氧气浓度可以起到灭火的作用。通常使用的二氧化碳、氮气、水蒸气等灭火剂的灭火机理主要是窒息作用。

(3) 隔离灭火:把可燃物与引火源或氧气隔离开来,燃烧反应就会自动终止。火灾中,关闭相关阀门,切断流向着火区的可燃气体或液体的通道;打开相关阀门,使已经发生燃烧的容器或受到火势威胁的容器中的液体可燃物通过管道传导至安全区域,都是隔离灭火的措施。

(4) 化学抑制灭火:即灭火剂与火焰焰区中的自由基反应使其失去活性,从而中断燃烧反应。常用的干粉灭火剂、卤代烷灭火剂的主要灭火机理就是化学抑制作用。

4.1.3 灭火基本方法

根据灭火基本原理可以总结出灭火基本方法。机场火灾虽有其特殊性,但其灭火方法也不外乎以下四种。

(1) 冷却法:将可燃物的温度降到着火点以下,燃烧即会停止。可燃固体温度需冷却在其燃点以下;可燃液体温度需冷却在其闪点以下。水具有较大的比热容和高汽化热,在灭火的过程中能够吸收大量的热量,使可燃物的温度迅速降低至着火点以下。

(2) 隔离法:将已经着火的物体与附近的可燃物隔离或疏散开,从而使燃烧停止的灭火方法。如关闭阀门,阻止可燃气体、液体流入燃烧区;拆除与火源相毗连的易燃建筑等。

(3) 窒息法:根据燃烧需要足够的空气这个条件,采取适当措施来防止空气流入燃烧区,使燃烧物质因缺乏或断绝氧气而熄灭。这种灭火方法适用于扑救封闭的房间、地下室、船舱内等狭小封闭空间的火灾。

(4) 化学抑制法:使灭火剂参与燃烧的链锁反应,并与活性较高的自由基形成稳定分子,从而使燃烧反应停止。目前被认为效果较好、使用较广的抑制灭火剂是卤代烷灭火剂(如1211、1301)。但卤代烷灭火剂对环境有一定污染,国际上已完全停止生产并严格限制使用。目前飞机上使用的灭火剂依然是卤代烷灭火剂,各国科学家正在努力研制哈龙替代型机载灭火剂。

需要指出的是,在火场上往往同时采用几种灭火法,充分发挥各种灭火方法的效能才能迅速有效地扑灭火灾。

4.2 水系灭火剂

水作为最常用的灭火剂,主要用于扑救 A 类火灾,但水本身在灭火方面也存在着一些明显的不足,如水流动性好,大部分水喷射到火场后会流失,或因火场温度高,水未达到燃烧区已汽化,使其冷却性能未能充分发挥。对于着火面积大、火势发展迅猛、易复燃、扑救难度大的大型火灾,往往不能及时有效地扑救。在水中添加试剂,或改变水的物理特性,增加水的汽化、黏度、润湿力和附着力,可有效提高水的隔氧降温能力,延长水在燃烧区域的停留时间,减小水的流动阻力,加大水的冷却及保护面积,提高水的应用范围,从而充分发挥水的灭火性能,降低用水量,提高灭火效率。特别是在水资源缺乏的地区、某些特殊区域(如货船火灾,灭火用水量大会导致翻船)及某些封闭区域(产生的大量蒸汽排散不力可能导致蒸汽猛烈爆炸膨胀,造成救护人员伤亡),提高水的灭火效率具有重要意义。在水中适当加入添加剂或改变水的物理特性以提高水的灭火性能的灭火剂称为水系灭火剂。

4.2.1　水灭火剂

水是最早用来灭火的介质之一。水在常压下的比热容约为 $4.2\ kJ/(kg\cdot ℃)$,仅次于液态的氢和氦,是常见液体和固体中最大的;水在常压下的汽化潜热约为 $2254.8\ kJ/kg$,也是常见液体中最大的。水的高比热容和汽化潜热决定了其超强的吸热能力和对燃烧物质显著的冷却能力,是火灾的天然克星。另外,水汽化产生大量的水蒸气,排挤和阻止空气进入燃烧区,可以降低燃烧区内氧气的含量。水还有价廉易得、来源广泛、对环境污染小等诸多优点,因此,水是扑救火灾应用最广泛的灭火剂。

1. 水的形态及适用范围

1) 直流水和开花水

通过水泵加压并由直流水枪喷出的柱状水流称为直流水,由开花水枪喷出的滴状水流称为开花水(开花水的水滴直径一般大于 $100\ \mu m$)。直流水和开花水可用于扑救一般固体物质,如煤炭、木制物品、粮草、棉麻、橡胶、纸张等的火灾;还可扑救闪点在 $120℃$ 以上,常温下呈半凝固状态的重油火灾。

2) 雾状水

由喷雾水枪喷出、水滴直径小于 $100\ \mu m$ 的水流称为雾状水。同样体积的水以雾状喷出,可以获得比直流水或开花水大得多的比表面积,大大提高水与燃烧物或火焰的接触面积,有利于水对燃烧物的渗透。因此,雾状水降温快、灭火效率高、水渍损失小。大量的微小水滴还有利于吸附烟尘,故可用于扑救粉尘火灾、纤维状物质及谷物堆囤等固体可燃物的火灾;又因微小的雾滴互不接触,所以雾状水还可以用于扑救带电设备的火灾。但与直流水相比,开花水和雾状水的射程都较近,不能远距离使用。

3) 密集水流

水的密集射流的使用范围较为局限,只在少数情况下可以使用。

(1) 当必须升举火焰火柱底缘的时候,即为了扩大"死区"的时候。比如,用炸药爆炸法或借助涡轮喷气消防车扑救火灾时,需要用密集水流升举火焰;为将灭火技术器材投入战斗阵地或为使抢险恢复作业的技术装备投入现场等。

(2) 当扑救人员不能接近喷井进行灭火作业时,为保证进行灭火的战斗行动和辅助作业;保护邻近的客体防止着火等。

(3) 用强密集水流可扑救木材堆垛的大火。因为在这种猛烈燃烧的情势下,用开花水流,尤其是喷雾水流不仅不能喷到燃烧的木材,更不能进入火焰内部,水在火焰的外围区就被蒸发,或被向上流动的强大气流卷走,实际上对燃烧过程没有明显作用。

2. 水的灭火机理

水的灭火机理主要有以下几种。

1）冷却作用

当水与燃烧物接触或流经燃烧区时,将被加热或汽化,吸收热量,从而使燃烧区的温度大大降低,致使燃烧中止。每千克水温度每升高 1℃,可吸收热量 4.2 kJ,每千克水蒸发汽化时,可吸收热量 2254.8 kJ。

2）窒息作用

水进入燃烧区以后,将产生大量水蒸气占据燃烧区,从而阻止新鲜空气进入以降低燃烧区的氧浓度,最终使可燃物得不到氧的及时补充而中止燃烧。

3）稀释作用

水自身就是良好的溶剂,可以溶解水溶性甲、乙、丙类液体,如醇、醛、醚、酮、酯等。因此,当此类物质起火后,如果容器的容量允许或可燃物料流散,可用水予以稀释。由于可燃物浓度降低而导致可燃蒸气量减少,使燃烧减弱。当可燃液体的浓度降低到可燃浓度以下时,燃烧即中止。如乙醇浓度在 38% 以下时其燃烧能力明显下降。

4）水力冲击作用

在机械力的作用下,直流水枪射出的密集水流具有强大的冲击力和动能。高压水流强烈地冲击燃烧物和火焰,可以冲散燃烧物,使得燃烧强度显著减弱;水还可以冲断火焰,使之熄灭。

5）乳化作用

非水溶性可燃液体的初起火灾,在未形成热波之前,以较强的水雾射流(或滴状射流)灭火,可在液体表面形成"油包水"型乳液,乳液的稳定程度随可燃液体黏度的增加而增加,重质油品甚至可以形成含水油泡沫。水的乳化作用可使液体表面受到冷却,使可燃蒸气产生的速率降低,致使燃烧中止。

4.2.2　改性水灭火剂

1. 添加型水灭火剂

通过使用添加剂的方式改变水的物理化学性能,可使其具有更多适宜灭火的特性。如增加水的汽化潜热可以使水在蒸发过程中消耗更多的火场热量;降低水的黏度可以使水具有更强的流动能力;增强水的湿润力能够使水对物体内部进行有效灭火并增强抗复燃能力;提高水的附着力能够使水延长在可燃物体表面的停留时间。这些性质的改变对于拓宽水的应用范围、减小水的流动阻力、增强水的冷却效果、节约灭火用水量、提高水的灭火效率都具有非常重要的作用。这种在水中加入添加剂以提高其灭火性能的灭火剂称为添加型水灭火剂。

通过在水中加入添加剂以改变水的性质的水系灭火剂有强化水、乳化水、润湿水、抗冻水、黏性水、流动改进水、水胶体灭火剂、湿式化学灭火剂、"冷火"灭火剂、植物型复合阻燃灭火剂等,不同类型的含添加剂水系灭火剂是根据灭火现场的实际需求与灭火环境加入不同类型的无机、有机添加剂配置而成的,旨在改变水的物理化学性能,不同的水系灭火剂具备不同的使用范围和性能特点。

（1）强化水:添加碱金属盐或有机金属盐,在 A 类火灾扑救中能提高材料的抗复燃性能，可直接用于消防车中。

（2）乳化水：添加乳化剂，与水混合后以雾状喷射。由于乳化剂含有憎水基，可扑救闪点较高的油品火灾，也可用于油品泄漏的清理。

（3）润湿水：添加少量表面活性剂以提高水的润湿能力。对于一些水润湿能力较差的材料，如塑料、合成纤维、橡胶等，可以降低水的表面张力，增加水对材料的润湿力，延长水的作用时间，从而提高灭火效果。可用于灭火器和消防车中，对扑救木材垛、棉花包、纸库、粉煤堆等火灾效果良好。

（4）抗冻水：水在0℃及以下时会结冰，从而影响其在低温下使用。利用稀溶液的依数性，在水中加入抗冻剂，使水的冰点降低，提高水在寒冷地区的有效使用。常用的抗冻剂有两种类型，一类是无机盐（如氯化钙、碳酸钾等），一类是多元醇（如乙二醇、甘油等）。

（5）黏性水：在水中添加增稠剂，提高水的黏度，增加水在燃烧物表面特别是垂直表面上的附着力，减少灭火时水的流失。黏性水特别适用消防水罐车扑救建筑物内火灾，既可达到节水、保水的目的，又可避免大量用水对建筑物的破坏。

（6）流动改进水：添加减阻剂，减少水在水带输送过程中的阻力，使水在较长的水带流动时，压力损失减少。此类水系灭火剂可以提高水带末端的水枪或喷嘴压力，增大输水距离和射程，增大水枪的冷却面积，提高灭火效率。常用的减阻剂有聚氧乙烯等。

（7）水胶体灭火剂：水胶体灭火剂可分为无机水凝胶和高分子水胶体灭火剂。无机水凝胶开发较早，是以无机硅胶材料为基料，与促凝剂、阻化剂和水混合，通过化学反应生成硅凝胶。硅凝胶中硅和氧形成了呈立体网状空间结构的共价键骨架，水充填在硅氧骨架之间，由于水与硅氧骨架之间具有较强的分子间力和氢键，使易流动的水固定在硅凝胶内部。硅凝胶遇到高温后使其中的水分迅速汽化，可以快速降低燃烧体的表面温度，残余的固体形成的包裹物，可以阻碍燃烧体与氧进一步接触燃烧放热；又由于硅凝胶使易流动的水固定起来，降低了水的流动性，延长了水在燃烧体系的停留时间，有效发挥了水的冷却作用。无机水凝胶灭火剂应用于森林灭火，一方面可防止航空喷洒时的"飘散"，提高飞行高度和喷洒命中率；另一方面硅凝胶连同其中对动植物无害的阻燃剂黏附于植被表面，可延长灭火剂的时效，起到阻燃、隔火作用。此外，硅凝胶的冷却降温、封堵隔氧作用，使其在煤矿火灾的扑救中也得到了广泛应用。特别是水的胶凝作用，减缓了水与煤生成水煤气的反应进程，提高了煤矿火灾扑救的安全性。

随着高分子科学的发展，目前已开始改用高分子胶体材料替代无机凝胶填料，这种灭火剂称为高分子水胶体灭火剂，也可以称为前述提到的黏性水。由于添加量小（添加量为0.3%～0.5%，无机凝胶灭火剂的添加量约为10%）、无毒、无嗅，不仅可以用于建筑火灾的扑救，也可替代无机水凝胶灭火剂用于森林和矿井火灾扑救。

（8）湿式化学灭火剂：湿式化学灭火剂是专用于扑救烹调油火或脂肪火的一种新型水系灭火剂。过去将烹调油着火列为B类火，一般用泡沫、干粉或CO_2灭火剂扑救。因为脂肪燃烧时产生高温，引起脂肪胶结，不像扑救汽油火那样容易，因此扑救效果不够理想。目前，日、美、澳等国采用了新型"湿式化学灭火剂"来灭火，当它接触脂肪火时，会使脂肪皂化，形成具有冷却作用的皂膜，灭火效果良好。通常充装于手提灭火器或简易式灭火器中，有的国家也把该种灭火剂称为油锅灭火剂。

（9）"冷火"灭火剂："冷火"灭火剂除具有一般灭火剂的冷却、窒息、隔离、化学抑制反应外,还具有光化学作用。"冷火"灭火剂中含有一种"光激发官能团",这种物质可以迅速吸收某一波长段的光子而使其电子受激发发生"跃迁"后进入较高能级的电子轨道,然后将其所吸收的能量以较长波长的波(电、磁、光)辐射出去,电子返回基态。以上的"跃迁"、"转移"过程可反复循环。因此从宏观上看,"冷火"灭火剂由于含有光激发官能团物质,好似大大增加了水的热容,使"水"的吸热能力大大提高,提高了"冷火"灭火剂快速灭火和冷却的效果。该灭火剂既可以用于消防车中,也可以用于固定灭火设施中。

(10) 植物型复合阻燃灭火剂:以水、天然植物和草木灰为主要原料,连同助燃剂制成的一种多功能、多用途环保型复合阻燃灭火剂。植物型复合阻燃灭火剂制备材料包括植物(如蒿类、榆类、艾类、青菜类、皂苷类和含树胶的植物根等)、阻燃物质(如磷酸盐、碳酸钾等)、活性物质(如脂肪酸、多糖等)、起泡物质(如皂苷、蛋白等)和结膜物质(如树胶、纤维素等)。植物型复合阻燃灭火剂可改变可燃物的燃烧特性,使其由易燃性变为难燃性、不燃性,从而到达灭火的目的。

2. 细水雾灭火剂

通过改变水的物理特性以达到提高水灭火效果的水系灭火剂是各国灭火剂研究的热点,细水雾灭火技术是典型的例子。"细水雾"(water mist)是相对于"水喷雾"(water spray)的概念而言的。所谓的细水雾,是使用特殊喷嘴、通过高压喷水产生的水微粒。

1) 水雾的定量特性

(1) 雾滴直径和面积

水雾的传热特性与它的尺寸大小有密切关系,而且尺寸大小也是定义水雾其他属性的一个基本参数。如雾滴的动能与它的质量呈正比;雾滴的空气阻力与它的直径呈正比。

为了方便描述雾滴直径与水雾总表面积的关系,假设 1 L 水理想雾化成 i 个直径相同的雾滴,则雾滴的总体积为:

$$V = i(\pi d^3/6), \quad mm^3 \tag{4.1}$$

每个雾滴的直径为:

$$d = \sqrt[3]{\frac{6}{i\pi}}, \quad mm \tag{4.2}$$

雾滴的总表面积为:

$$S = i\pi d^2, \quad mm^2 \tag{4.3}$$

然而在现实中,灭火水雾不可能都是所有雾滴直径均相同的单分散水雾,绝大多数是雾滴直径分布很广的多分散水雾。

(2) 雾滴直径的定义

为简化水雾的讨论和分析,一般引用以下几种直径来表征水雾的雾滴大小。

Dvf:体积累计直径,指雾滴直径从 0 到某一值的累计体积与水雾总体积的比值。Dvf中比较重要的两类直径简述如下。

Dv0.99:指水雾总体积中 99% 的雾滴尺寸大于该数值,即雾滴总体积中 1% 是直径大于该数值的雾滴,另外 99% 是由直径小于该数值的雾滴组成的。

Dv0.5:也叫体积中位数直径,雾滴总体积中,50% 是由直径大于该数值的雾滴组成的,另 50% 是由直径小于该数值的雾滴组成的。

美国防火协会 NFPA 750 中将细水雾定义为:在最小设计工作压力下,距喷嘴 1 m 处的平面上,测得水雾最粗部分的水微粒直径 Dv0.99 不大于 1000 μm。

研究表明,扑灭 B 类火灾的细水雾颗粒应小于 400 μm,而较大的颗粒的细水雾适用于扑灭 A 类火灾。

(3) 雾滴粒径和标准分布

在大多数水雾中,尽管最大雾滴的比例相当少,但它们的直径将比最小雾滴的直径大两个数量级。因此,为了包含水雾中所有的雾滴尺寸,应确保统计足够数量雾滴直径数据。

应用最广泛的雾滴粒径分布表达式为 Rosin-Rammler(或 Weibull)分布:

$$Q = 1 - \exp[-(D/X)^q] \tag{4.4}$$

式中,D 为雾滴粒径;X 为特征粒径,反映水雾的整体粒径大小;Q 为所有直径小于 D 的雾滴的质量百分数;q 为均匀性指数。根据式(4.4),雾滴尺寸分布可以用 X 和 q 这两个参数来描述。参数 q 给雾滴尺寸分布提供了一个量度:q 值越高,水雾越均匀。当 q 值无穷大时,所有雾滴为同一尺寸,即为单分散水雾。

2) 细水雾的特征参数

影响细水雾抑灭火性能的主要参数包括雾锥角、雾动量、雾通量、雾滴粒径、表面张力和接触角等。以下主要介绍前 4 项参数。

(1) 雾锥角。以喷口为原点的雾化流扩张角称为雾锥角。雾锥角直接决定细水雾雾滴的初始速度、动量和空间分布范围,影响细水雾雾滴的速度和方向,这些参数又决定了细水雾穿越火羽流和障碍物的能力。

(2) 雾动量。细水雾绕开障碍物并穿越火羽流的能力取决于雾动量的大小。动量是质量与速度的乘积,对于质量流量和滴径分布相当的细水雾来说,速度越高则雾动量越大。细水雾动量的大小取决于喷嘴的雾锥角与细水雾的驱动压力。压力越大雾动量越大,雾锥角较大的喷嘴产生的雾动量反而较小。这两个措施都意味着要提高安装成本。

(3) 雾通量。细水雾的雾通量又称体积通量,是指单位时间内单位面积上通过的细水雾雾滴总体积。该参数决定了细水雾能够吸收的热量以及汽化产生的气体体积,对细水雾的冷却及稀释氧气能力影响重大。

(4) 雾滴粒径。细水雾雾滴粒径也是影响灭火效率的关键参数。虽然细水雾形成的雾滴粒径大小不一,但其分布有规律性。如前所述,细水雾粒径分布服从 Rosin-Rammler 分布规律。雾滴粒径越大,其越障能力越强,但汽化速率越低。

3) 细水雾的灭火机理

细水雾灭火的机理比较复杂,一般认为包括以下四个方面。

(1) 冷却作用。细水雾在火场中可以迅速蒸发,快速吸热,从而对火焰产生冷却作用。

(2) 窒息作用。由于雾滴蒸发汽化而引起氧气稀释,造成窒息作用。1 L 水形成细水雾并汽化后可产生约 1700 L 水蒸气。

(3) 乳化作用。水雾冲击油面,形成一个乳化层,降低油品蒸发速率的同时使可燃液体表层产生不燃烧的乳化层,起到隔离氧气及阻止可燃气体挥发的作用。

(4) 衰减热辐射。细水雾衰减热辐射作用主要是降低火焰对未燃可燃物的热反馈,从而降低可燃物的表面挥发或热分解速率。细水雾吸收热辐射的能力可用下式表示:

$$Q_{fm} = \varepsilon_{fm} C_0 \left[\left(\frac{t_f + 273.15K}{100} \right)^4 - \left(\frac{t_m + 273.15K}{100} \right)^4 \right] F_m \tag{4.5}$$

式中, Q_{fm} 为细水雾吸收的热辐射; ε_{fm} 为火焰与细水雾及水蒸气之间的导出黑度; C_0 为黑体辐射系数, $C_0 = 567$ W/(m^2·K^4); t_f 为火焰的平均温度, ℃; t_m 为细水雾与水蒸气的平均温度, ℃; F_m 为细水雾及水蒸气形成的假想表面面积, m^2。

(5) 化学抑制作用。含特殊添加剂的细水雾对火灾的扑灭具有化学抑制作用。含添加剂的细水雾作用于燃料火焰后,溶解在细水雾中的添加剂因水分蒸发会析出细小的结晶。在燃烧链锁反应过程中,这些分散在焰区的小晶粒可吸收自由基的能量使之失去活性,从而中断反应传递链。

需要注意的是,通常以上几个细水雾灭火机理是相辅相成、共同发挥作用的,对于不同的火场起的作用大小也不同。一般认为汽化吸热降温作用和隔绝氧气窒息作用是最主要的。

值得注意的是,细水雾因其卓越的灭火性能及环境无害性而被美国联邦航空管理局(FAA)列为可能替代机载哈龙灭火剂的有力竞争者,目前已有产品通过其制定的最低性能标准(minimum performance standard, MPS)测试。当然,细水雾灭火存在众多优点的同时也有如下几点问题:①细水雾的灭火能力更多地依赖于喷头工作参数的选择以及保护对象的相对位置,对于可燃物种类和相对位置经常变换的场所灭火有难度;②细水雾灭火的绕行越障能力差,当在喷头和火焰之间放置障碍物时,火焰附近的温度不能很快地降下来;③灭 B 类(液体)火灾容易,灭 A 类(固体)火灾困难,特别是阴燃火;④不能保证对特别怕水的保护对象无任何水渍影响;⑤细水雾灭火系统本身为固定灭火系统,因而在某些场合或部分可燃物燃烧时无法取代移动式灭火器。

4.2.3 水灭火剂在机场消防中的应用

水是消防作业中最常用的灭火剂,其在飞机上灭火救援作业中的应用主要有以下几个方面:

1) 驱赶燃油火

飞机事故中如涉及燃油火,消防员应通过正确用水将燃烧的燃油推到远离飞机的方向,方可尝试实施有效救援。这种火灾扑救方式需要的用水量非常大。需要特别注意的是,用水扑灭燃油火灾可能会因燃油向低处的流动而扩大火灾范围。用水驱赶燃油火时,航空消防人员和救援设备都必须处在地势较高的安全位置。

2) 冷却机身

水还可以用于冷却机身,阻止外部燃油火灾蔓延到机舱内部。水通过其高效的冷却作用可以有效控制火情、冷却热残骸并消除复燃火源。此外,水还可以为乘客和消防人员提供有效的防热屏障,帮助乘客安全疏散,保护消防救援人员不受火灾威胁。

3) 直接灭火

在特殊情况下,如泡沫耗尽或泡沫车尚未抵达火灾现场时,只能用水来扑灭燃油火灾。此时应使用 38 mm 以上口径的消防水带,采用喷雾形式灭火。直水流会搅动、溅洒燃油,从而使易燃液体火势蔓延,火灾范围扩大。因此,消防员应避免采用直水流扑灭燃油火灾。

4) 抑制轰燃

机载灭火系统抑制扑灭飞机火灾时通常冷却作用较差,长时间处于高温下的机舱会分解出大量高温可燃气体,此时如果盲目改善通风条件,可能会造成舱内发生轰燃。消防救援人员可向头顶过热的燃烧产物短程喷射雾流,降低可燃气体温度,破坏轰燃条件。

4.2.4　水灭火剂的危险性

以水作为灭火剂时,航空消防与应急救援人员须谨记其危险性。水具有良好的导电性,消防救援人员在扑灭飞机带电设备火灾时,必须采取免受电击的预防措施。水的灭火原理主要是在转化为蒸气的过程中吸热,但是水蒸气也会模糊视线,还可能会烫伤乘客和消防救援人员,扑灭机舱内部火灾时,因水蒸气容易聚集且散热困难,可能会造成人员严重烫伤。水转化为蒸气后,膨胀比可达 1700：1 之高,使得机内有限空间中充满蒸汽(尤其是在通风不良的情况下),这将会对仍在机舱内的幸存者及航空消防救援人员(即使穿戴了合格的个人防护设备)造成蒸汽烫伤的同时引起窒息。对于不通风的飞机内部火灾,应采用直流水枪灭火。与水雾相比,直水流对火焰的搅动程度更低,产生的蒸汽更少,可及范围更广,扑灭主体火灾的效率更高。

4.3　泡沫灭火剂

泡沫灭火剂是通过化学或机械方法形成灭火泡沫的一类灭火剂,其主要作用原理是在可燃物表面形成一层致密的泡沫,通过窒息和冷却作用实现灭火。从广义上讲,泡沫灭火剂是以水为基质,添加各种功能成分制成的,因此属于水系灭火剂范畴。但由于其对于可燃液体火灾的扑救效果具有明显的优势,且属于机场主灭火剂,因此我们将泡沫灭火剂从水系灭火剂中单独分离出来,自成体系。

4.3.1　泡沫灭火剂概述

泡沫灭火剂的发展与其主要组分表面活性剂的发展是息息相关的,表面活性剂的技术进步必然会带来泡沫灭火剂产品性能的跨越式发展。特别是 20 世纪 60 年代以来,新型、高效表面活性剂层出不穷,这为泡沫灭火剂主要性能的发展起到了明显推动作用。

1. 泡沫灭火剂的分类

泡沫灭火剂由于种类繁多,因此对于其分类(见表 4.1)可以遵循多种划分标准。通常泡沫灭火剂有四种分类形式:按发泡方式、发泡倍数、应用对象和发泡基料分类。

表 4.1　泡沫灭火剂的分类

分类依据	类　别	定　义
发泡方式	化学发泡	以酸性盐溶液和碱性盐溶液相互反应生成的二氧化碳气体作为发泡介质的泡沫灭火剂
	空气发泡	将泡沫浓缩液和水按一定比例混合,并在喷射过程中吸入空气作为发泡介质的泡沫灭火剂
发泡倍数	高倍数泡沫灭火剂	发泡倍数高于 201
	中倍数泡沫灭火剂	发泡倍数为 21～200
	低倍数泡沫灭火剂	发泡倍数为 1～20

续表

分类依据	类 别	定 义
应用对象	普通泡沫灭火剂	适用于 A 类火灾和 B 类非极性溶剂火灾的泡沫灭火剂
	多功能泡沫灭火剂	适用于 A 类火灾、B 类非极性溶剂火灾和 B 类极性溶剂火灾的泡沫灭火剂
发泡基料	合成型	以表面活性剂等多种化学成分配制成的泡沫灭火剂
	蛋白型	以动物蛋白成分作为发泡基料的泡沫灭火剂

1）按发泡方式分类

泡沫灭火剂根据吸入气体介质的途径不同可以分为化学发泡和空气发泡两大类。化学发泡产品是通过酸性和碱性盐溶液混合反应生成气体形成泡沫的灭火剂，这类泡沫中所含的气体多为二氧化碳。但由于此类产品的灭火性能欠佳且在使用过程中存在不安全因素，因此一直未得到广泛应用，在国外也已经被淘汰。机场配备的泡沫灭火剂均为空气发泡的泡沫灭火剂。空气发泡又称为机械发泡，是由泡沫液与水的混合液在泡沫产生器吸入空气而生成的泡沫，泡沫中所含的气体一般为空气。除化学泡沫灭火剂以外的其他泡沫灭火剂一般均属于空气（机械）泡沫灭火剂的范畴。

2）按发泡倍数分类

按照发泡倍数分类是最为直观的分类方法。目前国内外通行的划分原则是发泡倍数低于 20 的为低倍数泡沫灭火剂；发泡倍数介于 21～200 的为中倍数泡沫灭火剂；发泡倍数高于 201 的为高倍数泡沫灭火剂。

3）按应用对象分类

除适用于 A 类火灾的泡沫灭火剂外，大部分泡沫灭火剂都是只适用于 B 类火灾。其中只适用于扑救 A 类火灾和 B 类非极性溶剂火灾的称为普通泡沫灭火剂，除此之外还可扑救 B 类极性溶剂火灾的称为多功能泡沫灭火剂。

4）按发泡基质分类

按照发泡基质可分为蛋白泡沫灭火剂和合成型泡沫灭火剂。两类产品所包含的具体泡沫灭火剂如表 4.2 所示。

表 4.2 按发泡基质对泡沫灭火剂进行分类

泡沫灭火剂	蛋白型	普通蛋白泡沫灭火剂（P）
		氟蛋白泡沫（FP）
		抗溶性氟蛋白泡沫（FP/AR）
		成膜氟蛋白泡沫（FFFP）
		抗溶性成膜氟蛋白泡沫（FFFP/AR）
	合成型	普通合成泡沫（S）
		高倍数泡沫或高中低倍数通用泡沫
		合成型抗溶性泡沫（S/AR）
		水成膜泡沫（AFFF）
		抗溶性水成膜泡沫（AFFF/AR）
		A 类泡沫

2. 泡沫灭火原理

泡沫灭火剂是机场配备的主灭火剂,根据不同的火灾类型选择不同的泡沫灭火剂可以有效扑灭飞机火灾。当火灾发生时,使泡沫灭火剂迅速覆盖、附着于燃烧物质表面便可达到灭火的目的。其灭火机理主要表现在以下几个方面。

1)覆盖作用

灭火泡沫在燃烧物表面形成的泡沫覆盖层,可使燃烧物与空气隔离,阻止可燃物的蒸发。

2)封闭作用

泡沫层封闭了燃烧物表面,可以遮断火焰对燃烧物的热辐射,阻止燃烧物的蒸发或热解挥发,使可燃气体难以进入燃烧区。

3)冷却作用

泡沫本身及从泡沫中析出的混合液(主要是水)蒸发可吸收热量,起到冷却作用。这个作用一般在低倍数泡沫中较为明显。

4)窒息作用

泡沫受热蒸发产生的水蒸气有稀释燃烧区氧气浓度的作用。

3. 泡沫灭火剂主要组分介绍

泡沫灭火剂一般由发泡剂、稳泡剂、耐液性添加剂、助溶剂、抗冻剂、降粘剂、腐蚀抑制剂、无机盐以及水组成,因此泡沫灭火剂是多种组分的水溶剂。各组分对生成泡沫的作用各不相同且相互影响,最终使泡沫灭火剂表现出优良的物理、化学性能。

1)发泡剂

发泡剂是泡沫灭火剂的基本组成部分,发泡剂的作用就是使泡沫灭火剂的水溶液容易发泡。很多水溶性的表面活性剂具有很好的起泡性,因此各种泡沫灭火剂中的发泡剂都使用不同类型的表面活性剂。

表面活性剂水溶液的起泡性由气-液界面上表面活性剂分子吸附聚集后降低界面张力的能力决定。灭火泡沫是由液膜分割形成而又相互连接的无数小气泡的聚集体,液相为连续相,气相为分散相。表面活性剂水溶液的起泡过程是一个液相表面积急剧增大的过程,需要克服表面自由能(表面张力)。形成气泡时,液膜气-液界面吸附大量表面活性剂分子,疏水基团朝向气相方向,亲水基团指向水相,泡沫各个小气泡之间的液膜被双层的表面活性剂分子包围起来,溶液表面张力大大降低,成泡阻力随之减小。纯水在常温常压下的表面张力约为 73 mN/m,使用表面活性剂后其表面张力可降至 20 mN/m,部分氟碳表面活性剂表面张力可达 16 mN/m,甚至更低。

用作发泡剂的表面活性剂应具有较低的临界胶束浓度、较高的起泡力、较低的表(界)面张力、较好的水溶性及一定的乳化能力。

2)泡沫稳定剂

泡沫稳定剂也称为稳泡剂,凡是能够提高气泡稳定性,延长泡沫破灭半衰期的物质均可作为稳泡剂。表面活性剂的水溶液变为泡沫后,体系的自由能升高,它自发的具有使泡沫消失、恢复原状、降低自由能的趋势。因此由单一表面活性剂水溶液产生的泡沫是很不稳定的,很快就会破裂、消失,达不到灭火的目的。为此需要在溶液中添加泡沫稳定剂,使产生的泡沫能够在较长时间内稳定存在。

研究表明,泡沫的稳定性受下述因素影响:液体从气泡壁膜的析出速率、泡沫中液体所受引力、液膜中液体的蒸发速率等,而这些性能又由泡沫的表面黏性、泡沫液的黏度、气体的渗透性、气泡膜间的静电排斥等因素决定。添加泡沫稳定剂的主要作用是增加泡沫的表面黏性,降低气体的渗透性与析液速率。泡沫稳定剂除了提高泡沫在常温下的稳定作用外,还可以提高泡沫在灭火时高温状态下的稳定性。表面活性剂的性质各不相同,必须选择与之匹配的稳泡剂。

3) 耐液性添加剂

非极性液体可燃物具有疏水作用,对扑救该类液体火灾的普通型泡沫的耐液性可不作要求。但对于亲水性可燃液体,如醇、酸、酮、酯类有机物,由于其含有亲水基团而可溶于水,与泡沫接触后将迅速破坏其液膜,使泡沫因破裂而失去灭火效果。要使泡沫不受其破坏,就要求泡沫具有良好的耐液性。因此,亲水性可燃物的泡沫灭火剂中需含有耐液性添加剂。从广义上讲,耐液性添加剂也可属于泡沫稳定剂的范畴,它可以提高泡沫与极性燃料接触时的稳定性。

4) 助溶剂与抗冻剂

凡能使表面活性剂溶液临界胶束浓度上升的强极性有机化合物均能增加表面活性剂在水中的溶解度,这类化合物称为助溶剂。常用的助溶剂主要分为两大类:一类是某些有机酸及其钠盐,如苯甲酸钠、水杨酸钠、对氨基苯甲酸等;另一类是酰胺类化合物,如尿素、烟酰胺、乙酰胺等。表面活性剂的水溶性随温度的变化而显著变化,而泡沫灭火剂的使用温度变化范围又较宽(如普通泡沫灭火剂的使用温度范围一般为 $-10 \sim 40℃$,抗冻型泡沫灭火剂的使用温度范围则更宽),要使表面活性剂及其他有机添加剂在此温度范围内都能溶解,则需要添加助溶剂。很多助溶剂还具有降低冰点的作用,可提高泡沫液的抗冻性能。

5) 其他添加剂

蛋白泡沫灭火剂和氟蛋白泡沫灭火剂由于在制造过程中引入了大量的无机盐,因而对金属容器会产生严重腐蚀,在泡沫液中加入一些缓蚀剂可以缓解泡沫液对容器的腐蚀。为了防止泡沫液储存中表面活性剂与其他有机添加剂被细菌分解而发生生物降解,多数泡沫液中也需要加入少量的防腐剂。

4.3.2　蛋白泡沫灭火剂

1. 普通蛋白泡沫灭火剂

蛋白泡沫灭火剂是以动植物蛋白质的水解产物为发泡剂,加入稳定剂、防冻剂、缓冲剂、防腐剂和黏度控制剂等添加剂而制成的泡沫浓缩液。蛋白泡沫灭火剂又称为蛋白泡沫浓缩液或蛋白泡沫液。蛋白泡沫灭火剂与水按一定的比例混合,被加压后通过泡沫吸入空气而产生大量泡沫。我国从 20 世纪 50 年代开始生产和使用蛋白泡沫灭火剂,之后有了较大发展。蛋白泡沫灭火剂是一种黑褐色的黏稠液体,具有天然蛋白质分解后的臭味且防腐性能较差,目前已濒临淘汰。

2. 氟蛋白泡沫型灭火剂

含有氟碳表面活性剂的蛋白泡沫灭火剂,称为氟蛋白泡沫灭火剂(fluor-protein foam extinguishing agent,FP)。这类灭火剂主要是在蛋白泡沫中加入氟碳表面活性剂,不同性能等级的产品可以通过调节水解蛋白质与氟碳表面活性剂的比例来获得。氟蛋白泡沫通常具有很好的燃料覆盖性能以及与化学干粉灭火剂的亲和性,从膨胀泡沫中析出的溶液不能在烃类燃料表面形成水质膜。然而,增加氟碳表面活性剂可以降低溶液的表面张力,目前已开发出成膜型氟蛋白泡沫灭火剂,且发展势头迅猛。

1) 使用范围

与蛋白泡沫灭火剂一样,氟蛋白泡沫型灭火剂主要用于扑救各种非水溶性可燃、易燃液体和一些可燃固体火灾,广泛用于扑救大型储罐(可液下喷射)、散装仓库、输送中转装置、生产加工装置、油码头及飞机火灾等。其使用方法、储存要求与蛋白泡沫相同,适用于油管液下喷射扑灭大面积油类火灾及飞机事故火灾,可以与小苏打干粉联用灭火。

2) 灭火原理

氟蛋白和蛋白泡沫灭火剂的灭火原理基本相同。但由于氟碳表面活性剂的作用,在氟蛋白泡沫与燃料表面的交界处存在着一个由氟碳表面活性剂定向排列形成的吸附层,抑制燃料蒸发,使氟蛋白泡沫具有更优异的流动性和灭火性能。

3) 产品技术性能

3％型 FP 泡沫灭火剂是在蛋白泡沫灭火剂中加入适量的氟碳表面活性剂配制而成的新型泡沫灭火剂,主要用于氟蛋白泡沫液下喷射灭火系统。该泡沫具有独特的疏油能力,流动性好,自封能力强,能与干粉灭火剂联用,灭火效率是蛋白泡沫灭火剂的 2 倍。按与淡水或海水混合的体积比分为 3％型 FP(3∶97) 和 6％型 FP(6∶94)。

4.3.3　水成膜泡沫灭火剂

水成膜泡沫灭火剂(aqueous film forming foam extinguishing agent,AFFF),又称“轻水”泡沫灭火剂或氟化学泡沫灭火剂,是国际上 20 世纪 60 年代发展起来的一种新型高效泡沫灭火剂,这种灭火剂产生的泡沫像其他泡沫一样,以隔离蒸汽的方式熄灭火焰。不同的是,AFFF 正常析出的水或泡沫破裂后生成的水能形成水膜,在燃料表面上迅速扩散,并稳定地存在于燃料表面上,进一步阻隔空气和封闭油蒸气。

1) 普通水成膜泡沫灭火剂

AFFF 同样主要分为 3％型和 6％型两种。AFFF 的特点是在油类表面上能形成一层抑制油类蒸发的防护膜,靠泡沫和防护膜的双重作用,灭火效率高、速率快、防复燃性能和封闭性能好,储存期长。该灭火剂与水按 3∶97 或 6∶94 的比例混合,可以在各种低、中倍数泡沫生产设备中发泡扑救油类火灾,可以与干粉灭火剂联用灭火,也可采用液下喷射的方式扑救大型油类储罐火灾,广泛适用于油田、炼油厂、油库、船舶、码头、飞机场、机库等。

2) 抗溶性水成膜泡沫灭火剂

抗溶性水成膜泡沫灭火剂是由碳氢表面活性剂、氟碳表面活性剂、抗燥剂、助溶剂、极性成膜剂、稳定剂、抗冻剂、防腐剂等与离子水配制而成的。该灭火剂除具有一般水成膜泡沫灭火剂的扑救油类火灾的性能外,在生产过程中添加极性成膜剂,在极性易燃液体表面形成一层凝胶膜,保护住泡沫不受破坏。可迅速扑灭醇、酯、醚、酮、醛等极性溶剂火灾,是一种多功能泡沫灭火剂。该产品可通过各种低倍数泡沫生产设备与水按 3∶97 或 6∶94 的比例混合产生泡沫,广泛适用于油田、炼油厂、油库、船舶、大型化工厂、化纤厂、石化企业、化工产品仓库、溶剂厂等重点防灾场所。

4.3.4 机场消防站泡沫灭火剂的配备

机场消防站是设立在航空器活动区适当位置,具有相应的消防设备,承担发生机场或其紧邻地区的飞机事故的消防救援服务机构。在飞机着火后,首先到达的消防车辆应立即对飞机的起火部位持续喷射灭火药剂,以达到降温和灭火的目的,为机上人员疏散争取时间。

机场配备的灭火药剂可分为三大类,分别是主要灭火剂、辅助灭火剂与清水。其中,主要灭火剂为泡沫溶液,是由泡沫母液与水按规定浓度配制成的。目前可供机场选择使用的泡沫液有水成膜泡沫液、无氟合成泡沫液、氟蛋白泡沫液、成膜氟蛋白泡沫液与蛋白泡沫液,不同类型的泡沫浓缩液配制出的灭火药剂的量也不尽相同。表 4.3 给出配制成泡沫溶液后的灭火药剂配备量,具体所需泡沫母液的量可以根据类型进行计算。例如,对 1 级机场配备 6% 型水成膜泡沫液,则所需要的泡沫母液为:$450 \times 0.06\ L = 27\ L$。由于泡沫溶液具有良好的灭火性能,经济性好,能大量配备且使用方便,因此在飞机发生火灾事故后,主要的控火与灭火任务由主灭火剂泡沫灭火剂来完成。

辅助灭火剂为碳酸盐类干粉灭火剂或气体灭火剂,干粉灭火剂主要是碳酸氢钾类灭火剂。辅助灭火剂的配备量是以碳酸氢钾类灭火剂作为基准来计算的。气体类灭火剂主要是二氧化碳和哈龙灭火剂。

根据火灾事故中飞机燃烧的不同阶段,可将消防救援过程划分为三个阶段,每个阶段都规定了灭火药剂的用量,如表 4.3 所示。

表 4.3 机场灭火药剂配备量

机场消防保障等级	响应阶段	水成膜泡沫溶液		无氟合成、蛋白或成膜氟蛋白泡沫溶液		蛋白泡沫溶液		辅助灭火剂	
		配备量/L	释放速率/(L/min)	配备量/L	释放速率/(L/min)	配备量/L	释放速率/(L/min)	配备量/kg	释放速率/(kg/s)
1	一	450	450	600	600	700	700	45	2.25
	二	0	0	0	0	0	0	0	0
	三	0	0	0	0	0	0	0	0
总计		450		600		700		45	
2	一	591	591	787	787	906	906	90	2.25
	二	159	—	213	—	244	—	0	0
	三	0	0	0	0	0	0	0	0
总计		750		1000		1150		90	
3	一	1077	1077	1500	1500	1692	1692	135	2.25
	二	323	—	450	—	508	—	0	0
	三	1100	110	1100	110	1100	110	0	0
总计		2500		3050		3300		135	
4	一	1772	1772	2468	2468	2722	2722	135	2.25
	二	1028	—	1432	—	1578	—	0	0
	三	2250	225	2250	225	2250	225	0	0
总计		5050		6150		6550		135	

机场消防保障等级	响应阶段	水成膜泡沫溶液		无氟合成、氟蛋白或成膜氟蛋白泡沫溶液		蛋白泡沫溶液		辅助灭火剂	
		配备量/L	释放速率/(L/min)	配备量/L	释放速率/(L/min)	配备量/L	释放速率/(L/min)	配备量/kg	释放速率/(kg/s)
5	一	3257	3257	4514	4514	5029	5029	205	2.25
	二	2443	—	3386	—	3771	—	0	0
	三	4750	475	4750	475	4750	475	0	0
总计		10 450		12 650		13 550		205	
6	一	4700	4700	6525	6525	7250	7250	205	2.25
	二	4700		6525		7250		0	0
	三	4750	475	4750	475	4750	475	0	0
总计		14 150		17 800		19 250		205	
7	一	5983	5983	8297	8297	9214	9214	205	2.25
	二	7717	—	10 703	—	11 886	—	0	0
	三	4750	475	4750	475	4750	475	0	0
总计		18 450		23 750		25 850		205	
8	一	7937	7937	10 992	10 992	12 202	12 202	410	4.5
	二	12 063	—	16 708	—	18 548	—	0	0
	三	9450	945	9450	945	9450	945	0	0
总计		29 450		37 150		40 200		410	
9	一	9907	9907	13 722	13 722	15 259	15 259	410	4.5
	二	16 843	—	23 328	—	25 941	—	0	0
	三	9450	945	9450	945	9450	945	0	0
总计		36 200		46 500		50 650		410	
10	一	12 103	12 103	16 759	16 759	18 603	18 603	410	4.5
	二	22 997	—	31 841	—	35 347	—	0	0
	三	18 900	1890	18 900	1890	18 900	1890	0	0
总计		54 000		67 500		72 850		410	

第一阶段是指能在实际危险区域(practical critical area,PCA)内取得"一分钟控火时间"的灭火剂用量(记为 Q_1)。控火时间是指从第一辆消防车到达现场并开始喷射灭火药剂,到扑灭 90% 火势的这段时间。而"一分钟控火时间"是指第一辆消防车能在 1 min 之内扑灭 90% 的火势,这样才能最大限度地保障机上人员快速撤离。要完成第一阶段的控火任务,不仅需要规定灭火剂配备量,还应该规定灭火剂的释放速率,只有这样才能达到良好的控火效果。

第二阶段是指继第一阶段后继续控制火灾或者扑灭余火的灭火药剂用量(记为 Q_2)。

第三阶段是指扑灭飞机内部火灾的清水用量(记为 Q_3)。此阶段由消防员手持消防水枪进行飞机内部火灾扑救。在进行机舱内灭火救援时,涉及营救机上人员,且舱内材料都处于高温状态,因此不宜使用泡沫溶液。清水的使用既可迅速降低舱内材料的温度,还能吸收舱内有毒有害气体,增加人员生存率。

需要说明的是,表 4.3 中规定的灭火剂配备量,是机场消防车出动时荷载的灭火剂总量,机场消防站还应存储有至少2倍于载重量的灭火药剂,才能满足机场消防安全需要。

4.3.5　单架飞机灭火剂配备量的计算

机场在确定灭火剂的配备量时,首先应确定机场的消防保障等级,由此也限定了机场能起降的最大飞机尺寸。但这仅能明确机场灭火剂的最高需配量。在实际消防救援过程中,还必须弄清楚救援机场能起降的其他类型飞机事故的灭火剂配备量。只有确定单架飞机的灭火剂使用量,才能在每次出警时装载需要的灭火剂用量。消防车装载适量的灭火剂既能争取消防救援时间,又能提高消防资源使用效率。

通过航空器的尺寸可以依次求出消防救援的理论临界火灾区域面积(theoretical critical area,TCA)和实际临界火灾区域面积(practical critical fire area,PCA);然后根据使用的泡沫液类型确定其施放水平,计算出第一与第二阶段的灭火药剂配备总量;最后根据飞机实际消防需求及消防救援装备的配备情况,确定是否需要进行第三阶段的灭火药剂配备,并计算一次出警的灭火药剂配备总量。根据美国国家防火协会标准《机场飞机灭火救援服务》(NFPA 403)的规定,单架飞机灭火剂使用量可按如下五个步骤进行计算:

(1) 求出消防救援的理论临界火灾区域面积 TCA。飞机火灾理论上的临界范围为矩形,其中矩形的一个边长为飞机长度,另一边长根据飞机的机身宽度和长度确定(图 4.2),具体计算公式为:

$$A_{\mathrm{T}} = L \times (W + K) \tag{4.6}$$

式中,A_{T} 为理论临界火灾区域的面积,m^2;L 为飞机全长,m;W 为机身宽度,m;K 为常数,K 值可根据表 4.4 确定。

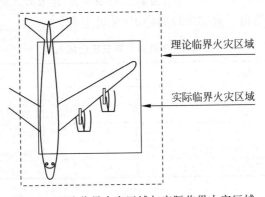

图 4.2　理论临界火灾区域与实际临界火灾区域

表 4.4　不同长度飞机的 K 值

K 值	飞机的长度/m	K 值	飞机的长度/m
12	≤12	17	>18,≤24
14	>12,≤18	30	>24

(2) 求出消防救援的实际临界火灾区域面积 PCA。实际临界火灾区域面积约为理论临界火灾区域面积的 2/3,其计算公式如下:

$$A_{\mathrm{P}} = 0.67 A_{\mathrm{T}} \tag{4.7}$$

式中，A_P 为实际临界火灾区域的面积，m^2；A_T 为理论临界火灾区域的面积，m^2。

（3）求出第一阶段灭火剂配备量，计算公式如下：

$$Q_1 = A_P \times R \times T \tag{4.8}$$

式中，Q_1 为第一阶段泡沫灭火剂的量，L；R 为泡沫灭火剂的释放速率，根据所使用泡沫灭火剂种类的不同，其施放速率也不同，如水成膜泡沫灭火剂的 R 为 5.5 L/(min·m^2)，氟蛋白泡沫灭火剂的 R 为 7.5 L/(min·m^2)；T 为施放时间，第一阶段为 1 min，即保证"一分钟控火优势"。

（4）求出第二阶段灭火药剂备量，计算公式如下：

$$Q_2 = f \times Q_1 \tag{4.9}$$

式中，Q_2 为第二阶段需用泡沫灭火剂的量，L；f 为比例系数，其取值见表 4.5。

表 4.5　比例系数 f 的取值

机场消防救援等级	f/%	机场消防救援等级	f/%
1	0	6	100
2	27	7	129
3	30	8	152
4	58	9	170
5	75	10	190

（5）求出灭火剂的总量，计算公式如下：

$$Q = Q_1 + Q_2 + Q_3 \tag{4.10}$$

式中，Q 为所需灭火药剂的总量，L；Q_2 为第二阶段需用泡沫灭火剂的量，L；Q_3 为第三阶段用水量，L；Q_3 的取值由灭火实践经验得出（见表 4.6）。

表 4.6　飞机灭火第三阶段用水量

机场类别	Q_3/L	机场类别	Q_3/L
1	0	6	473 L/min×10 min=4730 L
2	0	7	473 L/min×10 min=4730 L
3	227 L/min×5 min=1135 L	8	946 L/min×10 min=9460 L
4	227 L/min×10 min=2270 L	9	946 L/min×10 min=9460 L
5	473 L/min×10 min=4730 L	10	1893 L/min×10 min=18 930 L

4.3.6　泡沫灭火剂的喷射

除机场消防车等大型泡沫喷射设备外，机场消防救援人员在很多情况下还会用到小口径泡沫带。手动喷射泡沫时，正确的使用方法十分重要，错误使用泡沫（如向液体燃料中施加泡沫）会减弱其灭火效果。下面将讨论手提式泡沫喷射设备、吸气型和非吸气型泡沫喷嘴及泡沫喷射方法。

1. 手提式泡沫喷射设备

泡沫母液一旦与水混合形成泡沫溶液，就必须将其与空气混合（充气发泡），并将其输送至燃料表面。低倍泡沫可由喷雾喷嘴或泡沫喷嘴（有时也称泡沫发生器）完成泡沫的发泡和喷射,既可使用小口径水带喷嘴或集水射流设备喷射低倍泡沫,也可以使用标准泡沫喷嘴以提高发泡效果。

国际消防培训协会(International Fire Service Training Association,IFSTA)将小口径水带喷嘴定义为"可由1~3名消防队员操作,流量低于1400 L/min的任何喷嘴"。但是大多数小口径水带泡沫喷嘴的流量远低于这个数字。机场消防队员最常用的两种小口径水带喷嘴分别为标准喷雾喷嘴和吸气型泡沫喷嘴。喷雾喷嘴产生的泡沫通常称为非吸气泡沫,一般发泡倍数低、析液时间短。喷嘴将泡沫溶液分成很小的液滴,利用流经空气的水滴搅动作用产生泡沫。吸气型泡沫喷嘴是专门用于生成高质量灭火泡沫的泡沫发生设备,也是最有效的低倍泡沫发生设备。吸气型泡沫喷嘴利用文丘里效应将空气吸入泡沫溶液中,可使泡沫灭火剂的发泡能力达到最大。需要注意的是,泡沫喷嘴中的泡沫液因扰动会产生能量和速度损失,因而吸气型泡沫喷嘴的射流可及范围远没有标准喷雾喷嘴的可及范围广。

2. 固定式泡沫喷射设备

机场常见的固定式泡沫喷射设备有回转式喷嘴(吸气式)和非吸气型泡沫喷嘴两种。回转式喷嘴是大型预配置集水射流设备,可直接连接泵浦消防车、拖车和一些航空消防与应急救援设备上安装的泵,能够左右扫掠,用于短时间内输送大量泡沫或水。

与手提式发泡设备一样,非吸气型消防炮的可及范围较广、穿透力较强,但是吸气型消防炮生成的泡沫质量更佳。蛋白泡沫和氟蛋白泡沫应使用吸气型喷嘴喷射,而水成膜泡沫使用吸气型或非吸气型喷嘴均可。水成膜泡沫在实际应用中使用非吸气型喷嘴存在明显优势,其射流可及范围大于吸气型设备,覆盖面积也大于吸气喷嘴。非吸气型喷嘴的另一大优势是可产生宽雾射流用于个人防护。此外,因非吸气型喷嘴产生的泡沫中气泡少、析液快,泡沫穿透火羽流的能量更强,更易形成水膜封闭油蒸气。因此,在某些情况下,使用非吸气型喷嘴的灭火速度可能比传统低倍发泡设备快。非吸气型喷嘴不能机械吸入空气,生成的泡沫主要与泡沫溶液特性、喷嘴设计、液滴粒度和射流对燃料表面的影响相关。使用非吸气型喷嘴一般只能达到2~3倍的低发泡倍数,较少的泡沫量削弱了泡沫覆盖燃烧表面的能力,降低了抑制复燃和回燃的效力。需要特别注意的是,实验室和现场测试中使用非吸气型喷嘴的灭火效果往往不够理想,但在实战中其局限性并不太明显。

吸气型发泡设备生成的泡沫质量较高,可将几乎全部泡沫溶液转化为性能优良的灭火泡沫(包括气泡大小、均匀性、稳定性、保水性和耐热性等),这些性能可提高泡沫的抗复燃能力。低倍吸气型发泡设备一般能使泡沫液的发泡倍数达到6~10倍。部分非吸气型喷嘴可以快速改装为吸气型,在灭火现场根据需要灵活使用。

3. 泡沫喷射方法

灭火剂的正确喷射方法与灭火剂的选择一样重要。发生大型外部火灾时,应从消防炮最远射程开始接近现场、喷射泡沫。总体原则是"隔绝和隔离"。最初喷射的泡沫应隔绝机身,保证飞机蒙皮的完整性。隔绝机身有助于保护疏散撤离的乘客。再者,还须尝试将机身和火隔离开。此灭火原则在整个救援过程中应保持不变。

消防车应从消防炮的有效射程范围开始喷射。由于驾驶员很难判断消防车与事故飞机之间的准确距离,因此在喷射灭火剂时,可能会发生超出射程、射距不足或不能有效控火的情况。为确定设备的最佳位置,消防炮操作员宜采用"短时喷射"方法。喷射泡沫5~10 s后,消防炮操作员应暂停操作,评估火势。如果未对准火,应改变射流形式或重新定位设备。

如果成功控制了火势,停止操作,将消防炮后转向,或移动设备,扑灭其他火灾区域的火。如有条件,可由专人或其他45°安装的设备观察消防炮的有效可及范围。消防救援人员还应注意节约使用灭火剂。为最有效地使用有限的灭火剂,消防救援人员应尽可能低速喷射,必要时可暂时关闭消防炮以节约灭火剂。下面将详细说明滚抹法、偏转法、火焰底部喷射法和雨淋法四种泡沫喷射方法。

1)滚抹法

将泡沫射流对准燃烧液池外缘的地面,泡沫会在液体表面翻滚延伸。在泡沫覆盖整个燃料表面或灭火前,航空消防人员应持续喷射泡沫。可能需要沿着液体泄漏边缘移动喷射,以尽快覆盖整个燃油泄漏区。这种方法仅适用于地面或道路上的液体燃料(燃烧或未燃烧均可)。

2)偏转法

航空消防人员将泡沫射流正对机身、壁板、油箱外壳、机翼、发动机等突出的物体,使泡沫向下流或发生偏转流到燃料表面。与滚抹法一样,此法可能也需要将射流对准燃料区域周围的多个点位,进而完全覆盖燃料区域或灭火。

3)火焰底部喷射法

可以平行油面从火焰底部喷射泡沫灭火剂,使灭火剂效力达到最大,灭火时间缩到最短。采用火焰底部喷射法时,用小口径泡沫带输送泡沫也很有效,但应避免直接向燃料中喷射泡沫射流。

4)雨淋法

将射流对准火灾或泄漏区域上部的天空,使泡沫轻轻飘落到燃料表面。小型火灾当中,射流来回扫过整个燃料表面,直至将燃料完全覆盖或灭火为止。大型火灾中,航空消防人员应将射流正对一个位置,泡沫对该处作用并扩散开来,覆盖剩余燃料。由于泄漏区域过大或缺少泡沫偏转物体等原因,其他方法都不可行时,可采用雨淋法灭火。雨淋法也是应对地上储罐火灾的主要人工喷射法。

4.3.7　机场泡沫灭火剂性能检测

1. 泡沫性能要求

泡沫灭火剂的理化性能直接决定了其灭火效率。国际标准化组织(ISO)、国际民用航空组织(ICAO)、欧盟、美国、日本、中国等国际组织和国家均对泡沫灭火剂的性能做出了具体规定。这些国际或国家标准对泡沫灭火剂的性能要求类似,但也有不同之处,尤其是ICAO和FAA对机场专用泡沫灭火剂进行了规范。本节将重点介绍我国和ICAO对机场泡沫灭火剂的性能要求。

1)我国对机场泡沫灭火剂的性能要求

我国现行的泡沫灭火剂国家标准为2007年7月1日实施的《泡沫灭火剂》(GB 15308—2006),该标准的来源为泡沫灭火剂的国际标准《用于非水溶性液体燃料顶部施放的低倍泡沫灭火剂》[ISO 7203—1:1995(E)]、《用于非水溶性液体顶部施放的中、高倍泡沫灭火剂》[ISO 7203—2:1995(E)]及《用于水溶性液体顶部施放的低倍泡沫灭火剂》[ISO 7203—3:1999(E)]。二者对泡沫液的性能规定几无差别,但ISO已于2011年对此标准进行了修订。GB 15308—2006是我国对泡沫灭火剂性能做出规范性要求的标准文件,民航局并未出台专门针对机场消防的泡沫灭火剂标准。GB 15308—2006 对低倍泡沫的理化性能及泡沫性能要求如表 4.7 所示。

表 4.7 低倍泡沫液和泡沫溶液的物理、化学及泡沫性能

项 目	样 品 状 态	要 求	不合格类型	备注
凝固点	温度处理前	在特征值−4～0℃内	C	
抗冻结、融化性	温度处理前、后	无可见分层和非均相	B	
沉淀物/%（体积分数）	老化前	≤0.25；沉淀物能通过 180 μm 筛	C	蛋白型
	老化后	≤1.0；沉淀物能通过 180 μm 筛		
比流动性	温度处理前、后	泡沫液流量不小于标准参比液的流量或泡沫液的黏度值不大于标准参比液的黏度值	C	
pH 值	温度处理前、后	6.0～9.5	C	
表面张力/(mN/m)	温度处理前	与特征值的偏差≤10%	C	成膜型
界面张力/(mN/m)	温度处理前	与特征值的偏差≤1.0 mN/m 或不大于特征值的 10%，按上述两个差值中较大者判定	C	成膜型
扩散系数(mN/m)	温度处理前、后	正值	B	成膜型
腐蚀率/[mg/(d·dm²)]	温度处理前	Q_{235} 钢片；≤15.0 LF_{21} 铝片；≤15.0	B	
发泡倍数	温度处理前、后	与特征值的偏差≤1.0 或≤特征值的 20%，按上述两个差值中较大者判定	B	
25%析液时间/min	温度处理前、后	与特征值的偏差≤20%	B	

2) 国际民用航空组织对机场泡沫灭火剂的性能要求

ICAO 在其 2015 年修订的第四版《机场服务手册》第一部分：消防与救援（Doc 9137-AN/898）中对机场专用泡沫灭火剂性能进行了规范。Doc 9137 的侧重点在于泡沫的灭火及抗复燃性能，其理化性能仅对泡沫的 pH 值、黏度、沉淀等几个参数做出了规定。

（1）pH 值。为了避免腐蚀管线装置或消防车上的泡沫罐，泡沫液应尽可能呈中性，其 pH 值应保持在 6.0～8.5。若经消防车制造商证实其消防系统具有强耐腐蚀性，则 pH 值超出此区间的泡沫液也可用于机场消防救援。

（2）黏度。泡沫液的黏度可以衡量液体在消防管路及射流时的抗流动性。机场泡沫液运动黏度在最低使用温度下不得超过 200 mm²/s。

（3）沉淀。泡沫液的储存条件恶劣，天气状况或温度的变化均可能导致沉淀物的生成。此类沉淀物的生成会对消防车辆的泡沫液混合系统或其灭火效率产生不利影响。若使用离心法进行测试，则泡沫液中的沉淀物占比不应超过 0.5%。

2. 泡沫性能测试方法

我国国家标准 GB 15308—2006 和 ICAO《机场服务手册》（Doc 9137）均对泡沫性能的验收测试进行了规定，两者差异较为明显。

1）我国对泡沫灭火剂的测试方法

GB 15308—2006 对泡沫灭火剂的各项指标测试方法及合格判定标准均给出详细规定。本节仅介绍泡沫发泡性能及灭火性能的测试方法。

（1）发泡性能测试

国家标准规定泡沫的发生设备为吸气式泡沫枪,驱动力为泡沫液储罐中的压缩空气,泡沫液温度为 15～20℃,环境温度为 15～25℃。泡沫按比例预先混合后装入泡沫液储罐,采用空气压缩设备加压,调节泡沫枪出口压力为 0.63 MPa±0.03 MPa,待喷射稳定后采用泡沫接收罐收集泡沫,并测其发泡倍数和析液时间。

国标仅规定所测泡沫液发泡倍数与特征值（由生产商提供）的偏差不大于 1.0 或不大于特征值的 20%,25% 析液时间与特征值的偏差不大于 20%,对发泡倍数和析液时间本身并未做具体要求。

（2）灭火性能测试

国标规定低倍泡沫灭非水溶性液体燃料火（最常见飞机火灾）时,其测试条件为：泡沫液温度 15～20℃,燃料温度 10～30℃,环境温度 10～30℃;接近油盘处风速不大于 3 m/s;钢质油盘面积 4.52 m²,钢质抗烧罐内径 300 mm±5 mm;燃料采用符合 SH 0004 要求的橡胶工业用溶剂油,用量 144 L±5 L,预燃 60 s±5 s;泡沫液流量 11.4 L/min±0.4 L/min。测试需持续供泡并记录灭火时间,300 s±2 s 后停止供泡;等待 300 s±10 s 后测其 25% 抗烧性能;抗烧罐内燃料 2 L±0.1 L。GB 15308—2006 对低倍泡沫灭火性能的要求如表 4.8 所示。

表 4.8　各灭火性能级别对应的灭火时间和抗烧时间

灭火性能级别	抗烧时间/min	缓施放		强施放	
		灭火时间/min	抗烧时间/min	灭火时间/min	抗烧时间/min
Ⅰ	A	不要求		≤3	≥10
	B	≤5	≥15	≤3	不测试
	C	≤5	≥10	≤3	
	D	≤5	≥5	≤3	
Ⅱ	A	不要求		≤4	≥10
	B	≤5	≥15	≤4	不测试
	C	≤5	≥10	≤4	
	D	≤5	≥5	≤4	
Ⅲ	B	≤5	≥15	不测试	
	C	≤5	≥10		
	D	≤5	≥5		

2）ICAO 对泡沫灭火剂的测试方法

从泡沫发生装备、使用的燃料、测试条件及测试程序上看,ICAO 的测试方法与国标规定的测试方法有着很大差异。

（1）发泡性能测试

ICAO 规定测试泡沫发泡性能采用 UNI 86 型泡沫枪,其结构在国际标准 ISO 7203 中有详细描述。测试环境温度和泡沫液温度均要求≥15℃,泡沫枪压力为 0.7 MPa。

与国标不同，ICAO要求成膜型泡沫发泡倍数应为6~10倍，蛋白或氟蛋白泡沫发泡倍数应为8~12倍；成膜及合成泡沫析液时间应大于3 min，蛋白或氟蛋白泡沫析液时间应大于5 min。机场配备的泡沫液应至少每12个月测试一次。

（2）灭火性能测试

ICAO对机场专用泡沫的测试条件为：泡沫液温度≥15℃，燃料温度无要求，环境温度≥15℃；风速≤3 m/s；钢质油盘面积为2.8 m²、4.5 m²和7.32 m²，分别对应Ⅰ、Ⅱ、Ⅲ三种灭火性能等级；钢质抗烧罐内径300 mm；燃料采用Jet A1航空煤油，用量为60 L、100 L和157 L，分别对应三种油盘；点火后在30 s内进入充分燃烧状态，并继续预燃60 s；泡沫液流量11.4 L/min。测试需持续供泡并记录灭火时间，120 s后停止供泡；等待120 s后测其25%抗烧性能；抗烧罐内燃料2 L±0.1 L。

泡沫灭火性能判定条件为：灭火时间60 s；25%抗烧时间≥5 min。判定灭火时间时，即便60 s之后泡沫覆盖层和燃烧盘内缘之间仍有肉眼可见微小的火苗，只要其满足下列条件也可视为合格：未蔓延至燃烧盘内缘周长的1/4长度且在第二次泡沫喷射后完全熄灭。Doc 9137对泡沫灭火性能的要求如表4.9所示。

表4.9　Doc 9137规定的泡沫灭火性能

灭火测试	Ⅰ级灭火性能等级	Ⅱ级灭火性能等级	Ⅲ级灭火性能等级
喷嘴（吸气式）	UNI 86型泡沫喷嘴	UNI 86型泡沫喷嘴	UNI 86型泡沫喷嘴
喷嘴压强/MPa	0.7	0.7	0.7
喷施速率/[L/(min·m²)]	4.1	2.5	1.56
喷射速率/(L/min)	11.4	11.4	11.4
油盘面积（圆形）/m²	≈2.8	≈4.5	≈7.32
燃油	煤油	煤油	煤油
预燃时间/s	60	60	60
灭火时间/s	≤60	≤60	≤60
（灭火剂）总施用时间/s	120	120	120
25%复燃时间/min	≥5	≥5	≥5

4.4　机场辅助灭火剂

主力灭火剂可以有效控制飞机事故或突发事件中典型的易燃液体火灾。但在实际灭火过程中，为了提升灭火效果、加快灭火速度，往往需要采用主力灭火剂与辅助灭火剂协同灭火。特别是对于燃油流动、喷射和倾泻火灾，仅使用泡沫灭火剂很难有效扑灭，若使用化学干粉等辅助灭火剂，则可快速灭火。辅助灭火剂与主力灭火剂同时使用时，两者要具有相容性，其化学成分不得对主力灭火剂的性能产生不利影响。机场消防中常用的辅助灭火剂包括干粉灭火剂、气体灭火剂和金属灭火剂。起落架舱、发动机舱、飞机内壁和舱内发生特定火灾的情况下，辅助灭火剂也可作为主力灭火剂使用。

4.4.1　干粉灭火剂

干粉灭火剂是由一种或多种具有灭火功能的细微无机粉末和具有特定功能的填料、助剂共同组成的。干粉灭火剂是最早应用于消防科技领域的灭火剂。与水、泡沫、二氧化碳等相比，干粉灭火剂在灭火速率、灭火面积、等效单位灭火成本三个方面均远远优于前者，且具有制作工艺过程简单，使用温度范围宽广，对环境无特殊要求，无须外界动力、水源，无毒、无污染等特点。目前在手提式和固定式灭火系统上得到广泛应用，是替代哈龙灭火剂的一类理想灭火产品。

干粉灭火剂在火灾初期扑灭液体火灾、进压式燃料火灾或润滑剂火灾非常高效，且能有效扑灭流动燃料火灾。但是对泄漏区域内有障碍物的大规模泄漏火灾（典型空难）没有效果。另外，化学干粉灭火剂不具备泡沫的蒸汽密封特性或防回火特性，且几乎没有冷却作用，可能会引起复燃。用化学干粉完成快速灭火后，应喷射泡沫覆盖层，防止燃料蒸气复燃。

1. 干粉灭火剂的组分及分类

1）干粉灭火剂的组成

干粉灭火剂主要由活性灭火组分、疏水组分、惰性添加剂组成。

（1）活性灭火组分：是干粉灭火剂的核心组分。能够起到灭火作用的物质主要有 K_2CO_3、$KHCO_3$、$NaCl$、KCl、$(NH_4)_2SO_4$、NH_4HSO_4、$NaHCO_3$、$K_4Fe(CN)_3H_2O$、Na_2CO_3 等。目前国内已经生产的产品有磷酸铵盐、磷酸氢钠、氯化钠、氯化钾干粉灭火剂，灭火组分在使用前必须经过超细粉碎机粉碎到国标所要求的粒径及其分布范围内。

（2）疏水组分：硅油和疏水白炭黑共同构成干粉的疏水组分，围绕在灭火组分离子周围，形成叠加的斥水场，共同保持干粉的斥水性、防潮性。

（3）惰性添加剂：惰性添加剂多为非水溶性的天然矿物，它们价格便宜、来源广泛、对干粉灭火剂是必不可少的，大致有以下两类：①防振实结块类。具有鳞片状结构，富有弹性，如云母、石墨、蛭石等。云母在干粉中最为常见，细度为 200 目左右最好。云母具有优异的电绝缘性能，加入云母后，赋予灭火剂良好的电绝缘性能，有助于提高干粉抗振实性能，在灭火器罐装干粉静置后利于吸管的顺利插入。②改善干粉运动性能、催化硅油聚合类。这类填料有助于提高干粉运动性能，防止干粉自灭火器中喷出时的"气阻"现象。此类填料有多孔类矿物如沸石、珍珠岩、菱镁矿等，非孔类矿物如滑石、硅酸盐，以及促进硅油聚合催化剂，如活性白土。

2）干粉灭火剂的分类

干粉灭火剂按其使用范围可分为 BC、ABC 和 D 三大类。

（1）BC 类干粉：主要用于扑救甲、乙、丙类液体火灾（B 类火灾）、可燃气体火灾（C 类火灾）以及带电设备火灾，是一类普通干粉。这类干粉目前生产的品种很多，使用量也很大，其主要品种有：

① 以碳酸氢钠为基料的碳酸氢钠干粉，又称小苏打干粉或钠盐干粉；

② 以碳酸氢钠为基料，但又添加增效基料的改性钠盐干粉；

③ 以氯化钾为基料的钾盐干粉；

④ 以碳酸氢钾为基料的紫钾盐干粉；

⑤ 以硫化钾为基料的钾盐干粉；

⑥ 以尿素与碳酸氢钠或碳酸氢钾的反应物为基料的氨基干粉。

在上述的诸种干粉中，碳酸氢钠干粉的使用量最大，氨基干粉的灭火效率最高。

（2）ABC 类干粉：不仅适用于甲、乙、丙类液体火灾（B 类火灾）、可燃气体火灾（C 类火

灾)和带电设备火灾,还适用于扑救一般固体火灾(A 类火灾),是一类多用途干粉。这类火灾的主要品种有:

① 以磷酸盐(磷酸二氢铵、磷酸氢二铵、磷酸铵或焦磷酸盐)为基料的干粉;

② 以磷酸铵盐和硫酸铵的混合物为基料的干粉;

③ 以聚磷酸铵为基料的干粉。

(3) D 类干粉。基料主要包括氯化铵、碳酸氢钠、石墨等。尽管 D 类干粉灭火剂有应用市场,但由于工程应用研究的深度不够,还缺乏必要的系统设计数据,使其应用受到局限。

由于对飞机材料具有腐蚀性,会损坏电气设备,机场消防不推荐使用多用途(ABC)干粉灭火剂。只有在没有现成可用的其他适当灭火剂时,才可使用化学干粉灭火剂。如在燃油流动火灾或进压式燃料火灾情况下,没有更好的灭火剂供选择时可使用此类灭火剂。对于电子设备或飞机发动机,使用哈龙、哈龙替代物和二氧化碳等灭火剂会更好。

表 4.10 列出了常用 BC 和 ABC 类干粉灭火剂的配方

表 4.10 常用 BC 和 ABC 类干粉灭火剂的配方

BC 干粉灭火剂		ABC 干粉灭火剂		
原材料	质量分数/%	原材料	质量分数/%	备注
碳酸氢钠	82.0	磷酸一铵	70.0	70 号
疏水的白炭黑	2.2	疏水白炭黑	2.5	
硅油	0.3	硅油	0.35	
云母	2.0	云母	1.5	
水	适量	水	适量	
碳酸钙	9.0	碳酸钙	7.0	
活性白土	2.5	活性白土	3.5	
汽油	0.3~0.4	汽油	0.45	
滑石粉	4.0	硫酸铵	15	
		氯化钠		

注:BC 干粉灭火剂中如加入氯化钠、氯化钾 15%~40%,灭 B、C 类火时干粉最小用量可降低一半,灭火效能提高一倍多。

2. 干粉灭火剂的灭火机理

在灭火过程中,干粉灭火剂既具有化学灭火作用,同时又具有物理抑制剂的特点。

1) 化学抑制作用

燃烧过程是一链锁反应过程,OH·和 H·自由基是维持燃烧链式反应的关键自由基。此两种自由基具有很高的能量,非常活泼,一经生成立即引发下一步反应,生成更多的自由基,使燃烧过程得以延续且不断扩大。干粉灭火剂的灭火组分是燃烧的非活性物质,当把干粉灭火剂加入到燃烧区与火焰混合后,干粉粉末 M 与火焰中的自由基接触时,自由基被瞬时吸附在粉末表面,并发生如下反应:

$$M(粉末) + OH· = MOH$$

$$MOH + H· = M + H_2O$$

通过上述反应,借助粉末的作用,消耗了燃烧反应中的 OH·和 H·自由基。当大量的粉末以雾状形式喷向火焰时,火焰中的自由基被大量吸附和转化,使自由基数量急剧减少,致使燃烧反应链中断,最终使火焰熄灭。

2) 均相抑制机理

干粉灭火过程是干粉先在火焰中气化后再在气相中发生化学抑制反应,其主要抑制形式则可能是气态氢氧化物。对碳酸氢钠干粉灭火机理的研究表明,对火焰的抑制效果只取决于碳酸氢钠干粉在火焰中的实际蒸发量,即均相化学抑制机理。而粒子越细,则越有利于灭火剂在火焰中的完全蒸发,因此要求干粉灭火剂有一定的细度。碱金属盐类对燃烧的抑制作用是随着碱金属原子序数的增加而增加的,即锂盐＜钠盐＜钾盐＜铷盐＜铯盐,所以以钾盐为基料的干粉灭火效力要比以钠盐为基料的强。

3) 烧爆作用

某些化合物(如 $K_2C_2O_2 \cdot H_2O$ 或尿素与碳酸氢钠或碳酸氢钾的反应产物)与火焰接触时,其粉粒受高热的作用,可以爆裂成许多更小的颗粒,使火焰中粉末的比表面积或者蒸发量急剧增大,从而表现出很高的灭火效能。

4) 隔离作用

喷出的固体粉末覆盖在燃烧物表面,构成阻燃的隔离层。特别是当粉末覆盖达到一定厚度时,还可以起到防止复燃的作用。

5) 冷却与窒息作用

粉末在高温下会放出结晶水或者发生分离,这些都属于吸热作用;而分解生成的不活泼气体又可以稀释燃烧区域的氧气浓度,从而起到窒息的作用。

3. 干粉灭火剂的主要性能指标

干粉灭火剂是一种干燥、细微的固体粉末,搅拌或充气后具有类似于液体的流动性,主要性能指标有以下几种。

1) 松密度

松密度是指干粉在不受震动的疏松状态下,粉末的质量与其充填体积(包括粉粒之间的空隙)的比值。松密度反映了单位体积内干粉灭火剂的质量。国家标准《干粉灭火剂》(GB 4066—2017)规定干粉灭火剂的松密度应大于等于 0.82 g/mL。

2) 粒度、比表面积和粒度分布

粒度和比表面积是从不同角度衡量干粉粉粒大小的两个指标。粒度是指干粉粉粒的直径大小,一般用不同孔目的分样筛筛分测得;比表面积是指单位质量的干粉粉粒的表面积总和。粒径越小,比表面积越大。粒度分布是指不同直径的粉粒在干粉中所占的质量分数。

大量研究表明,干粉的粒度和比表面积对其灭火效率有相当明显的影响。理论上粒径越小、比表面积越大,灭火效果越好,这是因为干粉的主要灭火作用是靠其微量表面与火焰接触时捕获自由基破坏燃烧的链锁反应而抑制燃烧的。但在实际应用中并非粉粒越细灭火效果越好,这是因为在灭火时,粉粒的运动还要受到风力和火焰产生的热气流的影响。粉粒太细,就易被风和热气流带走,以至于不能喷射到较远的火区,所以对粉粒的细度和比表面积要有一个有利于灭火的规定范围。

3) 含水率

含水率是指干粉中含有水分的质量分数。由于制造过程中烘干工序不可能将原料或半成品中的水分完全除尽,分装时还可能与大气接触而吸潮,某些基料的缓慢分解,都会使干粉灭火剂含有少量的水分。当水分含量超过一定范围,就会直接影响干粉的储存性能和使用效果。含水率高时,干粉易于压实,黏结成块,严重时甚至会堵塞干粉灭火器的喷嘴而完全失去灭火能力。此外,含水率高时还会使干粉的绝缘电阻大大降低。测定干粉含水率最常用的方法是常压加温干燥法、减压加温干燥法和常温干燥法。

4) 吸湿率

吸湿率是指一定量的干粉灭火剂暴露于规定的潮湿环境(20℃,相对湿度78%)中,增湿一段时间(24 h)后,吸水增重的百分数。吸湿率是衡量干粉灭火剂抗吸湿能力的一个指标,吸湿率越小,抗吸湿能力越强。干粉的吸湿率大,则在储存时易于吸潮结块,对长期储存和使用不利。

干粉灭火剂的其他性能指标还包括结块趋势、流动性、低湿特性、充填喷射率、电绝缘性能、灭火性能等。

4. 干粉灭火器喷射

不同类型灭火器在喷射灭火剂时,都应满足以下要求:尽可能从上风位置喷射干粉;喷射干粉使灭火剂覆盖火焰;不得溅洒或搅动燃料;监控火灾区域,防止复燃,尤其是消防人员身后的区域,必要时可再次喷射灭火剂。

干粉灭火剂本身毒性很小,普遍认为可以安全使用。但是喷射后形成的云团状粉尘就像空气中的微粒一样,会降低可见度,还会造成呼吸问题,对呼吸道造成轻微刺激。因此,使用干粉灭火剂时,机场消防与应急救援人员应始终穿戴呼吸装置。

1) 手提式和推车式干粉灭火器

手提式干粉灭火器有贮压式和贮气式两种设计。贮压式灭火储罐中保持 1.4 MPa 左右的恒压;贮气式灭火器采用灭火剂罐压力盒推动活塞释放气体,使用前不得对灭火剂罐进行增压。两种灭火器都采用氮气或二氧化碳增压。推车式干粉灭火器的基本设计与手提式灭火器类似,都为贮压式和贮气式。两种不同之处在于推车式干粉灭火器的增压气体储存在气瓶内,而非盒内。

推车式干粉灭火器的使用方法也与手提式化学干粉灭火器类似。发生火灾时,灭火器就位后,首先应完全伸展软管,因为软管中充满灭火剂后会很难移动,且干粉有时会堵在软管弯曲处。如果灭火器采用外部气体供应,必须将增压气体引入灭火剂罐内,在打开喷嘴前必须有几分钟充分增压的时间。

2) 消防车自带干粉灭火系统

有些消防救援车辆安装了干粉灭火系统,该系统一般由干粉储罐、增压气体罐、阀门、管道以及喷嘴组成。根据 FAA 法规《飞机救援与消防:设备和灭火剂》(FAR 139.317)和咨询通告《航空消防与应急救援车指南规范》(AC 150/5220-10E),消防救援车辆应至少携带 227 kg 钠基化学干粉,若采用钾基(碳酸氢钾,PKP)代替,要求最少携带 204 kg。一般来说,碳酸氢钾干粉的灭火效果优于碳酸氢钠,因而许多机场消防车携带钾基干粉作为辅助灭火剂。其次,钾基干粉灭火剂与主力灭火剂(如水成膜泡沫灭火剂)之间相容性更好。消防救援车辆配备的干粉系统装载量一般为 227 kg,根据救援要求的不同也可以更大。消防救援车辆中干粉的储存方式与典型手提式灭火器的储存方式类似,车上设置有可携带灭火剂的大型容器,以及储存压缩氮气的独立气瓶。消防救援人员应熟悉车辆上的干粉灭火系统,需经常检查这些系统,确保在需要时能正常工作。

干粉灭火系统有三种喷射方式。最常见的喷射方式是使用车辆上固定位置的小口径水带喷射,此外还有背负式和水流喷射方式。背负式喷射系统中,一般在车辆车顶或保险杠消防炮的水/泡沫喷嘴上直接安装了独立的化学干粉喷嘴。水流喷射系统可直接向主消防炮的水/泡沫射流中注入干粉,大大提高灭火剂的灭火效力。小口径干粉带需有至少 30 m 的软管,流量至少为 2.3 kg/s,射程至少为 7.6 m,其最小额定爆破压力必须达到系统工作压力的 3 倍。干粉消防炮的喷射速度应达到 7.3～10 kg/s,无风射程至少为 30 m。可伸展干粉消防炮的喷射速度为 5.4～10 kg/s,射程至少为 30 m。

4.4.2　气体灭火剂

气体灭火剂的优势在于释放后无残留、无二次污染、灭火介质绝缘、挥发快,常用来保护电信机房、广播电影电视设备、发电机房、电气设备房、变压器、电动机、内燃机、电气机房、图书档案楼、科研实验楼、贵重仪器设备存放空间、古建筑、博物馆大型船舶以及油品厂房的火灾危害场合。相对于其他几类灭火剂的发展,气体灭火剂是比较新型的灭火剂。气体灭火剂一般可分为卤代烷类灭火剂、二氧化碳灭火剂以及惰性气体灭火剂。机场和飞机上均配备了气体灭火剂,机载灭火系统中灭火剂即为卤代烷类灭火剂。

1. 卤代烷类灭火剂

卤代烷是以卤素原子取代烷烃分子中的部分或全部氢原子后得到的一类有机化合物的总称。卤代烷类灭火剂属于化学灭火剂,主要有哈龙 1211、哈龙 1301 等,具有灭火快、用量省、易气化、空间淹没性好、洁净、不导电、可靠期储存不变质等特点,应用范围较广。卤代烷类灭火剂是以液态的形式充装在容器里,并用氮气、二氧化碳或二氧化硫加压作为灭火剂的喷射动力。卤代烷类灭火剂的灭火作用是在火焰的高温中分解出活性自由基 Br· 和 Cl· 等,参与物质燃烧过程中的化学反应,清除维持燃烧所需的活性自由基,从而使燃烧过程中断而灭火。由于卤代烷是气体或在火中可迅速汽化的液体,它们在使用后不留下任何残留物质;同时由于其本身不导电,因此主要被用于保护电气电子设备、石油加工设备、发动机舱(船、军用车辆和飞机)和必须迅速灭火的其他场所。

卤代烷类灭火剂通常简称为哈龙,但更为确切的说法是"哈龙是挥发性的含溴卤代烃"。人类历史上最早使用的卤代烷类灭火剂是在 1990 年使用的哈龙 104(四氯化碳),因其具有较强的毒性未进行推广。1947 年,美国 Purdne 研究基金组织有关部门综合地对已经研究成功的 60 多种卤代烷做了系统的评估,根据其灭火性能和毒害作用的大小对其进行了筛选,最后确认哈龙 1211 和哈龙 1301 是较为理想的灭火剂。这两种卤代烷类灭火剂被广泛应用在各个领域。

尽管哈龙灭火剂优势众多,但因其会消耗臭氧已被列入了《关于消耗臭氧层物质的蒙特利尔议定书》,并要求在 2000 年前逐步停止生产哈龙灭火剂,仅用于必要用途且没有适当替代物的情况除外。Halotron® Ⅰ是经美国联邦航空局和环境保护署(EPA)核准的哈龙 1211 的替代"清洁灭火剂"。经 FAA 批准,Halotron® Ⅰ可用在机场大门、保养场和飞机上。另外,Halotron® Ⅰ灭火剂喷射后会迅速蒸发,不会导电到操作员身上,也适用于 C 类火灾。替换飞机和机场哈龙灭火剂的工作虽然取得了一定的进展,但目前现役飞机和部分机场仍在使用哈龙灭火剂。

2. 惰性气体灭火剂

按照国家标准《惰性气体灭火剂》(GB 20128—2006),惰性气体灭火剂是由氮气、氩气以及二氧化碳按一定质量比混合而成的灭火剂。惰性气体灭火剂 IG-01 是由氩气单纯组成的气体灭火剂,IG-100 是由氮气单独组成的气体灭火剂,IG-541 是由氩气、氮气和二氧化碳按照一定的比例混合而成的气体灭火剂。

惰性气体灭火剂的主要成分如氩气、氮气和二氧化碳等都是属于大气中已经存在的纯自然气体,且它们的物理、化学性质很稳定,即使在高温条件下也不会分解产生对环境造成污染的物质。因此,惰性气体是一种有益于环境保护的洁净灭火剂。此外,惰性气体灭火系统可用于有人活动的场合,对人身安全不会产生危险。

3. 二氧化碳灭火剂

二氧化碳是目前广泛使用的灭火剂之一,适用于扑救气体火灾,甲、乙、丙类液体火灾,电气设备、精密仪器、贵重设备火灾,图书档案火灾和一般固体物质火灾。二氧化碳灭火剂的缺点是火灾浓度大,高压储存的压力太高,低压储存时需要制冷设备,膨胀时能够产生静电放电。

4.4.3 金属灭火剂

金属火灾是指化学元素周期表中化学原子量相对较低、化学性质相对较活泼的钠、锂等碱金属和镁、铝等轻金属在时间和空间上失去控制的燃烧所造成的灾害。该类火灾由于发生概率较小而往往被人们忽视对它的研讨。然而,飞机制造材料中含有大量镁、铝、钛等可燃金属,这些金属在飞机发生火灾事故时也有可能燃烧。

1. 金属燃烧的类型及火灾特点

1) 金属燃烧的类型

金属燃烧的能力取决于金属本身及其氧化物的物理、化学性质,其中金属及其氧化物的熔点和沸点对其燃烧能力的影响比较显著。根据熔点和沸点的不同,通常将金属分为挥发金属和不挥发金属。挥发金属(Li、Na、K 等)在燃烧时熔融成金属液体,它们的沸点一般低于其氧化物的熔点(K 除外),因此,在其表面上能够生成固体氧化物。

挥发金属在空气中容易着火燃烧。它们和火源接触时被加热发生氧化,在金属表面上形成一层氧化物薄膜,由于金属氧化物的多孔性,金属将被继续氧化和加热。经过一段时间后,金属被熔化并开始蒸发,蒸发出的蒸气通过多孔的固体氧化物扩散进入空气中,当空气中的金属蒸气达到一定浓度时就燃烧起来。同时,燃烧反应放出的热量又传给金属,使其进一步被加热直至沸腾,进而冲碎覆盖在金属表面上的氧化物薄层,出现更激烈的燃烧。

挥发金属的燃烧温度大于其氧化物的沸点。因此,燃烧激烈时,固体氧化物也变成蒸气扩散到燃烧层,离开火焰时变冷凝聚成微粒,形成白色的浓烟。这是挥发金属的燃烧特点。不挥发金属因其氧化物的熔点低于金属的沸点,其在燃烧时熔融金属表面上会形成一层氧化物。这层氧化物在很大程度上阻碍了金属和空气中氧的接触,从而减缓了金属被氧化。但这类金属在粉末状、气溶胶状、刨花状时在空气中的燃烧进行得很激烈,且不生成烟。Al、Ti、Fe 等金属虽然在空气中难以燃烧,但是在纯氧气中却能燃烧。在燃烧时,金属并不气化,而是液化,液态金属的流动方向对燃烧有重要影响。挥发金属的燃烧属于熔融蒸发式燃烧,而不挥发金属的燃烧属于气、固两相燃烧。

2）金属燃烧特征

（1）金属易燃程度与比表面积的关系极大。大多数金属在块状时是不会燃烧的，但薄片状金属就能燃烧了，粉尘状的金属则极易燃烧，在一定条件下还会发生爆炸。例如块状镁的燃点为 650℃，薄带状镁的燃点为 510℃，粉尘镁的燃点为 420℃，薄而小的镁条、镁屑甚至用火柴就可以点着。由于锂、钠、钾、钙、镁、钛、铝、锌、锆、铪、钚、钍和铀，处于薄片状、颗粒状或熔融状时很容易着火，因此称它们为可燃金属。

（2）金属燃烧热大，燃烧温度高。金属燃烧热一般为普通燃料的 5～20 倍。由于燃烧热大，所以燃烧时火焰温度高，例如镁燃烧时，火焰温度可达 3000℃。

（3）高温燃烧的金属性质活泼。金属处在燃烧状态时，由于温度很高，性质活泼，可以与二氧化碳、卤素及其化合物、氮气、水等发生反应。

（4）某些金属燃烧时火焰具有特征颜色。钠及其化合物（$NaNO_3$）燃烧时产生黄色火焰；钾及其化合物（KNO_3）燃烧时产生紫色火焰；钙及其化合物（$CaCl_2$）燃烧时产生砖红色火焰；钡及其化合物［$BaCl_2$、$Ba(NO_3)_2$］燃烧时产生绿色火焰；锶及其化合物［$SrCl_2$、$Sr(NO_3)_2$］燃烧时产生红色火焰；铜及其化合物［$CuCl_2$、$Cu(OH)_2$］燃烧时产生蓝色火焰；镁、铝燃烧时产生白色火焰。

（5）发生燃烧时强度降低。作为建筑构件支撑的钢筋、铝合金框架，虽然在火灾中不会燃烧，但受高温作用后强度降低很多，在高温下，钢材的强度随温度的升高而降低，降低的幅度因钢材温度的高低和钢材的种类而不同。

2. 扑灭金属火灾的灭火剂

1）7150 灭火剂

7150 灭火剂的化学名称为三甲氧基硼氧六环，其化学式为 $(CH_3O)_3B_3O_3$，是一种无色透明液体。7150 灭火剂是可燃的，而且热稳定性较差，当它以雾状被喷射到燃烧着的炽热轻金属上时，即发生分解反应和燃烧反应。这种反应能很快耗尽金属表面附近的氧，所生成的硼酐在金属燃烧温度下熔化成玻璃状液体，流散在金属表面及其缝隙中，形成一层硼酐隔膜，使金属与空气隔绝，从而使燃烧窒息。

7150 灭火剂主要充装在储压式灭火器中，用于扑救镁、铝、镁铝合金、海绵状钛等轻金属火灾。加压用的气体主要是对 7510 灭火剂溶解度较小的干燥空气或氮气。7150 灭火剂应储存于塑料桶或灭火器筒体内，并存放于阴凉干燥处。包装容器要严密，防止潮气侵入。储运时，应按易燃液体的规定进行。

2）原位膨胀石墨灭火剂

原位膨胀石墨灭火剂是石墨层间化合物，由石墨和络合剂硫酸及水等，在辅助试剂的存在下反应，然后加入润湿剂，采取解吸和再吸附措施除去部分对环境有害的分解产物，再加入无害的反应物质而制成。其主要成分是原位膨胀石墨，具有不污染环境、易于储存、喷洒方便、易于清除灭火后金属表面上的固体物和回收未燃烧的剩余金属等优点。

金属钠等碱金属和镁等轻金属着火时，将原位膨胀石墨灭火剂喷洒在这些金属上面，灭火剂中的反应物在火焰高温的作用下迅速呈气体逸出，使石墨体积迅速膨胀。化合物的松装密度低，能在燃烧金属的表面形成海绵状的泡沫。与燃烧金属接触部分则被燃烧金属润湿，生成金属碳化物或部分生成石墨层间化合物，瞬间造成了与空气隔绝的耐火膜，达到迅速灭火的效果。原位膨胀石墨灭火剂可盛于薄塑料袋中投入燃烧金属火上灭火，可放在热金属可能发生泄漏处以预防碱金属或轻金属着火,也可盛于灭火器中在低压下喷射灭火。

原位膨胀石墨灭火剂主要应用于扑救金属钠等碱金属火灾和镁等轻金属火灾。原位膨胀石墨灭火剂应保存于密封容器中,保存温度在150℃以下(超过此温度就开始膨胀)。该灭火剂在空气中放置一年,质量波动少于0.5%,不影响使用。在铅制容器中放置一年未发现腐蚀迹象,但不适于长期放于铁制容器中。

3) 金属火灾灭火时的注意事项

金属发生火灾后,由于温度高,普通的灭火剂会分解而失去作用,甚至使火灾发展更加猛烈,所以机场消防人员应慎重选择灭火剂。7150灭火剂、原位膨胀石墨灭火剂是较为理想的灭火剂,干砂、干粉、石粉、干的食盐、干的石墨等也能收到好的灭火效果。氩、氦对镁、钛、锂、锆、铪等金属火灾有很好的闷熄作用,但金属火灾灭火需要注意以下几点:

(1) 镁、锂火灾不得用干砂扑救。金属锂的燃烧产物Li_2O能与干砂的主要成分SiO_2起反应;燃烧的镁也能与SiO_2起反应,放出大量的热,使燃烧更加猛烈。

(2) 金属锂火灾不可用碳酸钠干粉或食盐扑救,其燃烧高温能使碳酸钠和食盐分解,放出比锂更危险的钠。

(3) 金属铯能与石墨反应,生成铯碳化物,金属铯火灾不能用石墨扑救。

(4) 任何金属粉末火灾扑救时,均不能使粉尘飞扬起来,否则会形成更危险的粉尘爆炸。

参考文献

[1] 张英华,黄志安,高玉坤.燃烧与爆炸学[M].北京:冶金工业出版社,2015.

[2] 和丽秋.消防燃烧学[M].北京:机械工业出版社,2014.

[3] 郭子东,罗云庆,王平.灭火剂[M].北京:化学工业出版社,2015.

[4] BLOCKER K. Aircraft Rescue and Fire Fighting Capabilities: Are Today's Standards Protecting Passenger's Futures? [D]. Florida: Embry-Riddle Aeronautical University,2020.

[5] Annex 14 to the Convention on International Civil Aviation. Aerodromes,Volume I: AerodromeDesian and Operations[S]. 8th ed. Montreal: ICAO,2018.

[6] Doc. 9137 AN/898. Airport Services Manual,Part I: Rescue and Firefighting[S]. 4th ed. Montreal: ICAO,2015.

[7] WILLIAM D S. Aircraft Rescue and Firefighting[M]. 6th ed. IFSTA Aircraft Rescue and Firefighting Validation Committee,2016.

[8] Guide for Aircraft Rescue and Fire-fighting Operations: NFPA 402[S]. Massachusetts: NFPA,2019.

[9] Standard for Aircraft Rescue and Fire-Fighting Services at Airports: NFPA 403[S]. Massachusetts: NFPA,2018.

[10] Standard for Evaluating Aircraft Rescue and Fire-Fighting Foam Equipment: NFPA 412[S]. Massachusetts: NFPA,2020.

[11] 应急管理部.泡沫灭火剂: GB 15308—2006[S].北京:中国标准出版社,2007.

[12] 航空器适航审定司.民用航空运输机场飞行区消防设施: MH/T 7015—2007[S].中国民用航空局,2007.

[13] Aircraft Fire Extinguishing Agents: AC 150/5210-6D[S]. Washington D. C. : FAA Advisory Circular,2004.

[14] Order 5280. 5D. Airport Certification Program Handbook,Section 139. 317 ARFF: Equipment and

Agents[M]. FAA Policy, 2016.

[15]　Guide Specification for Aircraft Rescue and Fire Fighting (ARFF) Vehicles: AC 150/5220-10E[S]. Washington D. C: FAA Advisory Circular, 2011.

[16]　应急管理部. 惰性气体灭火剂: GB 20128—2006[S]. 北京: 中国标准出版社, 2006.

[17]　魏东. 灭火技术及工程[M]. 北京: 机械工业出版社, 2012.

[18]　公安部天津消防研究所. 干粉灭火剂: GB 4066—2017[S]. 北京: 中国标准出版社, 2018.

第5章

机场消防设备与器材

5.1 消防车

根据新思界产业研究中心发布的《2019 年消防车行业投资前景预测及投资策略建议报告》显示,2018 年,我国消防车行业产量为 7228 辆,同比增长 9.3％；销量为 6441 辆,同比增长 9.2％。受近年新冠疫情影响,我国消防车市场有所放缓,但我国总体上仍呈现人口流动增加、社会管理复杂情势,消防车市场仍将保持较快的速度增长。按每年 7％左右增长的速度,预计到 2025 年,我国消防车产量将达到 11 607 量,行业发展前景良好。

我国消防车行业经过不断发展,设计技术和制造工艺均已取得了长足进步,形成了系列化、功能化、多元化产品体系,在国内市场中,国产消防车生产企业是主要供应商,占据 70％以上的市场份额。但我国消防车行业与国际先进水平相比仍存在较大差距。我国拥有消防车生产企业在 40 家左右,单个企业规模较小,研发投入能力较弱,使得行业整体技术相对滞后,产品质量与国际品牌相比差距较大。

我国消防车生产企业产品主要集中在技术含量较低、功能单一的泡沫消防车和水罐消防车领域,附加值高的特种消防车生产企业数量少,因此低端消防车市场竞争激烈,企业盈利空间有限。在中端消防车市场中,国产品牌与进口品牌互有竞争,部分国产品牌具有一定竞争优势,而高端消防车市场主要被进口品牌所垄断。

消防站业务车辆包括快速调动车、主力泡沫车、重型泡沫车、中型泡沫车、重型水罐车、跑道喷涂泡沫车、干粉车、通信指挥车、火场照明车、破拆抢险车、保障车、升降救援车等。其中中型泡沫车最大载重量应小于或等于 8000 kg；重型泡沫车最大载重量应大于 8000 kg；火场照明车主要功能为夜间火场照明,安装有高度大于 6 m 的可升降式照明灯,主灯照度 50 m 处大于 5 lx；重型水罐车、升降救援车、跑道喷涂泡沫车根据机场实际需要选配；无夜航机场的消防站可不配备火场照明车；当主力泡沫车性能满足快速调动车标准时,可不配备快速调动车；当快速调动车或主力泡沫车辅助干粉灭火系统量不少于 450 kg 时,可不配备干粉车。

5.1.1　消防车内置系统和设备组成

为了提升消防车的机动性能,现代消防车应配备以下系统。

1) 防抱死制动系统

防抱死制动系统(anti-lock braking system,ABS)是一种可以在制动过程中监控轮速的电子系统。ABS可以通过减少车轮在制动过程中的抱死率,提高车辆稳定性和可控性。

防抱死制动系统可以让驾驶员在较差路况下,例如,结冰和雨水导致路面较滑时,更好地控制车辆,可以防止车轮滑移,而滑移会导致车辆失控。

2) 中央轮胎放气系统

这一技术的进展让驾驶员可以在车辆运动或静止过程中给轮胎放气,从而增大车辆牵引力。这些系统(图5.1)可以按预设速度操作,且不会影响车辆的消防能力。轮胎放气可以增大牵引力、提高机动性。放气也有助于清除胎面上的泥浆和杂物,让现代车辆轮胎的越野胎面更高效。

3) 驾驶员视野增强系统

机场在飞机消防救援(aircraft rescue and firefighting,ARFF)响应时间延迟的天气条件和其他有损视野的条件下,驾驶员视野增强系统(driver's enhanced vision system,DEVS)能让ARFF驾驶员在不利条件下做出更安全、更快速的响应。这些系统的摄像机(图5.2)安装在设备外部(通常在车顶上)。显示屏位于驾驶室且可以安装在车窗附近的顶棚或仪表盘上,或者有时也可内置于仪表盘。

图5.1　中央轮胎放气系统(轮毂右上部分小盒)

图5.2　前视红外摄像机

4) 车辆后视镜倒车摄像系统

为协助驾驶员更安全地倒车,很多航空消防与应急救援车都装有车辆后视镜倒车摄像系统。这些系统包括一个安装在车辆后部并与驾驶室内的一个小型平板(全彩)监视器(图5.3)相连的摄像机。

5) 设备自载摄像机

设备自载摄像机可以远程控制,以便在设备启动时开始记录,并在整个应急响应过程中一直记录。视频图像提供的现场条件相关优质文件,既可供培训也可供事故调查时使用。

6）独立悬架系统

独立悬架系统能够提高消防救援车在路面行驶的机动性，能够让车轮尽可能地与路面接触。标准直轴车辆，在遇到极端不平坦地形时，一般会失去与路面的接触。采用独立悬架后，各车轮和车轴相互独立，让所有车轮能更好地与路面保持接触。直轴车辆，例如，在倾斜驶越沟渠时，由于车轴为刚性，其中的一个或多个轮胎可能会与路面失去接触。

7）监控与数据采集系统

监控与数据采集系统（monitoring and data acquisition system，MADAS）必须能够在重大事故发生前至少 120 s 和发生后 15 s 开始储存测量值和时间间隔，且不得因使用紧急停机开关或电路断路主开关而丢失已记录数据。

8）横向加速度指示器

横向加速度指示器（lateral acceleration indicator，LAI）用作预警系统，能够协助驾驶员在超过车辆安全工作限值和接近机动限值时，意识到车辆可能失稳并引起翻车事故。该装置不能防止车辆翻车，但是驾驶员可以监控 LAI 并在其警告限值内驾驶。

为了提升消防车灭火性能，消防车应配有如下设备。

1）消防泵

主要机场消防车都有该车专配的一个消防泵（图 5.4），将大量水送到消防系统。另外，机场消防车内的消防泵还可在车辆运动过程中运行，这一性能可使操作员在初始进近时灭火。

图 5.3　驾驶室内倒车摄像系统显示屏　　　　　图 5.4　消防泵结构面板

2）消防炮

为能在救援和灭火作业中大量施用灭火剂，消防车宜配一个或多个消防炮。消防炮可安装在驾驶室顶部或车辆前保险杠上，可手动或远程操控。一些消防炮也可具备自摆式特性，具备消防炮远程操作电控装置等。为有效靠近着火飞机，驾驶员应熟悉消防车所配消防炮的各种性能。消防炮必须能够旋转 90°至中心各侧，能够受压，利用分散流将灭火剂喷射至车辆前方 30 ft 范围内，能够至少升高至水平面上 45°，且水平总射程范围不小于 180°。

对于自摆式消防炮，操作员可以设置摆动范围，通常为中心两侧 90°。设置后，消防炮可以从一侧自动摆到另一侧。但是，这样经常会浪费大量灭火剂。另外，可以通过控制装置将消防炮的施用方式从直流变为分散流或雾流。

为了预防消防炮出现故障和其他运行问题，可加装一个辅助消防炮。消防车一般将辅助消防炮安装在保险杠上,也称为"保险杠消防炮"(图 5.5)。当车顶消防炮喷出的水流或喷雾妨碍驾驶员在事故现场的可见度时,保险杠消防炮可替代车顶消防炮,提高驾驶员可见度。

3)小口径水带

消防炮不能喷到机身内部时,便需使用小口径水带(图 5.6)扑灭机内大火,保护救援人员,并在救援作业结束后扑灭周围的火。大多数航空消防与应急救援车都装有预先连接好且不可折叠的增压器软管(存放在卷盘上)和(或)标准可折叠软管(存放在水带箱内)。两类软管都必须配可变模式、截流式喷嘴。喷嘴可以为吸气型或非吸气型。

图 5.5　车顶消防炮和保险杠消防炮　　　　　图 5.6　小口径水带

4)地面喷洒喷嘴和车底喷嘴

地面喷洒喷嘴用于在车辆前方铺设一张覆盖层或一条泡沫道,以便车辆驶入灭火和救援位置,而不会危害设备。地面喷洒喷嘴可以从车辆驾驶室内操控。车底喷嘴如图 5.7 所示。

5)高架水桥

最常见的高架水桥是折臂式喷杆设计。喷杆可以在设备运动过程中(泵送-滚转)操控,并喷出灭火剂。

图 5.7　车底喷嘴

喷杆上可安装吸气型泡沫喷嘴、非吸气型喷雾喷嘴、化学药剂喷射喷嘴或辅助灭火剂喷嘴,这使得高架水桥喷杆灵活易控制,喷射效率更高。此外,飞机蒙皮穿刺喷嘴(aircraft skin penetrating nozzle,ASPN)也可安装在喷杆端部。ASPN 能以 1 ft(0.3 m)的增量伸展,用于较远或深处货物的灭火。高架水桥最低流率为 250 gal/min,大部分 ASPN 的水/泡沫流率可达 350 gal/min。货机蒙皮的理想穿刺位置是舷窗上方 24 in 处结构元件之间。客机的最佳穿刺位置是舷窗上方 12 in,因为这一位置位于座椅靠背上方、行李仓下方。

ASPN 不会妨碍飞机乘员的撤离。在所谓的"挡火物"或"封堵"中有效发挥效力,ASPN 必须插在飞机乘员和火焰之间的位置。ASPN 能在从天花板到地面的整个范围内喷水灭火,从而防止机内火势沿飞机内部的整个长度方向全面蔓延。灭火剂的喷射要视火苗主体位置而定,所以重要的一点是操作员需要确定火苗的主体位置。虽然有时外部状况能够表明火苗位置,但最有效的方法是使用热成像装置。热成像装置最好装在喷杆或 ARFF设备上,以便定位火源。

5.1.2　快速调动车和主力泡沫车

在应急救援时,快速调动车是第一个快速反应、能第一个到达事故现场的消防车。气温在 7℃ 以上时,满载状态下 0~80 km/h 加速时间≤25 s;最大车速＞105 km/h;全轮驱动;在水泵全功率工作状态下车速≥40 km/h。

主力泡沫车是担当灭火救援任务的主力消防车。满载状态下 0~80 km/h 加速时间≤40 s;最大车速＞100 km/h;在水泵全功率工作状态下车速≥40 km/h。

中美消防车在分类和喷射性能要求上有所不同,见表5.1。

表 5.1　中美消防车性能对比

标准	性能参数	最低可用容量 V(车辆水箱容量,L)		
		454≤V≤1999	1999＜V≤6000	V＞6000
NFPA 414,2012	消防炮排放	用水带达到的总流量	用车载消防炮、可延展消防炮、保险杠消防炮或它们的组合达到的总流量	用车载消防炮、可延展消防炮、保险杠消防炮或它们的组合达到的总流量
	a. 车载消防炮			
	① 最小流量/(L/min)	≥227	≥2839	≥4731
	② 与保险杠消防炮连接的车载消防炮的单体流量/(L/min)		≥1892	≥3785
	b. 与保险杠消防炮连接的可延展消防炮的单体流量/(L/min)		≥1892	≥3785
	c. 保险杠消防炮	可用作主炮	参照车载消防炮喷射率	参照车载消防炮喷射率
	流量/(L/min)	≥227	≥946	≥946
MH/T 7002—2006	快速调动车	流量≥4500 L/min; 一次性泡沫混合液喷射量≥5000 L		
	主力泡沫车	流量≥4500 L/min; 一次性泡沫混合液喷射量≥10 000 L		

下面介绍一款近年来比较主流的机场消防车,马基路斯 DRAGON X6(图 5.8)采用比较流行的流线型设计风格,驾驶室顶部和前部各摆放一门水炮。该车采用 6×6 的全驱方式,可以应付复杂路况,同时也有 8×8 和 4×4 两种驱动型式可以选择。车辆可装载 12 500 L 水、1500 L 泡沫以及 500 kg 干粉,满载时总质量可以达到 39 t。马基路斯 DRAGON X6 直接安装了 2 个发动机同时工作,最大功率可到 824 kW,再辅以艾里逊自动变速器,驾驶员可以轻松地在 21 s 内将速度从 0 上升至 80 km/h。有速度同样也有安全装置,盘式制动器提升了车辆制动性能,ABS 和电子制动系统(electronically controlled brake system,EBS)辅助系统则大大增加了车辆在紧急制动过程中的稳定性。

除了具备出色的行驶性能,车辆的灭火能力也毫不逊色。该车采用马基路斯自己的水泵产品,在强大的发动机带动下,其最大输出量可以达到 10 000 L/min,高压泵在 40 bar(4×10³ kPa)的压力下,最大输出量可以达到 250 L/min,足以满足 2 门水炮的实际作业需要。驾驶室前部的水炮除了常规喷射功能,还可以进行扇形喷水扫描,扩大了水炮的覆盖面积。同时,车辆还装配泡沫和干粉,以配合不同类型火灾使用。

图 5.8　马基路斯 DRAGON X6 机场消防车

5.1.3　泵浦车、泡沫车和干粉车

泵浦消防车主要采用轻型越野汽车底盘改装而成,也有的采用轻型货车底盘改装而成。除保持原车底盘性能外,车上装备了消防水泵、水枪及其他消防器材。泵浦消防车可利用水源直接灭火,也可向其他灭火喷射装置供水。此外,也可兼作火场指挥车使用。

与泵浦消防车相比,泡沫消防车的主要区别在于:泡沫消防车是在水罐消防车的基础上增加了一套泡沫灭火系统,如泡沫液罐、空气泡沫比例混合装置以及泡沫产生器等。

干粉消防车是指装备干粉灭火剂罐和成套干粉喷射装置的灭火消防车。车上装备有干粉灭火罐、整套干粉喷射装置及其他消防器材。干粉消防车主要用干粉灭火剂灭火,因而它适于扑救可燃和易燃液体、可燃气体和带电设备火灾。

中美消防车的性能对比见表 5.2、表 5.3。

表 5.2　中美消防车性能对比(GB 7956.1—2014 与 NFPA414,2012)

性能\标准	车种	型式	接近角/(°)	离去角/(°)	最高车速/(km/h)	加速时间/s		侧倾稳定角
GB 7956.1—2014	泵浦车	轻型	30	20	≥100	速度范围 0~60 km/h	30	总质量为整备质量的 1.2 倍以下时≥30°;总质量不小于整备质量的 1.2 倍时≥ 32°
		中型	25	16	≥90		35	
	泡沫车	轻型	30	20	≥100		30	
		中型	25	16	≥90		35	
		重型			≥85		45	
	干粉车	轻型	30	20	≥100		30	
		中型	25	16	≥90		35	
		重型			≥85		45	
NFPA414,2012(车辆全是全轮驱动)	最低可用容量 V(车辆水箱容量)/L	454≤V≤1999	25	30	≥113	速度范围 0~80.5 km/h	30	30°
		1999<V≤6000	30	30	≥113		25	

表 5.3 中美消防车制动性能对比（GB 7956.1—2014 与 NFPA414,2012）

性能参数		NFPA414,2012			GB 7956.1—2014(行车制动和驻车制动从操纵力和操纵行程方面区分)
		最低可用容量 V(车辆水箱容量)/L			
		454≤V≤1999	1999<V≤6000	V>6000	
行车制动距离	制动时的行车速度为 33 km/h	≤11 m	≤11 m	≤12 m	行车制动在产生最大制动效能时的踏板力≤700 N
	制动时的行车速度为 64 km/h	≤40 m	≤40 m	≤49 m	
驻车制动坡度/%	上升坡度	≥20%			驻车制动通过纯机械装置把工作部件锁止,且驾驶员施加于操纵装置上的力:手操纵时≤600 N;脚操纵时≤700 N。驻车制动控制装置的安装位置应适当,操纵装置应有足够的储备行程,一般应在操纵装置全行程的 2/3 以内产生规定的制动效能;驻车制动机构装有自动调节装置时允许在全行程的 3/4 以内达到规定的制动效能
	下降坡度				

5.1.4 后援消防车

后援消防车是向火场补给各类灭火剂或消防器材的消防车。后援消防车分运水车、供液车、充气车、器材运输车、自卸式后援车五类。目前,国产后援消防车主要采用东风、欧曼、斯太尔王、解放、五十铃等车辆底盘。

供液车的泵和水路系统应耐腐蚀,泵和水路系统应有清洗装置。罐体若为钢板焊接结构,焊缝应牢固、平整、光洁,宽度一致,不得有未焊透、烧穿、夹渣、裂缝等缺陷。罐上部应设直径不小 400 mm 的入孔。罐的容量允差:容量大于或等于 12 000 L 时为 ±2%;容量在 12 000 L 以下时,容量每减少 1000 L,其允差绝对值增加 0.1%。

充气车应至少配备一个充气机,充气机的工作压力不小于 30 MPa,流量应大于 500 L/min,保证同时有两个以上的充气口,充气接头尺寸为 G5/8B 螺纹,同时应配备相应的发电机、移动式照明灯及操作台的照明设备。

器材运输车的器材布置应易于取放,固定机构应可靠,并按用途和功能予以分类布置。

自卸式后援车举升机构应动作可靠,连续举升 100 次后不影响正常工作,液压系统不得出现液压油泄漏现象,液压元件动作正常,不出现异常情况,液压油温应不超过 80℃。箱体固定应可靠,应有锁紧机构。在行驶过程中,不应出现箱体倾斜、移位。

后援消防车整车性能见表 5.4。

表 5.4　后援消防车整车性能（GB 7956.1—2014）

车种	满载总质量/kg	最高车速/(km/h)	加速时间/s(0~60 km)
供水车	500~3500	≥100	≤30
	>3500~12 000	≥90	≤35
	>12 000	≥85	≤45

5.1.5　通信指挥消防车

通信指挥消防车是指配置通信器材,用于火场指挥和通信联络的消防车。通信指挥消防车是指挥员在火场上的临时指挥中心,具有多种通信手段,可以与各方面进行通信联络,实施灭火指挥,保证灭火战斗顺利进行。

通信指挥消防车通常采用越野车、客车或轿车底盘改装。下面简要介绍依维柯(MX5041XXFXZ25 型)通信指挥消防车。MX5041XXFXZ25 型通信指挥消防车,采用南京跃进汽车制造厂生产的依维柯 NJ6686SJF5 型底盘改制而成。该车由供电、升降照明、闭路监控、音视频无线传输、图像及文件处理、GPS 卫星定位、扩音指挥、风向风速探测、通信指挥、录音录时、办公等系统组成。表 5.5 是 MX5041XXFXZ25 型通信指挥消防车性能。

表 5.5　MX5041XXFXZ25 型通信指挥消防车性能

项　　目		技 术 参 数
外形尺寸(长×宽×高)/(mm×mm×mm)		6920×2000×3300
质量参数	整车整备质量/kg	3935
	满载质量/kg	4460
主发电机参数	功率/kW	5.5
	电压/V	220
	电流/A	12.5
	频率/Hz	50
照明灯	主灯型号	DDGS-1000
	主灯功率/kW	1×2
	输入电压/V	220
升降杆	升降杆型号	QDG-85
	升高/m	8.5
扩音机型号		MP3500
单工电台型号		MOTOROLA

5.1.6　抢险救援消防车

抢险救援消防车是指装备了各种消防救援器材、消防员特种防护装备、消防破拆工具及火源探测器的专勤消防车,部分车辆还加装有起重、牵引、排烟、照明及化学洗消等设备。国产抢险救援消防车发展虽然起步较晚,但发展迅速,已基本形成了轻、中、重型系列产品,且呈现出由执行单一作战任务向多功能发展的趋势。目前,国产抢险救援消防车的底盘主要采用东风、五十铃、依维柯、德国曼、斯太尔、欧曼等车辆底盘改装而成。表5.6是斯太尔王(MX5140TXFQJ86型)多功能抢险救援消防车性能。

表 5.6 MX5140TXFQJ86 型多功能抢险救援消防车性能

项 目		参 数			
底盘型号		EQ1141GTDJ2			
外形尺寸(长×宽×高)/(mm×mm×mm)		9300×2480×3400			
乘员数(含驾驶员)/人		6			
质量参数	最大总质量/kg	13 800			
	整备质量/kg	13 350			
发动机	型号	EQ6BTA5.9			
	最大功率/kW	132			
主发电机组	功率/kW	10			
	电压/V	220/380			
照明灯	主灯功率/kW	4.2			
	可移动灯功率/kW	2×0.4			
升降杆	升降杆型号	QDG-6-8			
	升高高度/m	7.5			
云台	旋转角度/(°)	340(+170,−170)			
	俯仰角度/(°)	90(+75,−15)			
随车起重机	最大额定起升质量/kg	3400			
	支腿跨距/mm	3240			
	伸缩油缸推/(拉)力/kN	19/36			
	工作幅度/m	1.7	2.4	3.5	4.8
	最大起升高度/m	7			
	起升质量/kg	3500	2500	1700	1250
液压绞车	钢丝绳拉力/kg	≤3500			
	钢丝绳工作长度/m	≤54			
	绞盘鼓筒至少绕钢丝绳圈数/圈	≥5			
	鼓筒钢丝绳预紧力/kg	800～1000			

5.1.7 其他消防车

除上述机场消防车外,还有照明消防车、举高消防车(平台车、高喷车、云梯车)等。火场照明车是主要装备发电设备和照明设备的专勤消防车,它主要为夜间灭火和救援等作业提供照明,也可作为火场临时电源,提供通信、广播宣传和破拆器具的动力。

举高消防车即装备举高和灭火装置可进行登高灭火或消防救援的消防车。举高消防车装备有支撑系统、回转盘、举高臂架和灭火装置,可以进行登高灭火和救援,通常根据举高消防车臂架系统结构的不同和用途上的差异,将其分为云梯消防车、登高平台消防车和举高喷射消防车三种。举高消防车的发展已经有 100 多年的历史,近年来随着实战的需要和制造工艺技术的进步,衍生出在云梯车前端加装可折弯前臂的直曲臂登高平台车,登高平台车是在臂架一侧加装附梯、在举高喷射消防车上加挂工作平台、在大型举高消防车上加装水罐及消防泵等的复合类举高车,在灭火抢险救援中发挥着更大的作用。举高消防车的主要参数见表 5.7。

表 5.7　举高消防车的主要参数

车种	额定工作高度/m	额定载荷/kg	外形尺寸			接近角/(°)	离去角/(°)
			长/mm	宽/mm	高/mm		
平台车	12	180,	8800		3700	30	15
	16,20	270,	12 000	2500	3800	25	10
	25,30,40,50	360	13 500		4000		
高喷车	16		10 000		3500	30	15
	20,25	—	12 000	2500	4000	25	10
	30		13 500				
云梯车	16	90,	7600		3500	30	15
	20,25	180,	9700	2500	3700	25	10
	30,40,50,60	270,360	12 000		4000		

5.1.8　消防车配备要求

(1) 机场消防站车辆配备应根据机场消防保障等级确定,车辆配备的要求见表 5.8。重型水罐车、升降救援车、跑道喷涂泡沫车应根据机场实际需要选配,无夜航机场的消防站可不配备火场照明车,当主力泡沫车性能满足快速调动车标准可不配备快速调动车,当快速调动车或主力泡沫车辅助干粉灭火系统干粉量不少于 450 kg 时,可不配备干粉车。

表 5.8　消防车配备

序号	消防车车型	配备数量							
		消防保障等级(级别)							
		3	4	5	6	7	8	9	10
1	快速调动车	—	—	—	—	1	1	1	1
2	主力泡沫车	—	—	—	1	2	3	3	4
3	干粉车	—	—	—	1	1	1	1	1
4	重型泡沫车	—	1	1	2	2	2	2	2
5	中型泡沫车	1	1	1	—	—	—	—	—
6	火场照明车	1	1	1	—	1	1	1	1
7	通信指挥车	1	1	1	1	1	1	1	1
8	破拆抢险车	—	—	—	—	—	1	1	1
9	保障车	—	—	—	1	1	1	1	1
	合计	3	4	4	5	9	11	11	12

(2) 单车专职消防人员的数量应根据表 5.9 的要求配备,未配备破拆抢险车的消防站应成立抢险班。

表 5.9 机场消防车定员

序号	消防车		定员数量/人							
	名称	单车定员	消防保障等级(级别)							
			3	4	5	6	7	8	9	10
1	快速调动车	3	—	—	—	—	3×1	3×1	3×1	3×1
2	主力泡沫车	3	—	—	—	3×1	3×2	3×3	3×3	3×4
3	干粉车	3	—	—	—	—	3×1	3×1	3×1	3×1
4	重型泡沫车	6	—	6×1	6×1	6×2	6×2	6×2	6×2	6×2
5	中型泡沫车	6	6×1	6×1	6×1	—	—	—	—	—
6	火场照明车	3	3×1	3×1	3×1	3×1	3×1	3×1	3×1	3×1
7	通信指挥车	2	2×1	2×1	2×1	2×1	2×1	2×1	2×1	2×1
8	破拆抢险车	5	—	—	—	—	—	5×1	5×1	5×1
9	保障车	2	—	—	—	—	2×1	2×1	2×1	2×1
	合计/人		11	17	17	20	31	39	39	42

5.2 消防站执勤器材

消防车辆的器材配备按其车型性能要求,应具备独立完成执勤和灭火任务的能力。主要包括两节拉梯、挂钩梯、单杠梯、水带、多功能水枪、空气泡沫枪、吸水管、水带接口、异径接口、管钳、集水器、分水器、消火栓钥匙、异型接口等。

5.2.1 消防梯

消防梯适用于消防员在灭火、救援和训练时使用。消防梯按其结构形式可分为单杠梯、挂钩梯、拉梯及其他结构消防梯;按材质可分为竹质消防梯、木质消防梯、铝合金消防梯、钢制消防梯及其他材质消防梯。

消防梯型号构成如下:

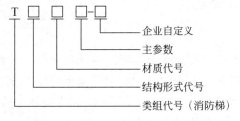

其中,主参数为最大工作长度(m),用整数形式表示;材质代号为竹质(Z)、木质(M)、铝合金(L)、钢质(G)、其他(Q);结构形式代号为单杠梯(D)、挂钩梯(G)、二节拉梯(E)、三节拉梯(S)、其他(Q)。如工作长度为 3 m 的铝质单杠梯,其型号为 TDL3。

铝质两节拉梯见图 5.9。消防梯基本性能见表 5.10。

图 5.9　铝质两节拉梯

表 5.10　消防梯基本性能（XF 137—2007）

结构形式	工作长度/m		最小梯宽/mm		整梯质量		梯蹬间距/mm	
	标称尺寸	允许偏差	标称尺寸	允许偏差	标称质量/kg	允许偏差	标称尺寸	允许偏差
单杠梯	3	±0.1	250	±2	≤12			
挂钩梯	4	±0.1	250	±2	≤12			
两节拉梯	6	±0.2	300	±3	≤35		280 300 340	
	9	±0.2	300	±3	≤53	±5%		±2
三节拉梯	12	±0.3	350	±4	≤95			
	15	±0.3	350	±4	≤120			
其他结构消防梯	3~15	±0.2	300	±3	≤120			

5.2.2　消防水带和吸水管

1. 消防水带

消防水带是用来运送高压水或泡沫等阻燃液体的软管。传统的消防水带以橡胶为内衬，外表面包裹着亚麻编织物。先进的消防水带则用聚氨酯等聚合材料制成。消防水带的两头都有金属接头，可以接上另一根水带以延长距离或是接上喷嘴以增大液体喷射压力。本节适用于有衬里消防水带、消防湿水带等消防水带。

消防水带的型号规格由设计工作压力、公称内径、长度、编织层经/纬线材质、衬里材质和外覆材料材质组成。例如，设计工作压力为 1.0 MPa、公称内径为 65 mm、长度为 25 m、编织层经线材质为涤纶纱、纬线材质为涤纶长丝、衬里材质为橡胶的水带，其型号为：10-65-25-涤纶纱/涤纶长丝-橡胶。

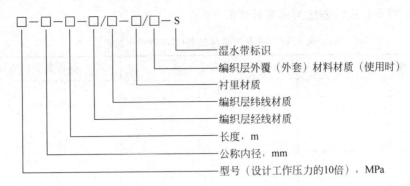

消防水带的规格如表 5.11 所示。消防水带设计工作压力、试验压力应符合表 5.12 的规定,最小爆破压力应不低于表 5.12 的规定,且水带在爆破时,不应出现经线断裂的情况。设计工作压力为 0.8 MPa、1.0 MPa、1.3 MPa、1.6 MPa 的水带,在设计工作压力下其轴向延伸率和直径的膨胀率不应大于 5%;设计工作压力为 2.0 MPa、2.5 MPa 的水带,在设计工作压力下其轴向延伸率和直径膨胀率不应大于 8%。

表 5.11 消防水带内径公称尺寸及公差(GB 6246—2011)

规 格	公称尺寸/mm	公差/mm
25	25.0	
40	38.0	
50	51.0	
65	63.5	
80	76.0	
100	102.0	0~+2.0
125	127.0	
150	152.0	
200	203.5	
250	254.0	0~+3.0
300	305.0	

表 5.12 消防水带设计工作压力、试验压力及最小爆破压力(GB 6246—2011) MPa

设计工作压力	试验压力	最小爆破压力
0.8	1.2	2.4
1.0	1.5	3.0
1.3	2.0	3.9
1.6	2.4	4.8
2.0	3.0	6.0
2.5	3.8	7.5

2. 吸水管

吸水管是用于抽吸消防用水的直管式和盘管式胶管。胶管内径与公差见表 5.13。胶管按其内径分为 50、65、80、90、100、125、150 七种规格;每种规格胶管按工作压力分为 0.3 MPa 和 0.5 MPa。直管式胶管的标准长度为 2 m、3 m、4 m,盘管式胶管的标准长度为 8 m、

10 m、12 m,胶管长度公差应为标准长度的±2%。

表 5.13　胶管内径与公差(GB 6969—2005)

规　　格	公称内径/mm	允许最大公差/mm
50	51	±1.5
65	64	
80	76	
90	89	
100	102	±2.0
125	127	
150	152	

吸水管由内胶层、增强层和外胶层构成。内胶层应由耐水天然或合成橡胶组成,其内表面应光滑,无影响使用的缺陷;增强层应由织物材料组成,可以带有金属或其他适当材料的螺旋线;外胶层应由天然或合成橡胶组成。外表面可以呈波纹状;还可选用外铠螺旋线,螺旋线既可以是金属,也可以是其他的适当材料。

3. 水带接口、异径接口

所需配置的装备不同,水带接口的规格也不同。GB 12514.1—2005 适用于消防水带接口、消防吸水管接口和配置在消火栓、消防泵、消防水泵接合器、分水器、集水器、消防水枪和其他消防装备上的接口以及各种异径接口、异型接口、闷盖等;GB 12514.2—2006 适用于消防供水系统中的内扣式消防水带接口、吸水管接口、管牙接口、闷盖、内螺纹固定接口、外螺纹固定接口、异径接口;GB 12514.3—2006 适用于消防供水系统中的卡式消防水带接口、管牙接口、闷盖和异径接口。

卡式消防接口的型式和性能见表 5.14,内扣式消防接口的型式和性能见表 5.15,消防接口的操作力和操作力矩见表 5.16。不同规格(材质)水带接口见图 5.10。

表 5.14　卡式消防接口的型式和性能(GB 12514.3—2006)

接 口 型 式		规　　格		适用介质
名称	代号	公称通径/mm	公称压力/MPa	
水带接口	KDK	40、50、65、80	1.6	水、水与泡沫混合液
异径接口	KJK	两端通径可在通径系列内组合	2.5	

表 5.15　内扣式消防接口型式和性能(GB 12514.2—2006)

接 口 型 式		规格		适用介质
名称	代号	公称通径/mm	公称压力/MPa	
水带接口	KD	25、40、50、65、80、100、125、135、150	1.6	水、泡沫混合液
	KDN		2.5	
异径接口	KJ	两端通径可在通径系列内组合		

注：KD 表示外箍式连接的水带接口,KDN 表示内扩张式连接的水带接口。

表 5.16　消防接口的操作力和操作力矩(GB 12514.1—2005)

规　格	内扣式消防接口操作力矩/(N·m)	卡式消防接口操作力/N
25		—
40		30~90
50		35~105
60		40~135
80	0.5~2.5	45~150
100		—
125		—
135		—
150		—

KD50水带接口　　KD65水带接口　　KD80水带接口　　水带接口(俄式)

水带接口(铜质)　　KD100水带接口　　KD150水带接口

图 5.10　不同规格(材质)水带接口

5.2.3　消防水枪和空气泡沫枪

1. 消防水枪

消防水枪的工作压力为 0.20~4.0 MPa、流量不大于 16 L/s。消防水枪按水枪的工作压力范围分为低压水枪(0.2~1.6 MPa)、中压水枪(1.6~2.5 MPa)和高压水枪(2.5~4.0 MPa);按水枪喷射的灭火水流形式可分为直流水枪、喷雾水枪、直流喷雾水枪和多功能水枪。

多功能水枪是比较主流的水枪,既能喷射充实水流,又能喷射雾状水流,在喷射充实水流或雾状水流的同时能喷射开花水流,并具有开启、关闭功能。消防水枪的型号由类代号、组代号、特征代号(见表 5.17)、额定喷射压力和额定流量等组成。型号中的额定流量,对于喷雾水枪为喷雾流量外,其余均为直流流量。例如,额定喷射压力为 0.35 MPa、额定直流流量为 7.5 L/s 的直流开关水枪,其型号为 QZG0.35/7.5。

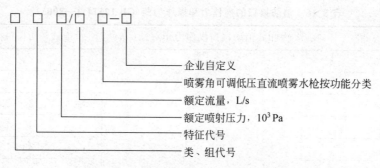

表 5.17 消防水枪代号（GB 8181—2005）

类	组	特 征	水枪代号	代 号 含 义
枪 Q	直流水枪 Z（直）	—	QZ	直流水枪
		开关 G（关）	QZG	直流开关水枪
		开花 K（开）	QZK	直流开花水枪
	喷雾水枪 W（雾）	撞击式 J（击）	QWJ	撞击式喷雾水枪
		离心式 L（离）	QWL	离心式喷雾水枪
		簧片式 P（片）	QWP	簧片式喷雾水枪
	直流喷雾水枪 L（直流喷雾）	球阀转换式 H（换）	QLH	球阀转换式直流喷雾水枪
		导流式 D（导）	QLD	导流式直流喷雾水枪
	多功能水枪 D（多）	球阀转换式 H（换）	QDH	球阀转换式多功能水枪

2. 空气泡沫枪

空气泡沫枪（见图 5.11）以泡沫混合液为喷射介质，是一种由单人或多人携带和操作的以泡沫混合液作为灭火剂的喷射管枪。空气泡沫枪的型号由特征代号、混合液额定流量、额定工作压力和自吸形式等组成。例如，混合液额定流量为 4 L/s、额定工作压力为 0.7 MPa 的自吸低倍数泡沫枪型号为 QP4/0.7Z。

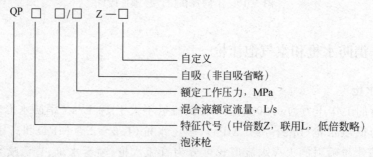

低倍数泡沫枪性能见表 5.18。中倍数泡沫枪性能见表 5.19。

表 5.18 空气泡沫枪——低倍数泡沫枪性能（GB 25202—2010）

混合液额定流量/(L/s)	额定工作压力上限/MPa	发泡倍数 N（20℃时）	25%析液时间（20℃时）/min	射程/m	流量允差/%	混合比/%
4				≥18		3~4、6~7 或制造商公布值
8	0.8	$5 \leqslant N < 20$	≥2	≥24	±8	
16				≥28		

表 5.19　空气泡沫枪——中倍数泡沫枪性能（GB 25202—2010）

混合液额定流量/(L/s)	额定工作压力上限/MPa	发泡倍数 N	50%析液时间/min	射程/m	流量允差/%	混合比/%
4		20≤N<200 且不低于制造商公布值		≥3.5		3～4、6～7 或制造商公布值
8	0.8		≥5	≥4.5	±8	
16				≥5.5		

图 5.11　消防水枪（左）、泡沫枪（右）

5.2.4　分水器与集水器

分水器是连接消防供水干线与多股出水支线的消防器具（见图5.12）；集水器是连接多股消防供水支线与供水干线的消防器具。分/集水器型号由器具类型、出/进口公称通径、出/进口公称通径×数量、公称压力组成。

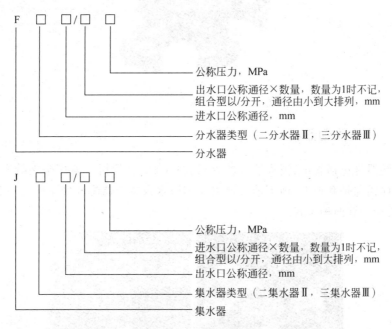

分水器进水口中心线与出水口中心线之间的夹角不得大于50°。分水器在 2 min 内缓慢加压至 1.6 MPa，保压 2 min，每个阀门处泄漏量每分钟不得大于 1 mL。继续缓慢加压至 2.4 MPa，保压 2 min，分水器各连接部位泄漏量每分钟不得大于 1 mL。

分水器性能见表 5.20,集水器性能见表 5.21。

表 5.20　分水器性能(GA 868—2010)

名称	进水口		出水口		公称压力/MPa	开启力/N
	接口型式	公称通径/mm	接口型式	公称通径/mm		
二分水器	消防接口	50	消防接口	50	1.6 2.5	≤200
		65		65		
三分水器		80		80		
		100		100		
四分水器		125		125		

表 5.21　集水器性能(GA 868—2010)

名称	进水口		出水口		公称压力/MPa	开启力/N
	接口型式	公称通径/mm	接口型式	公称通径/mm		
二集水器	消防接口	65	消防接口	80	1.0 1.6 2.5	≤200
		80		100		
三集水器		100		125		
四集水器		125		150		

图 5.12　分水器

5.2.5　其他执勤器材

其他执勤器材包括管钳、消火栓钥匙等(见图 5.13)。管钳一般用来夹持和旋转钢管类工件。消火栓钥匙是和地上、地下消火栓以及消防水泵接合器配套使用的,按用途可分为地上、地下消火栓钥匙两种型式。

图 5.13　管钳(左)、消防栓钥匙(右)

5.2.6　消防站执勤车辆器材配备要求

消防车辆的器材配备按其车型性能要求,应具备独立完成执勤和灭火任务的能力,器材配备数量见表5.22。

表 5.22　消防站执勤车辆器材配备

序号	车辆器材		配备数量							
	名称	单位	消防保障等级(级别)							
			3	4	5	6	7	8	9	10
1	两节拉梯	把	1	1	2	3	3	4	4	6
2	挂钩梯	把	1	1	2	2	2	2	2	3
3	单杠梯	把	1	1	2	3	3	4	4	5
4	水带	米	520	520	1000	1000	1200	1500	2000	2500
5	多功能水枪	支	3	3	6	9	12	15	15	18
6	空气泡沫枪	支	3	3	4	6	7	8	8	10
7	吸水管	个	6	8	10	10	10	12	12	16
8	水带保护桥	个	6	6	8	10	10	14	14	18
9	水带接口	对	50	81	130	130	130	150	150	180
10	滤水器	个	2	3	4	6	6	8	8	10
11	异径接口	个	2	4	6	8	8	10	10	14
12	吸水管扳手	套	2	4	6	8	8	10	10	14
13	管钳	个	1	1	2	2	2	4	4	6
14	集水器	个	2	2	4	4	4	5	5	6
15	水带包布	块	4	6	10	15	15	20	20	25
16	水带挂钩	个	4	6	8	10	10	22	22	30
17	分水器	个	2	3	4	5	5	6	6	8
18	消火栓钥匙	个	2	3	4	5	5	6	6	8
19	救护大绳	条	1	1	2	2	2	2	2	4
20	异型接口	个	2	2	4	4	6	8	10	10

5.3　消防员个人防护装备

消防员个人防护装备是保护消防员在灭火战斗和抢险救援过程中免受伤害,正常发挥应有战斗力的器具。它包括消防防护服、消防头盔、消防靴、消防手套、消防用防坠落装备、消防空气呼吸器、防毒面具等。

5.3.1　消防防护服

消防防护服是消防人员在从事灭火与抢险救援作业时使用的,针对不同的现场环境特点具有特定防护性能与功能的,可有效保护其免受伤害的作业服装。本节主要介绍消防战斗服、消防指挥服、消防隔热防护服、消防避火服和消防化学防护服。

1. 消防战斗服

消防战斗服是保护消防员除头、手、脚部的身体其他部位的防护服装。在一般火灾状态下可长时间参与灭火战斗,在危险和危急状态下应采取水枪保护,应尽量避免与火焰和熔化的金属直接接触。不宜在有化学毒气、放射性场所下使用。当表面层经多次洗涤后拒水性能下降时,可使用熨斗熨烫,拒水性可恢复。内层尽量少洗涤,洗涤时应使用肥皂,不得使用洗衣粉类洗涤剂,水温应不高于40℃、洗后应漂洗干净、自然晾干。消防战斗服性能见表5.23。

表 5.23　消防战斗服性能

序号	性能项目		指标要求		
1	反光性能		能在漆黑的夜晚清晰地反映指战员方位,便于互相辨认和识别		
2	面料阻燃性能		损毁长度	续燃时间	阴燃时间
			≤100 mm	≤2 s	≤2 s
3	强力性能	断裂强力	径向≥600 N　　　　　　纬向≥450 N		
		撕裂强力	径向、纬向≥60 N		
4	防水性能	耐静水压	60 kPa		
5	透气性能		≥4500 g/(m² · d)		
6	隔热性能	试验条件	热传递指数		
		暴露在火焰下	$HTI_{24} \geqslant 13$ s		
		暴露在热辐射下	$t_2 > 58$ s		
7	服装质量		94型普通消防战斗服≤2 kg、防寒服≤3 kg		

2. 消防指挥服

消防指挥服是指消防指挥员指挥灭火战斗时穿着的具有一定防护功能的服装,一般是公安消防部队和企事业专职消防队大队(支队)级以上指挥人员使用的。指挥服的型号由装备代号、类别代号、特征代号和主参数组成。例如,一件衣长为112 cm的消防指挥服型号为RFZ112。

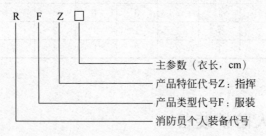

消防指挥服性能见表5.24。

表 5.24　消防指挥服性能(XF 10—2014)

序号	性能	指标要求		
1	颜色	指挥服面料的颜色为橄榄绿色		
2	阻燃性能	损毁长度/cm	续燃时间/s	阴燃时间/s
		≤15	≤5	≤25
3	抗湿性能	其沾水等级不应低于3级要求:受淋表面仅有不连续的小面积润湿		

续表

序号	性 能	指 标 要 求
4	耐洗涤性能	在洗涤 20 次后,测其阻燃性能,其损毁长度不大于 25 cm,续燃时间不大于 5 s,阴燃时间不应大于 20 s
5	撕破强力	≥26 N
6	断裂强力	≥380 N
7	质量	指挥服质量≤2.2 kg
8	缝制要求	针距密度,明暗线时每 3 cm 不少于 11~14 针;三线包缝时每 3 cm 不少于 9 针
		承力接缝应进行双道缝制

消防指挥服的尺寸公差/cm

部位	衣长	胸围	领围	袖长	总肩宽	腰围
尺寸公差	±1.2	±1.5	±0.7	±0.8	±0.7	±1.2

3. 消防隔热防护服

消防隔热防护服是指消防员在靠近火焰或弧热辐射区域进行灭火救援时穿着的,用来对其全身进行隔热防护的专用防护服。隔热服应为单衣结构,面料应由外层、隔热层、舒适层等多层材料组合而成。面料外层应采用具有反射辐射热的复合织物材料,并应满足基本服装制作工艺要求。

常见的上衣下裤分离式隔热防护服由隔热上衣、隔热裤、隔热头罩、隔热手套以及隔热脚盖等组成。隔热防护服的型号组成如下(例如分体式隔热防护服型号为 FGR-F/A)。

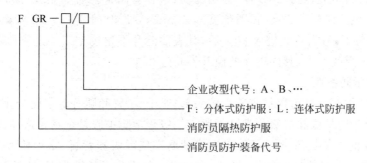

消防员隔热防护服性能见表 5.25。

表 5.25　消防员隔热防护服性能(GA 634—2015)

序号	结构	性能	指 标 要 求
1	外层	阻燃性能	损毁长度≤100 mm,续燃时间≤2 s,且不应有熔融、滴落现象
2		断裂强度	≥650 N
3		撕破强力	≥100 N
4		剥离强度	≥9 N/30 mm
5		耐静水压性能	≥17 kPa
6		内弯折性能	经耐弯折试验后,不应出现复合层材料或纤维脱层、脱落现象,经、纬向断裂强力≥500 N
7		抗辐射渗透性	内表面温度达到 24℃ 的时间<60 s

续表

序号	结构	性能	指标要求		
8	隔热层	阻燃性能	损毁长度≤100 mm,续燃时间≤2 s,且不应有熔融、滴落现象		
9		热稳定性能	经、纬向尺寸变化率≤10%,且不应有变色、碳化、滴落现象		
10	舒适层的性能		损毁长度≤100 mm,续燃时间≤2 s,且不应有熔融、滴落现象,经、纬向干态断裂强度≥300 N		
11	整体热防护性能		火焰和辐射热防护能力的TPP值≥28.0		
12	接缝断裂强力		≥650 N		
13	针距密度		明暗线每3 cm不应小于9针,包缝线每3 cm不小于7针		
14	头罩	耐高温性能	耐高温试验后,不应有熔融、炭化和滴落现象,视窗不应有明显变形或损坏的现象。		
15		视窗视野	左、右水平视野/(°)	≥105	
			上方视野/(°)	≥7	
			下方视野/(°)	≥45	
16		隔热头套视窗透光率/%	无色透明	≥85	
			浅色透明	≥18	
17	质量		≤6 kg		

4. 消防避火服

消防避火服是消防员在短时间进入火场火焰区进行灭火战斗和抢险救援时穿着的特种防护服装。它由头罩、上衣、裤子、手套、靴子组成。其面料一般是由耐高温硅氧玻璃棉和酚纤维毡等多层材料组成,经款式设计、分层缝纫、组合套制工艺后而制成。和隔热防护服相比,避火服的阻燃性能要求更高,损毁长度≤20 mm,续燃时间≤1 s;避火服在模拟火场温度1000℃的条件下,假人着装进入30 s后,其表面温升不超过13℃;避火服材料在温度为1000℃的火焰上燃烧30 s,其内表面的温升不超过25℃。

5. 消防化学防护服

消防化学防护服是指为保护穿着者的头部、躯干、手臂和腿等部位免受化学品侵害的服装,分为一级化学防护服和二级化学防护服。一级化学防护服是全密封连体式结构,颜色为黄色,由大视窗的连体头罩、防护服、正压式消防空气呼吸器背囊、防护靴和防护手套等组成;二级化学防护服是连体式结构,颜色为红色,一般由化学防护头罩、防护服、防护手套组成,与外置式正压式消防空气呼吸器配合使用。防护服的型号组成如下(例如一级化学防护服的型号为RHF-I)。

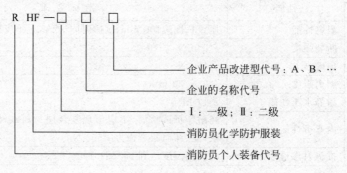

化学防护服性能见表5.26。

表 5.26　化学防护服性能（XF 770—2008）

序号	性能项目			性能要求	
1	整体要求	整体气密性	级别	气密性/Pa	
			一级	≤300	
			二级	—	
2		整体抗水渗漏性	级别	抗水渗漏性	
			一级	—	
			二级	20 min 后无渗漏现象	
3		黏附强度	级别	贴条的黏附强度/(kN/m)	
			一级	≥0.78	
			二级	≥0.78	
4		排气阀气密性	级别	气密性/s	
			一级	≥15	
			二级	—	
5		排气阀通气阻力	级别	通气阻力/Pa	
			一级	78~118	
			二级	—	
6		通风系统性能	通风系统分配阀	级别	定量供给量/(L/min)
				一级	5±1
				二级	—
			手控最大供气量	级别	手控最大供气量/(L/min)
				一级	≥30
				二级	—
7	面料性能	拉伸强度	级别	拉伸强度/(kN/m)	
			一级	≥9	
			二级	≥9	
8		撕裂强度	级别	撕裂强度/N	
			一级	≥50	
			二级	≥50	
9		耐热老化性能	级别	耐热老化性能(125℃×24 h)	
			一级	不粘、不脆	
			二级	不粘、不脆	
10		阻燃性能	级别	一级	二级
			有焰燃烧时间/s	≤10	≤10
			无焰燃烧时间/s	≤10	≤10
			损毁长度/cm	≤10	≤10
11		接缝强力/N	级别	接缝强度	
			一级	≥250	
			二级	≥250	
12	面料性能	抗化学品渗透性能	级别	平均渗透时间/min	
			一级	≥60	
			二级	≥60	
13		耐寒性能	级别	试验结果	
			一级	无裂纹	
			二级	无裂纹	

续表

序号	性能项目		性能要求	
14	化学防护手套	耐穿刺力	一级、二级耐穿刺力≥22 N	
15		灵巧性能	不小于 XF 7—2004 的要求	
16		鞋底抗刺穿性能/N	一级	≥1100
			二级	≥900
17		抗切割性能	靴面经切割试验后，不应被割穿	
18		电绝缘性能	试验的击穿电压不应小于 5000 V，且泄漏电流应小于 3 mA	
19		防滑性能	在进行防滑性能试验时，始滑角不得小于 15°	
20		防砸性能	靴头静压力试验和冲击锤质量为 23 kg、落下高度为 300 mm 的冲击试验后，其间隙高度均≥15 mm	
21		质量/kg	一级	≤8
			二级	≤5

5.3.2 消防头盔

消防头盔是消防队员在灭火战斗时用于保护头部安全的防护装具。它由帽壳、佩戴装置及附件(面罩、披肩)等组成。有的消防头盔还装有电台，主要用于火场上的消防指战员之间的联络通信。消防头盔型号组成如下(例如大号 A 型消防头盔型号为 RMK-LA)。

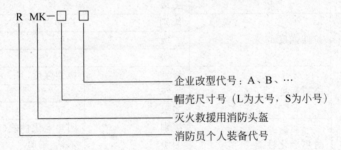

消防头盔性能见表 5.27。

表 5.27 消防头盔性能(GA 44—2015)

序号	性能项目	指标要求	
1	冲击吸收性能	冲击力/N	
		≤3870	
		试验条件	指标
		加速度大小/g_n	加速度持续时间/ms
		＞200	＜3
		＞150	＜6
2	耐穿透性能	钢锥不应与头模产生接触	
3	耐热性能	耐热性能试验后，头盔整体应无明显变形和损坏；头盔的任何部件不应被引燃或熔化	

续表

序号	性能项目		指标要求	
4	阻燃性能	下颏带和披肩	损毁长度/mm	续燃时间/s
			≤100	≤2
5	电绝缘性能		泄漏电流/mA	
			≤3	
6	侧向刚性		帽壳变形/mm	卸载后变形/mm
			≤40	≤15
7	抗拉强度	下颏带	延伸长度/mm	
			≤20	
8	头盔佩戴装置稳定性		稳定性试验后,头盔不应从头模上脱落	
9	视野要求		左、右水平视野应≥105°,上视野≥7°,下视野≥45°	
10	耐燃烧性能		火源离开帽壳后,帽壳火焰应在5 s内自熄,并且不应有火焰烧透到帽壳内部的明显迹象	
11	防水性能	披肩	耐静水压/kPa	
			≥17	
12	光学性能	面罩	与参考点球镜度之间的球镜度最大偏差不应超过0.09 D	
13	透光率	面罩	无色透明面罩/%	浅色透明面罩/%
			≥85	≥43

5.3.3 消防靴和消防手套

1. 消防靴

消防靴是消防员在灭火救援中用来保护脚和小腿使之免受水浸、外力损伤和热辐射等因素伤害的靴子。消防靴分为消防胶靴和消防皮靴两种,靴底材料为橡胶底。消防靴宜采用黑色,每双靴子质量不大于3 kg。

消防靴的型号编制如下,例如靴号为25号的A型消防胶靴型号为RJX-25A。

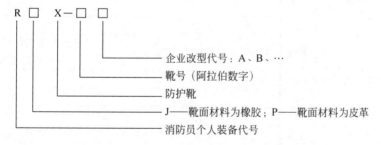

消防靴性能见表5.28。

2. 消防手套

消防手套是对消防员的手和腕部进行防护用的手套,分为防水耐磨手套、防化手套、绝缘手套、防割手套和防高温手套等。手套由外层、防水层、隔热层、衬里等部分组成,这些组合部分的材料可以是连续的或拼接的单层,也可以是连续的或拼接的多层。消防手套性能见表5.29。

表 5.28 消防靴性能（XF 6—2004）

序号	性能项目		指标		
			胶面、围条	革面、围条	外底
1	扯断强度/MPa		≥14.7	—	≥10.78
2	靴帮拉伸性能	扯断伸长率/%	≥480	—	≥380
		抗张强度/(N/mm²)	—	≥15	—
3	扯断永久变形/%		≤40		
4	磨耗减量(阿克隆)/(cm²/1.6 km)		—	—	≤0.8
5	硬度(邵尔 A 型)/度		50～65	—	55～70
6	脆性温度/℃		≤−30		≤−30
7	热空气老化(100℃×24 h)扯断强度降低/%		≤35		≤35
8	阻燃性(GB/T 13488)/级		FV-1	—	FV-1
9	黏着强度/(N/mm)	靴帮与围条		≥2.0	
		靴帮与织物	≥0.78	≥0.6	
10	靴面厚度/mm		1.5	≥1.2	
11	撕裂强度/(N/mm)		—	≥60	

表 5.29 消防手套性能（XF 7—2004）

序号	性能项目		指标要求	
1	阻燃性能		手套和袖筒外层和隔热层材料的损毁长度不应大于 100 mm，续燃时间和阴燃时间均不应大于 2.0 s，且不应有熔融、滴落现象	
2	热防护性能（TPP）	等级	手套本体组合材料的 TPP 值/(cal/cm²)	手套袖筒部分的 TPP 值/(cal/cm²)
		3	≥35.0	≥20.0
		2	≥28.0	
		1	≥20.0	
3	耐热性能	等级	试验温度/℃	整个手套试样和衬里收缩率/%
		3	260	≤8
		2	180	≤5
		1	180	≤5
4	耐磨性能	等级	试验压力/kPa	手套本体掌心面和背面外层材料的循环次数
		3	9	≥8000
		2	9	≥2000
		1	9	≥2000
5	耐切割性能	等级	手套本体掌心面和背面外层材料的割破力/N	
		3	≥4	
		2	≥2	
		1	≥2	
6	耐撕破性能	等级	手套本体掌心面和背面外层材料的撕破强力/N	
		3	≥100	
		2	≥50	
		1	≥50	

续表

序号	性能项目	指标要求		
7	耐机械刺穿性能	手套本体掌心面和背面外层材料的刺穿力/N 等级3：≥120；等级2：≥60；等级1：≥60		
8	防水性能	等级	试验压力以及试验时间	手套防水层和其线缝的性能
		3	7 kPa以及5 min	不出现水滴
		2	7 kPa以及5 min	不出现水滴
		1	7 kPa以及5 min	无要求
9	防化性能	等级	试验液体	手套防水层和其线缝的性能
		3	a) 20℃下40%氢氧化钠；	1 h内应无渗漏
		2	b) 20℃下36%盐酸；	无要求
		1	c) 20℃下37%硫酸； d) 50%甲苯和50%异辛烷	无要求
10	握紧性能	戴手套与未戴手套的拉重力比≥80%		
11	穿戴性能	手套的穿戴时间≤25 s		

5.3.4 消防用防坠落装备

消防用防坠落装备是消防员在灭火救援、抢险救灾或日常训练中用于登高作业、防止人员坠落伤亡的装置和设备的统称，包括消防安全带、消防安全绳和辅助设备。

安全绳是消防员在灭火救援、抢险救灾或日常训练中仅用于承载人的绳子。安全带包括安全吊带和安全腰带，安全吊带是一种围于躯干的带有必要金属零件的织带，用于承受人体重量以保护其安全；安全腰带是一种紧扣于腰部的带有必要金属零件的织带（见图5.14），用于消防员登梯作业和逃生自救。辅助设备是与安全绳、安全带配套使用的承载部件的统称，包括安全钩、上升器、下降器、抓绳器、便携式固定装置、滑轮装置等。

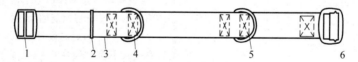

图5.14 安全腰带

1—内带扣；2—环扣；3—织带；4,5—拉环；6—外带扣

消防用防坠落装备的型号由类组代号、类别代号、类型代号和主参数（见表5.30）等组成。例如，直径为9.5 mm的轻型安全绳的型号为FZL-S-Q9.5。

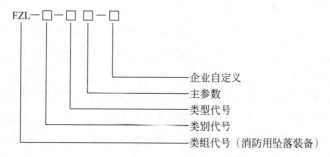

表 5.30 消防用防坠落装备的类别代号、类型代号和主参数

装备名称	类别代号	类型代号	主参数
安全绳	S	Q：轻型；T：通用型	直径，mm
安全腰带	YD		
安全吊带	DD	Ⅰ型；Ⅱ型；Ⅲ型	
安全钩	G	Q：轻型；T：通用型	
上升器	SS		
抓绳器	Z	Q：轻型；T：通用型	适用的安全绳直径或直径范围（用/间隔），mm
下降器	X		
滑轮装置	H		
便携式固定装置	B	Q：轻型；T：通用型	

消防安全带性能见表 5.31。

表 5.31 消防安全带性能（XF 494—2004）

装备名称	性能项目	性能指标	
安全腰带	设计负荷	1.33 kN	
	织带宽度	70 mm±1 mm	
	质量	≤0.85 kg	
安全吊带	设计负荷	Ⅰ型安全吊带	1.33 kN
		Ⅱ型安全吊带	2.67 kN
		Ⅲ型安全吊带	2.67 kN
安全带	静负荷性能	经静拉力试验后，安全带不应从人体模型上松脱，安全带上的带扣和调节装置滑移距离≤10 mm，而且安全腰带不应出现影响其安全性能的明显损伤	
	抗冲击性能	安全带上所有承载连接部件须经冲击试验。试验时，安全带不应从人体模型上松脱，而且安全带不应出现影响其安全性能的明显损伤	
	耐高温性能	经 204℃±5℃ 的耐高温性能试验后，安全带的织带和缝线不应出现融熔、焦化现象	

5.3.5 消防空气呼吸器和防毒面具

1. 消防空气呼吸器

消防空气呼吸器适用范围广，结构简单，空气气源经济方便，呼吸阻力小，空气新鲜，流量充足，呼吸舒畅，佩戴舒适，大多数人都能适应；操作使用和维护保养简便；视野开阔，传声较好，不易发生事故，安全性好；尤其是正压式空气呼吸器，面罩内始终保持正压，毒气不易进入面罩，使用更加安全。

因此，正压式空气呼吸器正在逐步取代其他几种呼吸器，全面装备消防部队。消防空气呼吸器是一种自给开放式呼吸保护器具。消防空气呼吸器根据使用时面罩内压力状况，分为负压式空气呼吸器和正压式空气呼吸器。目前我国消防部队几乎都配备正压式空气呼吸器。空气呼吸器型号编制如下：

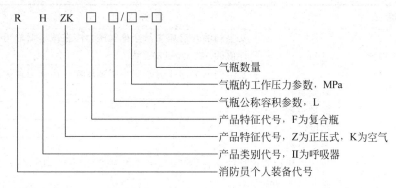

气瓶公称容积分为 2 L、3 L、4.7 L、6.8 L、9 L。例如，一个气瓶为复合瓶，公称容积为 6.8 L，额定工作压力为 30 MPa 的正压式消防空气呼吸器的型号为 RHZKF6.8/30。

正压式消防空气呼吸器性能见表 5.32。

表 5.32　正压式消防空气呼吸器性能（GA 124—2013）

序号	性能项目		指标要求
1	阻燃性能		面罩、中压导气管和供气阀、着装带和带扣的续燃时间≤5 s
2	佩戴质量		呼吸器的佩戴质量≤18 kg（气瓶内压力处于额定工作压力状态）
3	整机气密性能		呼吸器的压力表的压力指示值在 1 min 内的下降≤2 MPa
4	动态呼吸阻力		在 30～2 MPa 范围内，以呼吸频率 40 次/min，呼吸流量 100 L/min 呼吸，呼吸器的面罩内应始终保持正压，且吸气阻力≤500 Pa，呼气阻力≤1000 Pa；在 2～1 MPa 内，以呼吸频率 25 次/min，呼吸流量 50 L/min 呼吸，呼吸器的面罩内仍应保持正压，且吸气阻力≤500 Pa，呼气阻力≤700 Pa
5	耐高温性能		呼吸器在高温试验后，各零部件应无异常变形、黏着、脱胶等现象；以呼吸频率 40 次/min，呼吸流量 100 L/min 呼吸，呼吸器的面罩内应保持正压，且呼气阻力≤1000 Pa
6	耐低温性能		呼吸器在低温试验后，各零部件应无开裂、异常收缩、发脆等现象；以呼吸频率 25 次/min，呼吸流量 50 L/min 呼吸，呼吸器的面罩内应保持正压，且呼气阻力≤1000 Pa
7	静态压力		静态压力≤500 Pa，且不应大于排气阀的开启压力
8	警报器性能		当气瓶内压力下降至 5.5 MPa±0.5 MPa 时，警报器应发出连续声响报警或间歇声响报警，且连续声响时间≥15 s，间歇声响时间≥60 s，发声声级≥90 dB(A)
			从警报发出至气瓶压力为 1 MPa 时，警报器平均耗气量≤5 L/min
9	面罩性能	视野	总视野保留率/% ＞70
			双目视野保留率/% ＞55
			下方视野/(°) ＞35
		吸入气体中的二氧化碳含量/%	≤1
10	减压器性能		在 30～2 MPa 范围内，减压器输出压力应在设计值范围内

续表

序号	性能项目		指标要求
11	安全阀性能		安全阀的开启压力与全排气压力应在减压器输出压力最大设计值的110%～170%内
			安全阀的关闭压力不应小于减压器输出压力最大设计值
12	压力表	外壳直径	≤60 mm
		测量范围	0～40 MPa
		精度	≥2.5 级
		最小分格值	≤1 MPa
		当压力表同其连接的软管脱开时,在气瓶内压力为 20 MPa 的情况下其漏气量≤25 L/min	
		压力表标度盘上警报压力值段和 30 MPa 处应有明显指示	
13	中压导气管的爆破压力		不应小于减压器输出压力最大设计值的 4 倍
14	气瓶额定工作压力		30 MPa
15	气瓶瓶阀	开启方向	逆时针方向
		安全膜片的爆破压力	37～45 MPa

2. 氧气呼吸器

氧气呼吸器也以正压式为主,采用高压氧气瓶充填压缩氧气为气源,呼吸时使用氧气瓶内的氧气,不依赖外界环境气体,用呼吸舱(或气囊)作储气装置,面罩内的气压大于外界大气压。氧气呼吸器的型号编制如下:

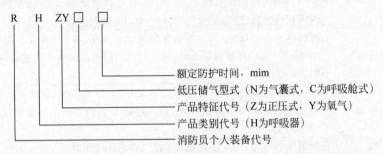

例如,一具额定防护时间为 240 min、气囊式的正压消防氧气呼吸器型号为 RHZYN240。正压式消防氧气呼吸器性能见表 5.33。

表 5.33　正压式消防氧气呼吸器性能(XF 632—2006)

序号	性能项目		指标要求
1	阻燃性能	续燃时间	≤5 s
2	表面电阻	呼吸器外壳	≤1×10⁹ Ω
3	佩戴质量	类型	指标/kg
		60	≤12
		120	≤14
		180	≤15
		240	≤16

序号	性 能 项 目		指 标 要 求	
4	气密性	高压系统气密性	30 min 内不应漏气	
		低压系统气密性	在 1 min 内其压力下降值≤30 Pa	
5	防护性能	额定防护时间内的防护性能	项目	指标
			吸气中氧气浓度/%	≥21
			吸气中二氧化碳浓度/%	≤2.0
			吸气温度/℃	≤38
			呼气阻力/Pa	≤600
			吸气阻力/Pa	≤500
6		重型劳动强度下的防护性能	项目	指标
			吸气中氧气浓度/%	≥21
			吸气中二氧化碳浓度/%	≤1.0
			吸气温度/℃	≤42
			呼气阻力/Pa	≤600
			吸气阻力/Pa	≤600
7	供氧性能	项目	压力条件/MPa	指标/(L/min)
		定量供氧量	呼吸器高压系统压力为 20～2	≥1.4
		自动补给供氧量	呼吸器高压系统压力为 20～3	≥80
		手动补给供氧量	呼吸器高压系统压力为 20～3	≥80
8	自动补给阀开启压力	低压系统中的压力范围	50～250 Pa	
9	排气阀开启压力		当向气囊或呼吸舱内通入 1.4 L/min 流量的稳定气流时	400～700 Pa
10	正压性能		在呼吸频率 25 次/min,呼吸流量 50 L/min 时,呼吸器的面罩内应始终保持正压	
11	压力表	外壳直径	≤60 mm	
		测量范围	0～30 MPa	
		精度	≥2.5 级	
		最小分格值	≤1 MPa	
		压力表标度盘上警报压力值段和 20 MPa 处应有明显指示		
		当压力表同其连接的软管脱开时,在氧气瓶内压力为 20 MPa 的情况下其漏气量 ≤25 L/min		
12	面罩性能	视野	总视野保留率/%	70
			双目视野保留率/%	55
			下方视野/(°)	35
13	有效容积	气囊或呼吸舱的有效容积≥5 L		
14	呼吸软管	伸长率	≥20%	
		强度	经减压器最大输出压力值的 2 倍水压试验后应无渗漏	

续表

序号	性 能 项 目		指 标 要 求
15	压力报警	当气瓶在开启、关闭及余压为 5.5 MPa±0.5 MPa 时应发出警示声响	
		余压报警声级强度	>70 dB(A)
		声响时间	30～60 s
		报警最大耗气量	≤5 L/min
16	呼气阀和吸气阀	逆向漏气量	≤0.3 L/min
		通气阻力	≤30 Pa
17	减压器安全阀		安全阀开启压力与全排气压力应在减压器最大输出压力值的 120%～200% 内,关闭压力不应小于减压器最大输出压力值
18	高压部件强度		高压部件经 30 MPa 水压试验后应无渗漏和异常变形

5.3.6　其他防护装备

除上述消防员防护装备外,还有消防腰斧、防水防爆手电筒、手提式强光照明灯、消防呼救器、救生绳等。

(1)消防腰斧是消防员随身佩戴的、在灭火救援时用于破拆不带电障碍物时的手动破拆工具,具体性能可参考标准 XF 630—2006。

(2)防水防爆手电筒是一种隔爆型防爆灯具,适用于易燃易爆场所作局部照明及应急照明使用,也可用于上述场所的巡视和检修。该灯具被广泛用于船舶海关、码头、机场、公安、消防、边防及危险品运输车上,它具有强度高、光照远、寿命长、防潮能力好等优点。

(3)手提式强光照明灯是由进口高强度材料、高能电池和优质灯泡组合而成的,它广泛用于海洋船舶、公安消防,边防武警、民航机场、供电部门、液化气站、炼油厂等各种易燃易爆场所的巡视和检修的应急灯具和备用工具。

(4)消防呼救器是消防员进入火场时随身携带的一种遇险报警和音响联络装置,具体性能可参考标准 GB 27900—2011。

5.3.7　消防员防护装备配备要求

消防人员防护装备配备要求见表 5.34。表中消防战斗服是指普通型,需防寒的地区应加配 1 套防寒型消防战斗服及消防靴。

表 5.34　消防人员防护装备配备数量和更换年限

序号	车辆器材		配备数量			更换年限
	名称	单位	战斗员	作战灭火车	消防站	
1	消防头盔	顶	1	—	自定	3 年
2	消防战斗服	套	2	—	—	2 年
3	消防指挥服	套	—	—	自定	3 年
4	消防手套	副	1	—	自定	1 年
5	消防靴	双	1	—	自定	2 年

续表

序号	车辆器材		配备数量			更换年限
	名称	单位	战斗员	作战灭火车	消防站	
6	消防安全带	根	1	—	—	2 年
7	保险钩	只	—	4	—	2 年
8	消防安全钩	只	—	4	—	2 年
9	救生绳	根	—	4	—	
10	消防腰斧	把	—	2	—	3 年
11	防火隔热服	套	—	2	自定	
12	消防空气呼吸器	具	—	4	自定	
13	防水防爆手电筒	只	—	2	—	
14	手提式强光照明灯	只	—	2	—	
15	绝缘手套	副	—	3	—	2 年
16	安全绳	根	—	2	—	
17	缓降器	套	—	—	2	
18	生命呼救器	个	—	4	—	
19	避火服	套	—	—	2	

5.4　消防通信器材

消防通信器材主要是针对机场突发紧急事件而装备的一些通信设备,包括手提式对讲机、火警受理系统、火警图文信息系统、消防火警电话、传真机、消防站基地台、执勤点基地台、车载台等。本节主要介绍无中心多信道选址移动通信系统体制和火警受理系统。

5.4.1　无中心多信道选址移动通信系统体制

该系统无中心是指不采用交换控制的集中控制,而由各移动台或固定台分别设定无线通信链路的分散控制方式;多信道选址是指通信系统具有多个信道(频道)供用户共同使用,并按被呼用户地址(号码)发出选择呼叫信令以建立通信的一种技术。无中心多信道选址移动通信系统由固定台、车载台、便携台、数传台、手持台、遥控台、转发台、有线/无线转接器等用户设备及电波监控系统、呼号编码器等监控设备组成。

用户设备:固定台固定使用;车载台可供车辆移动使用;便携台可供背挂使用;数传台可供计算机通信使用;手持台可供个人手持移动使用;遥控台可供远距离操作使用;转发台可转发移动台或固定台的信号,延伸其通信距离;有线/无线转换器可以沟通无线网和有线网的单工入口设备。

监控设备:电波监控系统是由监控台与计算机构成的可以对其无线覆盖区内所有电台的通信活动进行监测控制的无线电波管理系统,呼号编码器是按家无线电管理规定将指配的电台呼号编码写入 ROM 盒的设备。

无中心网络基本结构如图 5.15 所示。任一电台可在其无线覆盖区内任意选址另一(或一组)电台直接通信,形成小区全连通网;有权电台可在转发台无线覆盖区内任意选址另一

（或一组）电台转接通信,形成大区部分连通网。

无中心多信道选址移动通信系统技术规范见表 5.35。

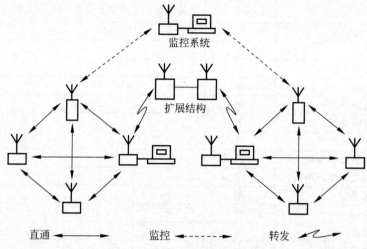

图 5.15　无中心网络基本结构

表 5.35　无中心多信道选址移动通信系统技术规范（GB/T 15160—2007）

序号	项　　目		交错（12.5 kHz）方式	宽带（25 kHz）方式
1	控制方式		各种电台都是通过载波电平检测分别独立设定无线通信链路的分散控制方式	
2	通话方式		同频单工按讲方式可以 1∶1 或 1∶N	
3	频率范围/MHz		915～917	
			903～906	
			430～432	
4	多信道共用方式	控制信道	915.0125 MHz	
			903.0125 MHz	
			430.0125 MHz	
			F2D	
			M/D/1 等待制	
			信道数 1	
			信道间隔 25 kHz	
		通话信道	915.0375～916.9875 MHz	
			903.0375～904.9875 MHz	
			430.0375～431.9875 MHz	
			F3E	
			M/M/157 损失制	M/M/79 损失制
			信道数 157	79
			信道间隔 12.5 kHz	25 kHz
		信道选择方法	无三阶互调组法	
5	载波电平检测门限		1 μV（开路电压）,1 s	
6	发射功率/W		一般＜5 W；其中对 430～432 MHz 频段应＜1.5 W	

续表

序号	项　目	交错(12.5 kHz)方式	宽带(25 kHz)方式
7	天线高度与固定台间隔/m	天线高度<10,固定台间隔≥200 10<天线高度<30 时,固定台间隔≥500 天线高度≥30,固定台间隔≥1000 特殊使用场合,经无线电管理委员会批准允许天线高度≥30	
8	大区方式/km	半径 5~50	
9	小区方式/km	半径 0.5~1	—
10	每部电台忙时话务量 e	<0.03	
11	通话时间限制	通话信道使用率高于 80% 时,自动转为限 3 min;限时到前 30 s 发出报讯音	通话信道使用率高于 75% 时,自动转为限 3 min;限时到前 30 s 发出报讯音
12	呼叫	被呼通:振铃 450 Hz 响 1 s、停 4 s 共 6 声 告主呼:回铃 450 Hz 响 1 s、停 4 s 共 6 声 呼不通:忙音 450 Hz 响 0.35 s、停 0.35 s 共 6 声	
13	拆线(切断呼叫)	复位发出切断信号,双方自动挂机	
14	重呼与重接	复位守候时,对方按 ♯ 键(称重呼)或本方按 ♯ 键,可在刚占用的信道和电话号码上建立通信	
15	同号插话	用相同组号、群号或网号的用户,进行组呼、群呼或全网通话时,其后来用户可以监听并插话进网	
16	缩位拨号	可存储常用电话号码 9 个	
17	用户电话号码	10 进制 5 位数字的用户地址码可设定 1 个台号、1 个组号、1 个群号、1 个网号(由无线电管理委员会指配写入 ROM 盒,共计 4 个)	10 进制 5 位数,可设定 1 个台号、1 个网号(由无线电管理委员会指配写入 ROM 盒,共计 2 个)
18	电台呼号编码	由一位英文字母的省(自治区直辖市)识别码和紧接的 5 位数字的用户地址码(台号)组成,由无线电管理委员会指配,写入 ROM 盒	
19	遥控	(1) 短距离可将控制头经多芯电缆遥控收发信机 (2) 长距离可配遥控编码器经电缆至解码器遥控电台	
20	转发	(1) 人工转发 (2) 本网用户可自适应通信距离直通或经转发台转发或接力	
21	非话业务	可以传输数据、传真、静止图像	
22	进入有线网	可用有线无线转接器人工半自动、自动经用户线进入有线网	
23	报讯	(1) 按键操作有效时能发确认操作音 (2) 功能操作有效时能发确认工作音	
24	报警	PLL 失锁音:450 Hz 响 0.04 s 停 1 s 异常发射音:450 Hz 响 0.04 s 停 2 s ROM 不正常音:450 Hz 响 0.04 s 停 3 s 以上响声直至排除为止	

5.4.2　火警受理系统

城市消防通信指挥系统构成中,通过通信网络采集、处理火警及相关信息并进行调度和辅助决策指挥的部分,主要包括火警受理信息系统、火警调度机、火警数字录音录时装置。

(1) 火警受理信息系统应能使用户从网络不同节点上获取并应用数据,用户界面和查询方法应具有通用性,且应采用中文界面,如图 5.16 所示。此外,火警受理信息系统的功能应满足以下通用要求:

① 应具有报警接收、应答功能,报警接警过程和调度过程应全程数字录音。

② 应具有等级调派方案自动编制功能,即根据灾害类型、等级及各种加权因素自动编制调派方案。

③ 应能根据报警信息判断出动消防队,并判断消防队距灾害现场的路径。

④ 应能根据灾害现场对消防车辆进行排序选择。

⑤ 应能显示消防站名称/消防队名称、人员姓名、战斗员人数、车辆信息。

⑥ 应能通过网络将录音录时、消防实力、灾害记录等信息上传到省消防总队。

⑦ 应能对地理信息系统进行编辑,对图形数据进行修改。

⑧ 应能对火警受理全过程信息进行实时记录和存档。

⑨ 规定的其他要求。

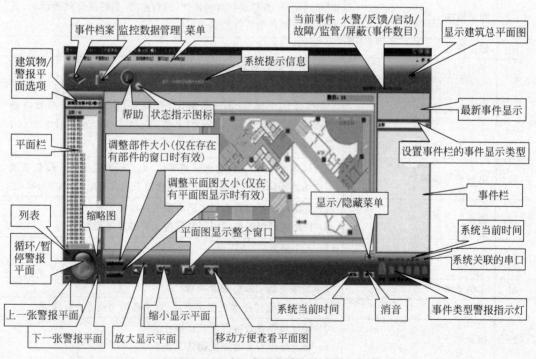

图 5.16　火警受理信息系统主界面

(2) 火警调度机的原理如图 5.17 所示。火警调度机应满足以下基本性能:

① 应能与火警受理信息系统实现双向数据通信,并定时向火警受理信息系统发送信号周期不大于 10 s。

② 能将火警中继、座席、调度专线、内部电话的话务状态及呼入主叫号码实时发送到火警受理系统。

③ 应具有故障告警、自动拨测功能。

④ 火警中继应采用被叫控制方式。

⑤ 应有与火警受理系统时钟同步功能。

⑥ 应具有区别振铃功能和追呼功能。

⑦ 应能将火警中继电话转接到放音设备。

⑧ 规定的其他功能。

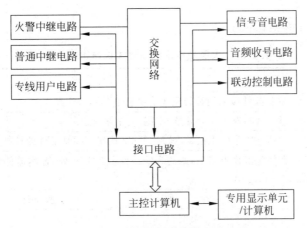

图 5.17 火警调度机的原理图

（3）火警数字录音录时装置系统如图 5.18 所示。火警数字录音录时装置应满足以下基本性能要求：

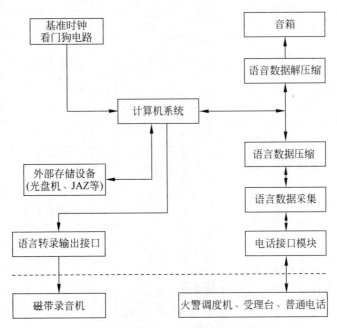

图 5.18 火警数字录音录时装置系统

①　应能实现有线电话、无线电台录音功能。

②　每条录音记录应包括开始/结束录音时间、通道号、通道模式、主叫号码、录音时长、录音文件名、附加信息等。

③　应具有存储录音记录数据库安全机制及录音查询功能。

④　应能与火警受理信息系统时钟同步。

⑤　应能自动接收报警电话的主叫号码。

⑥　应能实时显示存储介质的剩余空间。

⑦　应能自动或手动备份录音记录。

⑧　规定的其他功能。

火警受理系统性能见表 5.36。

表 5.36　火警受理系统性能（GB 16281—2010）

性　能　项　目	性　能　要　求			
火警受理系统的主要部件性能要求	A. 主要部件应采用符合国家有关标准的定型产品			
	B. 部件间的连接线应规整、牢固、有清晰标志			
	C. 零部件应紧固无松动，按键、开关、按钮等控制部件的控制应灵活可靠			
	D. 在额定工作电压下，距离音响器件中心 1 m 处，音响器件的声压级（A 计权）应在 65～115 dB			
	实验名称	试验参数	实验条件	工作状态
运行实验的气候环境条件要求	高温（运行）试验	温度/℃	55±2	正常监视状态
		持续时间/h	2	
	低温（运行）试验	温度/℃	−10±3	正常监视状态
		持续时间/h	2	
	恒定湿热（运行）试验	温度/℃	40±2	正常监视状态
		相对湿度/%	93±3	
		持续时间/d	4	
	实验名称	试验参数	实验条件	工作状态
耐久试验的气候环境条件要求	恒定湿热（耐久）试验	温度/℃	40±2	不通电状态
		相对湿度/%	93±3	
		持续时间/d	21	
	腐蚀试验	温度/℃	25±2	不通电状态
		相对湿度/%	93±3	
		持续时间/d	21	
		SO_2 浓度/10^{-6}	25±5	
	实验名称	试验参数	实验条件	工作状态
运行试验的机械环境条件要求	振动试验（正弦）（运行）	频率范围/Hz	10～150～10	正常监视状态
		加速度/(m/s²)	0.981	
		扫频速率/(oct/min)	1	
		轴线数	3	
		每次轴线扫频次数	20	

续表

性 能 项 目	性 能 要 求			
运行试验的机械环境条件要求	冲击试验	峰值加速度/(m/s²)	$(100-20m)\times10$（质量 $m\leqslant4.75$ kg 时）	正常监视状态
			0（质量 $m>4.75$ kg 时）	
		脉冲时间/ms	6	
		冲击方向	6	
	碰撞试验	锤头速度/(m/s)	1.500 ± 0.125	正常监视状态
		碰撞能量/J	1.9 ± 0.1	
		碰撞次数	1	
耐久试验的机械环境条件要求	实验名称	试验参数	实验条件	工作状态
	振动试验（正弦）（耐久）	频率范围/Hz	10～150	不通电状态
		加速度/(m/s²)	4.905	
		扫频速率/(oct/min)	1	
		轴线数	3	
		每次轴线扫频次数	20	
电磁兼容性试验条件	实验名称	试验参数	实验条件	工作状态
	射频电磁场辐射抗扰度试验	场强/(V/m)	10	正常监视状态
		频率范围/MHz	80～1000	
		调制幅度	80%(1 Hz,正弦)	
		扫频速率/(oct/s)	$\leqslant1.5\times10^{-3}$	
	射频场感应的传导骚扰抗扰度试验	电压/dBμV	140	正常监视状态
		频率范围/MHz	0.15～100.00	
		调制幅度	80%(1 Hz,正弦)	
		扫频速率/(10oct/s)	$\leqslant1.5\times10^{-3}$	
	静电放电抗扰度试验	放电电压/kV	空气放电（外壳为绝缘体式样）8	正常监视状态
			接触放电（外壳为导体试样和耦合板）6	
		每次放电次数	10	
		放电极性	正,负	
		时间间隔/s	$\geqslant1$	
	电快速瞬变脉冲群抗扰度试验	电压峰值/kV	$1\times(1.0\pm0.1)$	正常监视状态
		重复频率/kHz	$5\times(1.0\pm0.2)$	
		极性	正,负	
		时间	每次 1 min	
	浪涌（冲击）抗扰度试验	浪涌冲击电压/kV	线—地 $1\times(1.0\pm0.1)$	正常监视状态
		极性	正,负	
		试验次数	5	

5.4.3　消防站通信器材配备要求

每个消防站应配备有线和无线通信设备(不含行政电话)。3级(含)以上消防保障等级机场消防站接警电话应能够同时受理2个火警(市话或场内专线电话);5级(含)以上机场消防站应具备市话和直通塔台的专线,消防值勤点应配基地台。消防站通信器材配备数量见表5.37。

表 5.37　消防站通信器材配备数量

序号	通信器材		配备数量							
	名称	单位	消防保障等级(级别)							
			3	4	5	6	7	8	9	10
1	手提式对讲机	个	4	6	8	10	16	20	20	22
2	火警受理系统	套	1	1	1	1	1	1	1	1
3	火警录音系统	套	1	1	1	1	1	1	1	1
4	火警图文信息系统	套	—	—	—	—	1	1	1	1
5	消防火警电话	台	1	1	2	2	2	2	2	2
6	传真机	台	每站点1台							
7	消防站基地台	台	每站点1台							
8	执勤点基地台	台	每站点1台							
9	车载台	台	每车1台							

5.5　破拆与搬移器材

下面介绍救援破拆器材的配置数量以及各种器材的性能参数规定,主要包括破拆工具、消防斧、消防救生气垫、急救医疗箱等,其中破拆工具、消防救生气垫、消防尖平斧以及急救医疗箱可以通过国内外现行标准找到,其余器材性能参数须由厂家提供。

5.5.1　破拆工具

破拆工具的种类繁多,本节主要介绍动力破拆工具,即液压型破拆工具,包括扩张器、剪切器、剪扩器、撑顶器等,以及其性能参数及技术要求规定。

扩张器是用于扩张分离金属和非金属结构及障碍物的破拆工具;剪切器是用于剪切金属和非金属构件及板材的破拆工具;剪扩器是具有扩张和剪切双重功能的破拆工具;撑顶器是用于撑顶重物的破拆工具。破拆工具型号编制如下:

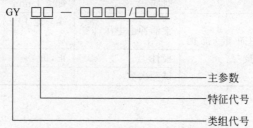

其中,GY 为液压破拆工具类组代号;特征代号中,KZ 代表扩张器、JQ 代表剪切器、JK 代表剪扩器、CD 代表撑顶器;主参数为工具的扩张/剪切/撑顶能力,及扩张/开口/撑顶距离。如扩张能力为 40～70 kN,扩张距离为 600 mm 的扩张器型号为 GYKZ-40～70/600;剪切能力为 19 mm 圆钢,开口距离为 90 mm 的剪切器型号为 GYJQ-19/90。

破拆工具基本性能参数见表 5.38。此外,破拆工具其他性能应满足如下要求。

(1) 外观:破拆工具的外表面应光滑平整,无毛刺及加工缺陷,黑色金属表面应进行防锈处理。

(2) 强度:破拆工具经 1.3 倍额定工作压力的强度试验后,不应有泄漏和机械损坏现象。

(3) 振动性能:破拆工具经振动试验后应动作正常,无异常现象。

(4) 密封性能:经密封性能试验后扩张器、剪扩器的最大位移量应不大于 2 mm,撑顶器应不大于 1 mm。

(5) 自锁性能:扩张器、剪扩器和撑顶器在动作过程中,若出现动力供应中断,扩张臂和撑顶杆应具有自锁性能,其最大位移量应不大于 2 mm。

(6) 手控换向阀性能:扩张器、剪扩器和撑顶器在动作过程中,将手控换向阀回到中位,扩张臂和撑顶杆应停止动作,再次动作时,扩张臂和撑顶杆不应出现反向动作。

(7) 可靠性:扩张器、剪扩器和撑顶器经连续动作 50 次,剪切器连续剪切圆钢(环形刀口)或钢板(直形刀口)50 次,剪扩器连续剪切圆钢或钢板各 25 次,应动作正常,无泄漏及异常现象。剪切器、剪扩器刃口应无卷曲、崩刃现象。

表 5.38 破拆工具性能(GB/T 17906—2021)

项　　目		基本参数(轻型)
扩张器	扩张力/kN	≥30
	扩张距离/mm	≥500
剪切器	剪切能力/mm 环形刀口	≥φ20(圆钢)
	剪切能力/mm 直形刀口	≥8(板材)
	开口距离/mm	≥100
剪扩器	扩张力/kN	≥20
	扩张距离/mm	≥160
	剪切能力/mm	≥φ16(圆钢)
		≥6(板材)
撑顶器	(第一级)撑顶力/kN	≥60
	(第一级)撑顶长度/mm	≥450

5.5.2　消防斧

消防斧包括消防平斧与消防尖斧两类。消防斧斧头应采用金属材料制造,斧柄应采用质量轻、强度高的硬质材料。消防斧的型号编制如下:

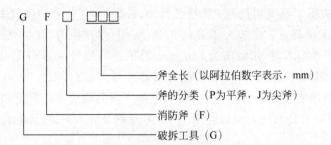

例如,全长 810 mm 的消防平斧型号为 GFP 810。

消防斧的规格参数如表 5.39 和表 5.40 所示。此外,消防斧还应满足以下性能。

(1) 表面质量:消防斧的金属表面应平整、光洁,斧头表面抛光部分的表面粗糙度 Ra 值应小于 6.3 μm,斧柄的表面应光滑、无缺损。

(2) 对称度:消防斧斧头小面与斧孔中心的偏差量应小于 2 mm,斧刃与斧柄端部中心线的偏差(即对称度)应小于 8 mm。

(3) 硬度:斧刃硬度应在 48~56 HRC 范围内,斧孔壁硬度应不大于 35 HRC。

(4) 抗冲击性能:斧刃应能承受重锤冲击,冲击后不应有裂纹、变形等损伤。

(5) 抗拉离性能:斧头与斧柄应装配牢固,在施加规定的拉力时,斧头与斧柄不应拉脱。

(6) 平刃砍断性能:斧头平刃重复砍击不超过 3 次,应能砍断直径 10 mm 的 Q235A 热轧圆钢,且刃口应无明显卷刃、崩刃和开裂等现象。

(7) 尖刃凿击性能:斧头尖刃重复凿击不超过 3 次,应能凿裂强度等级为 C20 的混凝土试块,且刃口应无明显崩刃和开裂。

(8) 耐盐雾腐蚀性能:消防斧金属部分经中性盐雾试验 48 h 后,外观应符合 GB/T 6461—2002 中外观评级(RA)为"—/5 VS A"的要求。

表 5.39　消防平斧尺寸和斧头质量(XF 138—2010)

规格	平斧尺寸/mm								斧头质量 /kg
	斧全长 L	斧头长 A	斧顶宽 B	斧顶厚 C	斧刃宽 F	斧孔长	斧孔宽	孔位 H	
610	610	164	68	24	100	55	16	115	≤1.8
710	710	172	72	25	105	58	17	120	
810	810	180	76	26	110	61	18	126	≤3.5
910	910	188	80	27	120	64	19	132	

表 5.40　消防尖斧尺寸和斧头质量(XF 138—2010)

规格	尖斧尺寸/mm							斧头质量 /kg
	斧全长 L	斧头长 A	斧体厚 C	斧刃宽 F	斧孔长	斧孔宽	孔位 H	
715	715	300	44	102	48	26	140~150	
815	815	330	53	112	53	31	155~166	≤3.5

5.5.3　消防救生气垫

消防救生气垫仅供消防部队紧急救援时使用,是具有一定阻燃性能的用于承接自由落下人员的气垫,又称安全气垫,是一种高空逃生的救生设备。它具有充气时间短,缓冲效果显著,操作方便,使用安全可靠等特点。消防救生气垫的型号编制如下:

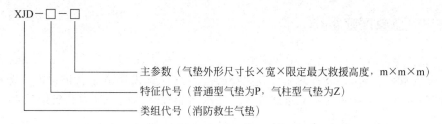

例如,长6 m、宽5 m、限定救援高度16 m的气柱型消防救生气垫型号为XJD-Z-6×5×16。

消防救生气垫充气充分展开后,外表面应平整无明显折痕,各接缝处应无脱线或脱胶等异常现象,未充气时的整体质量(不包括气源)应不大于100 kg。此外,消防救生气垫应满足如下性能要求。

(1)拉伸强度:气垫表面的所有面料的经纬向拉伸强度应不小于20 kN/m。

(2)耐老化性能:气垫表面的所有面料以及气垫内的橡胶部件经热空气老化试验后,其拉伸强度降低值应不大于35%。

(3)救生标识:气垫承接面的中央点应用反差色明确标出,安全工作范围应用反光标志带明显圈定。

(4)阻燃性能和强度性能:气垫承接面面料的氧指数应不小于26,气垫在进行强度性能试验时应无破坏等异常现象。

(5)耐磨损性能:气垫底部触地面面料经耐磨损性能试验后,其损坏程度应不超过GB/T 19089—2012规定的2级。

(6)耐油性能:气垫底部触地面面料经耐油性能试验后,质量的增加在1#标准油作用下应不大于15%,在97#无铅汽油作用下应为−4%~15%,且在干燥后表面不得留有任何可目测到的痕迹。

(7)充气时间和补气时间:从气源向消防救生气垫内充气开始至消防救生气垫达到施救状态的时间(充气时间)和两次施救中消防救生气垫的恢复时间(补气时间),其中普通型消防救生气垫的充气时间、补气时间分别≤60 s和≤30 s,气柱型消防救生气垫的充气时间、补气时间分别≤30 s和≤20 s。

(8)减速度值:消防救生气垫在进行减速度值试验中所测得的减速度值应符合表5.41的规定($g=9.81$ m/s^2),其测试采集时间间隔应不大于3 ms。

表5.41 消防救生气垫减速度值

负 载 部 位	最大减速度值/g
头部	≤80
胸部	≤60
骨盆	≤60

(9)稳定性:消防救生气垫在进行稳定性试验时应无倾倒、侧翻或损坏等异常现象,负载不应弹出消防救生气垫承接面或直接撞击地面。

(10)耐高低温性能:气垫在进行高低温性能试验后立即进行救援性能试验时应无倾

倒、侧翻或损坏等异常现象,负载不应弹出消防救生气垫承接面或直接撞击地面。

（11）气密性:气柱型消防救生气垫气密性试验后,其气压下降值应不大于 0.30 kPa。

5.5.4　急救医疗箱

机场急救车内急救箱、航站楼急救站(室)及急救物资库均应配备一定数量的药品、设备,用于应急救护。药品、设备的品类和数量的配备应根据机场应急救护保障等级而定,同时应考虑多机事故和意外灾害的可能性。急救箱药品和急救设备种类和数量见表 5.42。

表 5.42　急救箱药品、器材配备(GB 18040—2019)

分类	序号	种类	分类	序号	种类
器材	1	听诊器	器材	19	胶布
	2	血压计		20	注射输液器材
	3	便携式血氧饱和度检测仪*		21	医用手套
	4	体温计		22	敷料剪
	5	压舌板		23	笔
	6	手电筒		24	伤情识别标签
	7	供氧设备		25	应急救护、疾病治疗记录单
	8	口咽通气道	药品	1	血管活性药和正性肌力药
	9	人工呼吸保护屏障		2	止血药
	10	舌钳		3	抗心律失常药
	11	开口器		4	扩张血管抗心肌缺血药
	12	止血钳		5	呼吸兴奋药
	13	止血带		6	止痛药
	14	小夹板		7	利尿药
	15	三角巾		8	肾上腺皮质激素类药
	16	绷带		9	水电酸碱平衡和血容量扩张药
	17	纱布块		10	哮喘气雾剂
	18	棉签		11	皮肤消毒剂

注:根据机场应急救护及医疗救治需要配备器材、药品,不应缺项。

＊每 5 个急救箱应至少配备 1 个,少于 5 个急救箱的可不配备。

5.5.5　其他破拆与搬移器材

1. 其他破拆器材

其他破拆器材包括无齿切割锯、消防钩、消防专用铁镐、铁皮剪、抽烟机、手提式广播器、绝缘钳等。

2. 搬移器材简介

残损航空器搬移设备具有投资高、使用频率极低、寿命短等特点。国际上具有一些航空器搬移设备的共享方案,例如各个成员航空公司根据航班比例分摊搬移设备的购置、保管成本,在发生紧急事件后,可以使用这些设备。这些设备包括 23 t 的气动起重袋,73 t 的伸长型液压千斤顶和一组栓/系用设备的一套起重设备,此外还包括一些起重宽体航空器的补充设备。

我国根据实际情况,一般由机场购置残损航空器搬移应急救援设备,并负责管理,这些设备大致可分为三类:①在搬移救援中急需的针对机型特有的设备,如换轮胎设备、千斤顶和拖把等;②专用的搬移设备,如搬移拖车、顶升气囊、吊装设备等;③由第三方协议单位提供的起重设备,如重型起重机、大型运输车等。

消防站救援破拆器材包括破拆和救生两类器材,其配备数量见表5.43。

表 5.43　消防站救援破拆器材配备数量

序号	救援破拆器材		配备数量							
	名称	单位	消防保障等级							
			3	4	5	6	7	8	9	10
1	液压扩张剪钳	套	1	1	1	1	1	2	2	2
2	无齿切割锯	个	1	1	1	2	2	3	3	4
3	救生气垫	个	1	1	1	1	2	2	2	3
4	消防尖平斧	把	1	1	1	2	2	3	3	4
5	消防钩	个	1	3	3	3	3	3	3	4
6	消防专用铁镐	把	1	3	3	7	7	9	9	9
7	消防铁铤	个	1	3	3	7	7	9	9	9
8	铁皮剪	把	1	1	2	2	2	3	3	4
9	抽烟机	台	—	1	1	1	1	2	2	2
10	手提式广播器	个	—	1	1	1	2	2	2	2
11	急救医疗箱	个	1	1	1	1	2	2	2	2
12	绝缘钳	把	1	1	2	2	2	2	3	3

5.6　水上救援装备

水上救援分为海事救援、涉水自然灾害救援和水域其他事故救援。水上救援装备包含救援船、消防艇、救生衣、救生圈、救生圈架、潜水服、保温救生服、海锚、救生抛投器、救生抛绳器、围油栏等。本节主要介绍海上救援装备的配置和性能要求。

5.6.1　水上救援船

FAA规定凡运输机场8 km范围以内存在0.6 km^{2}水域的,必须建立一套水上消防救援体系。中国民用航空局第208号令也规定,在邻近地区有海面和其他大面积水域的机场,机场管理机构应当按照机场所使用的最大机型满载时的旅客及机组人员数量,配置救援船只或气筏及其他水上救生设备。机场管理机构也可通过与装备有前述救援设备的单位签署救援协议的方式来满足水上救援需求,但机场应当配备满足自身初期救援人员使用需要的船只或气筏及其他水上救生的基本设备。救援船类别及性能要求见表5.44,水域差异救援装备配置要求见表5.45。水上救援船装备部件及性能详细要求可参考标准 NFPA 1925—2013。

表 5.44 救援船类别及性能（AC. NO：150/5210—13C）

种　类	性　能　要　求
传统船	用于运输救援人员和设备、部署漂浮设备、救护幸存者、开展消防、保护现场、通信设施等
水陆两用消防船	路上行驶速度≥40～48 km/h；水上行驶速度≥13 km/h；能在崎岖的地形、陡峭的斜坡、洪水地区以及其他永久性的重要水域开展行动
救生艇	水上行驶速度≥95 km/h；部分船体允许切除干舷，以便利于入水救援或从水中捞救，也有利于布置救生筏；长度5～12 m；装备两台引擎
救生筏或者漂浮平台	能容纳10～45人，配有安全拖吊装置
充气船	速度≥48～80 km/h；船长6.6～8.5 m；能容纳15人；应设置隔间；禁止放置尖锐物体；一旦船翻了也能提供救援
飞艇	艇长3.8～6 m，宽2.1～2.4 m；承重≥1000 kg；在浅水区和沼泽地行驶速度≥80 km/h；飞艇上装备适用的通信设备
气垫船	既可以像传统船一样运载货物，也可以像水陆两用消防船一样开展水上救援，还用于浅滩和沼泽地快速救援。小型气垫船不能进入地形复杂和风切变大的地方。其中大型气垫船应该能载18人
直升机	用于运输与部署救援人员和装备，还能提供气象、照明、通信与指挥服务；配有红外性能的，可以开展夜间作业
船载消防设备	配置区域地图和导航图、装备援助桶、水泵、毯子、手提式扩音器、通信设备、应急灯、照明弹、破拆工具、海洋夜视望远镜、救生筏（或桨）、医疗用品、导航设备、手提式复苏装备、强光灯、救助网、救援投掷袋、担架和锚

表 5.45 水域差异救援装备配置标准（AC. NO：150/5210—13C）

水域类型	配　置　要　求
海洋和大片湖泊	传统船、直升机、气垫艇等装备，至少有一艘具有消防能力
内河区域	传统船、气垫船、充气艇等装备，必须有足够空间运输人员和装备，并能提供灭火、医疗和通信服务
湿地或者沼泽地	气垫船、汽艇、直升机、各型履带式救援车和水陆两用消防船
激流水域	所有船只应具备快速移动能力，原则上应装备充气船或聚乙烯外壳快艇，直升机提供辅助性帮助
结冰区域	应装备破冰船和其他有效的船只，制定兼顾所有情况的多个救援计划

5.6.2 其他救援设备

进行水上救援必要的消防设备包含救生衣、救生圈、救生圈架、救生抛投器、海锚、围油栏、保温救生服、救生抛绳器等。下面主要介绍前几个。

（1）救生衣按照常见的结构型式分为背心式救生衣（YB）（见图5.19）、套头式单面救生衣（YTD）、套头式带领子救生衣（YTL）（见图5.19）、套头式普通救生衣（YTP）四种类型。具体性能指标要求参考标准GB/T 4303—2008。

（2）救生圈适用于船舶及海上设施各类人员，按照制造工艺不同可分为整体式救生圈（A型）和外壳内充式救生圈（B型）。

（3）救生圈架是配套救生圈使用的，根据材质和结构的不同分为普通式钢制救生圈架

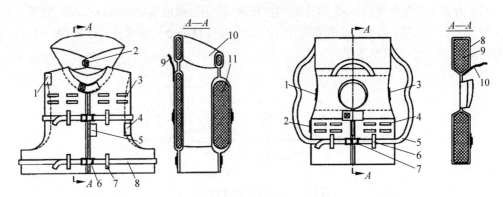

图 5.19　YB 型救生衣(左)、YTL 型救生衣(右)

(左) 1—衣灯、带及衣灯袋；2—粘扣；3—反光带；4—浮绳及袋；5—口哨、带及口哨袋；6—扣件；7—定位带；
8—缚带；9—提环；10—包布；11—浮材

(右) 1—衣灯、带及衣灯袋；2—浮绳及袋；3—口哨、带及口哨袋；4—反光带；5—缚带；6—定位带；7—扣件；
8—包布；9—浮材；10—提环

(AC)、普通式铝质救生圈架(AL)、快抛式救生圈架(B)。具体性能指标要求参考标准
GB/T 4302—2008 和 CB/T 640—2005。救生圈结构型式见图 5.20。

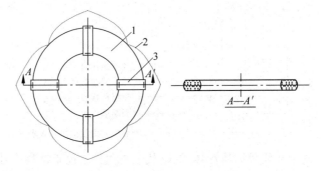

图 5.20　救生圈结构型式

1—本体；2—把手索；3—反光带

(4) 救生抛投器是以压缩气体为动力,远距离抛投绳索、救生设备等抛投物的装置。救
生抛投器的抛射距离应≥80 m(抛绳)、≥70 m(水用抛绳)、≥50 m(其他救生设备),抛射偏
差角应≤5°,具体性能指标要求参考标准 GB/T 27906—2011。救生抛投器型号编制如下:

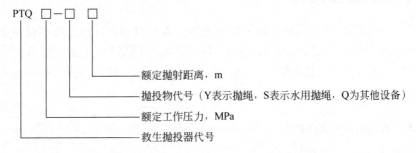

例如,额定工作压力为 20 MPa,抛投水用抛绳的额定抛射距离为 70 m 的抛投器型号
为 PTQ20-S70。

（5）海锚主要是降低救生艇、救生筏的漂流速度，防止风浪将艇、筏打横，发生颠覆。救生艇上配备 1 个大海锚；救生筏上配备 2 个小海锚。具体性能指标要求参考标准 CB*197—83。海锚的结构和尺寸见图 5.21。

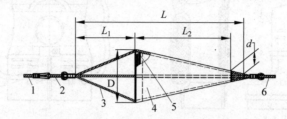

图 5.21　海锚的结构和尺寸

1—海锚索；2—转环；3—绳筋（ϕ16）；4—本体；5—绳环（ϕ16）；6—海锚回收索

（6）围油栏是用于围控水面浮油的机械漂浮栅栏。根据包布材料可分为橡胶围油栏、PVC 围油栏、PU 围油栏、网式围油栏和金属或其他材质围油栏；根据浮体结构可分为固体浮子式围油栏、充气式围油栏、浮沉式围油栏等；根据用途可分为防火围油栏、吸油围油栏、堰式围油栏、岸滩式围油栏等。具体性能指标要求参考标准 GB/T 34621—2017。围油栏型号编制如下：

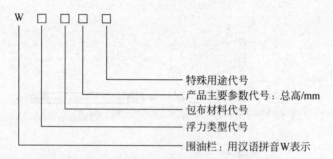

其中，浮力类型代号为：G 代表固体浮体式、Q 代表充气式；包布材料代号为：J 代表橡胶涂覆织物、S 代表塑料涂覆织物、T 代表其他材料；特殊用途代号为：H 代表防火、A 代表岸滩、X 代表吸油、Y 代表堰式。例如，WQJ 2000Y 表示工作状态下总高 2000 mm 的充气式橡胶堰式围油栏。

5.7　消防站综合器材

消防站应配备的综合类器材是为了保障消防设备和设施功能的发挥和提高救援人员的身体素质而装备的附加设施，包括车辆保养器材、火场专用器材、体能训练器材。其中常用的有充电机、电钻、充气泵、高压清洗机、单双杠、篮球架、乒乓球台、杠铃、秒表和火灾气体探测器等。

5.7.1　车辆保养器材

车辆保养器材主要包括充电机、手电钻、充气泵、高压清洗机等。

1. 车载充电机

车载充电机是指固定安装在电动汽车上,将公共电网的电能变换为车载储能装置所要求的直流电,并给车载储能装置充电的装置。车载充电机由交流输入接口、功率单元、控制单元、直流输出接口等部分组成,充电过程中宜由车载充电机为电池管理系统(battery management system,BMS)、充电接触器、仪表盘、冷却系统等提供低压用电电源。车载充电机连接示意图如图 5.22 所示。车载充电机性能见表 5.46。

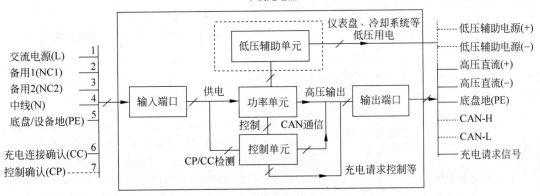

图 5.22　车载充电机连接示意图

表 5.46　车载充电机性能(QC/T 895—2011)

序号	测试项目	性能要求			
1	高压性能测试	恒压输出时,电压误差 1%			
		恒流输出时,电流误差 5%			
		额定电压、负载:功率≥90%,功率因数 0.92			
		输出响应时间	上升时间<5 s,超调量<±10%		
			关机后 300 ms 内电流降到 10% 以下,500 ms 内降到 0 A		
2	湿度要求	相对湿度 5%~95% 之内,无冷凝,无结霜			
3	温度要求	下限温度		上限温度	
		储存温度	工作温度	工作温度	储存温度
		−30℃	−20℃	85℃	95℃
4	短路保护	车载充电机在启动前,输出短路时,通电后应不启动,并报警提示;在工作的过程中,输出短路时,应关闭输出,并报警提示。故障排除后,车载充电机应能正常工作			
5	过温保护	车载充电机温度采样点温度超过过温保护设定值时,应自动进入过温保护状态,并降低功率运行或停机。车载充电机温度恢复正常后,应具备自动恢复功能			
6	过压保护	车载充电机输入或输出电压大于过压保护值时,应关闭输出,并报警提示。故障排除后,应具备自动恢复功能			
7	欠压保护	车载充电机输入或输出电压小于欠压保护值时,应关闭输出,并报警提示。故障排除后,应具备自动恢复功能			
8	反接保护	对于输出端口未做防反处理的车载充电机,直流输出端与车载储能装置的正负极反接时,通电后应不启动,并报警提示。故障排除后,车载充电机应能正常工作			

序号	测试项目	性 能 要 求			
9	断电保护	应该具备在异常情况下快速切断电源的功能			
10	电位均衡和接地保护	车载充电机中人体可直接触及的可导电部分与电位均衡点之间的电阻不应大于 0.1 Ω。车载充电机的接地点应有明显的接地标志			
11	电压纹波系数	电压纹波系数应控制在±5％以内			
12	介电强度	车载充电机各独立电路之间和地(金属外壳)、无电气联系的各电路之间,按照标准实验,无击穿和闪络现象			
13	电气间隙和爬电距离	额定电压/V		额定电流≤63 A	
		交流	直流	电气间隙/mm	爬电距离/mm
		≤60	≤75	2	3
		60～250	75～300	3	4
		250～380	300～450	4	6
14	抗电磁干扰	静电抗电指标	8 kV(空气放电),4 kV(强制放电)		
		低频传导骚扰抗扰度	应能承受接入非线性物质引起的 50～2000 Hz 的电压谐波影响。能承受电网突然断电或跳变。当电压降到标称电压的 50％,应能持续 10 ms,70％时持续 100 ms,95％时持续 5 s		
		高频传导骚扰抗扰度	应能承受住快速顺变脉冲群,要求电压 4 kV,5 kHz 的快速脉冲重复 1 min。并且能承受因电网转接、故障,或闪电引起的高电压冲击,最低 1.2/503 μs,共模 2 kV,差模 1 kV		
		辐射电磁场抗扰度	3 V/M,在 80～1000 MHz 情况下正常工作		
15	谐波电流流量	按照 GB 17625.1—2012 要求			
16	振动性能	按照标准测试程序 7.8.1 测试完之后,零部件无损坏,紧固件无松脱,设备正常工作			
17	冲压性能	按照标准测试程序 7.9.2 测试完之后,程序正常工作,不能因为暂时或者永久变形导致设备外壳和带电部分接触			
18	耐工业溶剂性能	在制动液、防冻液、室内清洗剂、玻璃清洗剂和其他试剂内浸渍 48 h 之后不能出现腐蚀现象			
19	IP 防护等级性能	根据车身布局来定,≥IP20B。防尘按照 GB/T 4208—2017 测试,防雾按照 GB/T 2423.17—2008 测试			
20	盐雾性能	按照标准测试程序 7.9.5 测试完 48 h 之后,程序正常工作			
21	抗噪声性能	车载充电机和冷却系统<65 dB			
22	耐久试验	在满载状态下持续工作 500 h			

2. 手电钻

手电钻是由电动机或电磁铁驱动的交流单相和直流额定电压不大于 250 V、交流三相额定电压不大于 440 V 的手持式电动工具。手电钻按防电击保护分为Ⅰ类、Ⅱ类、Ⅲ类。Ⅰ类工具的防电击保护不仅依靠基本绝缘、双重绝缘或加强绝缘,还包含一个附加安全措施,即把易触及的导电部分与设备中固定布线的保护导线连接起来,使易触及的导电部分在基本绝缘损坏时不能变成带电体;Ⅱ类工具的防电击保护不仅依靠基本绝缘,而且依靠提供的附加安全措施,例如双重绝缘或加强绝缘;Ⅲ类工具的防电击保护依靠安全特低电压供电,工具内不产生高于安全特低电压的电压。手电钻的通用要求和专用要求参考标准

GB 3883.1—2014 和 GB/T 3883.201—2017。

3. 充气泵

本节介绍的充气泵是用汽车直流 12 V 供电电源、用直流电机驱动的车用充气泵。按结构不同分为齿轮传动充气泵、直驱单缸充气泵、直驱双缸充气泵。充气泵性能的基本参数见表 5.47。

表 5.47　充气泵性能(CAB 1016—2012)

品　　种	额定直流电压/V	气缸直径/mm	空载电流/A	最大负载电流/A	额定功率/W	额定排气压力/MPa	公称容积流量/(L/min)	最大排气压力/MPa
齿轮传动充气泵	12	16～29	≤6	≤9	90～300	0.25～0.28	25～50	0.55～2.06
直驱单缸充气泵		30～39	≤8	≤10				
		40～45	≤20	≤25				
直驱双缸充气泵		30～35	≤15	≤18				

充气泵的技术性能满足以下要求。

(1) 功率：按正常负载条件下测试所得功率为实际输入功率，其偏差不应超过额定值的 +20%。

(2) 最大排气压力：正常负载条件下，最大排气压力偏差不超过规定值的 ±5%。

(3) 气密性：充气泵达到最大排气压力时，切断电源压力表，指示漏气值不超过 0.03 MPa/min。

(4) 充气性能：充气泵在充气开始至达到气压 0.2 MPa 时，充满 20 L 标准容器所用的时间。齿轮传动充气泵应不大于 8 min；单缸直驱式充气泵应不大于 4 min；双缸直驱式充气泵应不大于 2.5 min。

(5) 噪声：齿轮传动充气泵、双缸直驱泵在额定功率时噪声应不大于 95 dB，单缸直驱式充气泵在额定功率时噪声应不大于 85 dB。

(6) 可靠性试验(平均无故障间周)：齿轮传动充气泵在额定工况下充气 100 次以上不应出现任何故障，直驱式充气泵在额定工况下充气 300 次以上不应出现任何故障。

(7) 高低温试验：充气泵在低温 −30℃±2℃ 条件下放置 3 h 以上不应出现任何故障，充气泵在高温 50℃±2℃ 条件下放置 3 h 以上不应出现任何故障。

(8) 操作半径：电源线加气管的总有效长度应不小于 3.7 m。

4. 高压泵清洗机

本节介绍的高压泵清洗机属于额定排出压力为 10～300 MPa、额定输出功率为 15～500 kW、输送介质为常温清水、由电动机或其他原动机驱动的高压清洗机和专用高压清洗装置。高压清洗机主要包括高压水发生设备(简称泵)、控制系统、执行系统、辅助系统四个部分，清洗机按需要分为移动式和撬装式。

清洗机的额定压力、理论流量、配带原动机功率等基本参数可参考标准 GB/T 26135—2020。清洗机的主要技术性能要求如下。

(1) 一般要求：清洗机在额定工况下运行时，润滑油温度应不超过 75℃，其温升不应超过 45℃；清洗机连接部位的静密封不得有泄漏现象；清洗机应有便于拆装运输的起吊装置。

（2）性能要求：在清洗机工作期间，泵的溢流阀无泄漏，其初始排出压力为额定压力的 90%～105%；或在清洗机工作期间，泵的排出压力不低于额定压力，其溢流阀的初始溢流量不大于额定流量的 10%。

（3）安全要求：联轴器或带轮等外露的运动部件应设防护罩；当清洗机在爆炸环境使用时，其电气设备应符合 GB/T 3836.1—2021 的规定；喷枪最小长度应符合 GB 26148—2010 的规定，喷枪须设置锁紧机构。

5.7.2　火场专用器材

火场专用器材主要包括火灾气体探测器、侦检器材、洗消器材等，本节主要介绍可燃气体探测器。

可燃气体探测器适用于存在可燃气体危险场所。根据测量型式的不同分为点型可燃气体探测器、独立式可燃气体探测器、便携式可燃气体探测器、线型可燃气体探测器。根据火场不固定的特点，便携式可燃气体探测器适用性更强。

便携式可燃气体探测器按防爆要求可分为防爆型和非防爆型两种，其技术性能要求如下。

（1）报警设定值：探测器低限报警设定值为 1%～25% LEL，高限报警设定值为 50% LEL。

（2）报警动作值：报警动作值不应低于 1% LEL，且报警动作值与设定值之差不应超过 ±3% LEL。

（3）指示偏差：显示值与真实值之差不应超过 ±5% LEL。

（4）响应时间：具有浓度显示功能探测器的显示值达到真实值 90% 时的响应时间（t_{90}）不应超过 30 s，不具有浓度显示功能探测器的报警响应时间不应超过 30 s。

（5）电池性能：探测器在指示电池电量低的情况下，连续工作的探测器再工作 15 min，单次工作的探测器再操作 10 次，其报警动作值与设定值之差不应超过 ±5% LEL；连续工作的探测器的电池持续工作时间应不少于 8 h，单次工作的探测器的电池持续工作时间应能保证其完整工作 200 次。

（6）方位：分别在 X、Y、Z 三个相互垂直方向上每旋转 45° 时，其报警动作值与设定值之差不应超过 ±5% LEL。

（7）高浓度淹没性能（适用于防爆型）：淹没期间探测器应发出报警信号或指示信号；淹没后探测器不能处于正常监视状态，如果探测器还能处于正常监视状态，则探测器的报警值与设定值不应超过 ±5% LEL。

（8）报警重复性：正常环境下对同一只探测器实测 6 次报警动作值，其报警动作值与设定值之差不应超过 ±3% LEL。

（9）高速气流：在气流速度为 6 m/s 条件下，探测器的报警动作值与设定值之差不应超过 ±5% LEL。

5.7.3　体能训练器材

消防站体能训练器材用于保障消防员日常训练需求，主要包括单双杠、篮球架、乒乓球台、杠铃、秒表等。篮球架性能要求参考标准 GB 23176—2008,单/双杠性能要求参考标准 GB/T 8390—2007 和 GB/T 8391—2007,杠铃性能要求参考标准 QB/T 3911—1999,液晶数字式石英秒表性能要求参考 GB/T 22778—2008,乒乓球台性能要求参考标准 QB/T 2700—2005。

消防站综合类器材配备数量见表5.48。

表 5.48 消防站综合类器材配备数量

序号	类别	器材类型		配备数量							
		名称	单位	消防保障等级(级别)							
				3	4	5	6	7	8	9	10
1	车辆保养器材	充电机	台	—	1	1	1	1	1	1	2
2		呼吸器充气机	台	—	1	1	1	1	1	1	2
3		手电钻	个	—	1	1	1	2	2	2	2
4		工具器材柜	个	1	1	2	2	2	3	3	4
5		消防器材架	个	1	1	2	2	2	3	3	4
6		充气泵	台	—	1	1	1	1	1	1	2
7		车辆高压清洗机	台	1	1	1	1	1	1	1	2
8	火场专用器材	温度测量仪	台	—	—	—	—	—	1	1	1
9		照相器材	套	—	—	—	—	—	1	1	1
10		绘图仪	套	—	—	—	—	—	1	1	1
11		摄像机	套	—	—	—	—	1	1	1	1
12		消火栓流量压力测量仪	台	—	—	—	—	1	2	2	2
13		可燃气体检测仪	台	1	1	1	1	2	2	2	2
14	体能训练器材	篮球架	副	—	—	1	1	1	1	1	2
15		单杠	个	—	1	1	1	1	1	1	2
16		双杠	个	—	1	1	1	1	1	1	2
17		杠铃	个	1	1	1	1	1	1	1	2
18		训练用秒表	个	1	1	2	3	3	4	4	6
19		普通训练安全垫	块	2	2	4	6	6	8	8	10
20		乒乓球台	台	—	—	1	1	1	1	1	2
21		室内健身器材	套	—	—	1	1	1	1	1	2
22		障碍板	架	1	1	1	1	1	1	1	1

参考文献

[1] Guide for aircraft rescue and fire-fighting operations:NFPA 402[S]. Massachusetts:NFPA,2019.

[2] Standard for aircraft rescue and fire-fighting vehicles:NFPA 414[S]. Massachusetts:NFPA,2012.

[3] 中国民用航空总局公安局.民用航空运输机场消防站装备配备:MH/T 7002—2006[S].中国标准出版社,2006.

[4] 东方.机场卫士—马基路斯2款消防车简介[J].商用汽车,2014,4(2):18-21.

[5] 应急管理局.消防车消防性能要求和试验方法[S]:GB 7956.1—2014[S].北京:中国标准出版

社,2014.

[6] 公安部消防局.消防梯：XF 137—2007[S].中华人民共和国应急管理部,2007.

[7] 应急管理部.消防水带 GB 6246—2011[S].北京：中国标准出版社,2011.

[8] 应急管理部.消防吸水胶管：GB 6969—2005[S].北京：中国标准出版社,2005.

[9] 应急管理部.消防水枪：GB 8181—2005[S].北京：中国标准出版社,2005.

[10] 应急管理部.泡沫枪：GB 25202—2010[S].北京：中国标准出版社,2010.

[11] 公安部消防局.分水器和集水器：XF 868—2010[S].中华人民共和国应急管理部,2010.

[12] 张国建.消防技术装备[M].昆明：云南人民出版社,2006.

[13] 公安部消防局.消防员灭火防护服：XF 10—2014[S].中华人民共和国应急管理部,2014.

[14] 公安部消防局.消防员隔热防护服：XF 634—2015[S].中华人民共和国应急管理部,2015.

[15] 公安部消防局.消防员化学防护服装：XF 770—2008[S].中华人民共和国应急管理部,2008.

[16] 公安部消防局.消防头盔：XF 44—2015[S].中华人民共和国应急管理部,2015.

[17] 公安部消防局.消防员灭火防护靴：XF 6—2004[S].中华人民共和国应急管理部,2004.

[18] 公安部消防局.消防手套：XF 7—2004[S].中华人民共和国应急管理部,2004.

[19] 公安部消防局.消防用防坠落装备：XF 494—2004[S].中华人民共和国应急管理部,2004.

[20] 公安部消防局.正压式消防空气呼吸器：XF 124—2013[S].中华人民共和国应急管理部,2013.

[21] 公安部消防局.正压式消防氧气呼吸器：XF 632—2006[S].中华人民共和国应急管理部,2006.

[22] 公安部消防局.消防腰斧：XF 630—2006[S].中华人民共和国应急管理部,2006.

[23] 公安部消防局.消防员呼救器：GA 401—2002[S].中华人民共和国公安部,2002.

[24] 工业和信息化部(电子).无中心多信道选址移动通信系统体制：GB/T 15160—2007[S].北京：中国标准出版社,2007.

[25] 应急管理部.火警受理系统：GB 16281—2010[S].北京：中国标准出版社,2010.

[26] 应急管理部.消防应急救援装备 液压破拆工具通用技术条：GB/T 17906—2021[S].北京：中国标准出版社,2021.

[27] Standard on powered rescue tools：NFPA 1936[S]. Massachusetts：NFPA,2005.

[28] 公安部消防局.消防斧：XF 138—2010[S].中华人民共和国应急管理部,2010.

[29] 应急管理部.民用运输机场应急救护设施设备配备：GB 18040—2019[S].北京：中国标准出版社,2019.

[30] Airport water rescue plans and equipment document information：AC 150/5210—13C[S]. Washington D. C：FAA Advisory Circular,2010.

[31] 应急管理部.救生圈：GB 4302—2008[S].北京：中国标准出版社,2008.

[32] 国防科学技术委员会.救生圈架：CB/T 640—2005[S].北京：中国标准出版社,2005.

[33] 应急管理部.救生抛投器：GB/T 27906—2011[S].中华人民共和国国家标准,2011.

[34] 海锚：CB* 197—83[S].全国船舶标准化技术委员会,1983.

[35] 交通运输部.围油栏：GB/T 34621—2017[S].北京：中国标准出版社,2017.

[36] 电动汽车用传导式车载充电机：QC/T 895—2011[S].中华人民共和国工业和信息化部,2011.

[37] 手持式、可移式电动工具和园林工具的安全 第1部分：通用要求：GB/T 3883.1—2014[S].北京：中国标准出版社,2014.

[38] 手持式、可移式电动工具和园林工具的安全 第2部分：电钻和冲击电钻的专用要求：GB/T 3883.201—2017[S].北京：中国标准出版社,2017.

[39] 车用充气泵：CAB 1016—2012[S].全国工商联汽车摩托车配件用品业商会,2012.

[40] 杨苗,何辛荟.浅析残损航空器搬移应急救援[J].中国管理信息化,2017,20(3)：161-162.

第6章

民用飞机灭火救援

6.1 危险评估与人员救护

6.1.1 飞机危险性评估

与其他任何类型的突发事件一样,飞机突发事件中的评估工作是开展作业最为关键的部分之一。对飞机的危险性评估可以最大限度地保证救援人员的安全,并且对救援作业的进行提供有利的信息。

评估阶段需要选定合适的任务,并提出所需求的资源,这些都为处理突发事件的其余部分奠定了基础。评估的工作应当从四个方面进行:事故指挥员、驾驶员/操作员、官员/消防队员和紧急医疗服务。飞机灭火救援响应过程中,事故指挥员常常与响应单位协同作战,这些响应单位能够协助迅速建立起指挥所。假如事故指挥员不能及时到场建立指挥所,那么到达现场的第一个单位必须建立指挥所,清晰明了地对现场情况进行报道,召集可能需要的其他资源,并对所有救援单位说明即将实施的行动计划,使其他响应单位了解现场情况,各自做好救援的准备工作。由于救援的时间十分宝贵,越快地召集相关单位到达事故现场,救援作业成功的可能性就越大。抵达现场后需立即完成这一关键步骤,同时还需告知指挥所位置。第一辆指挥所的车上应设置有绿色旋转灯标/闪光灯,以此告知响应人员已有人负责,且能够准确报告指挥所的位置。负责人必须告知所有响应人员已经建立了事故指挥所,从而方便救援工作的正常进行。事故指挥员抵达现场后,对事故现场的快速评估可以为事故指挥官提供发布指令所需要的一些重要信息。

1. 事故指挥员检查表

(1) 互助支持——对响应单位和物资的需求量。

(2) 待命位置——需预先设置充足的空间,最好将入口通道和出口通道分开设置。

(3) 公共汽车和毛毯需求——应事先准备好充足且可以正常使用的数量。

(4) 医疗保障——分诊、治疗和转移。

(5) 救援人员康复条件——物资和康复场所。

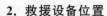

2．救援设备位置

从驾驶员/操作员的评估工作角度出发，最先抵达现场的救援单位所架设设备的位置通常决定后续抵达设备装置的位置。除非机组人员和车辆的安全受到了威胁，否则不应由事故指挥员来决定设备在坠机现场的架设位置。驾驶员/操作员决定其所驾驶/操作的设备时，应确保有足够的空间，使设备在不倒退的情况下撤离现场。安放在车辆之后的工具和设备及站在车后的人都处于驾驶员/操作员的盲区之内，因此应当划分出各部分的安置区域，避免发生危险。假设最先抵达现场车辆所选位置能为机上乘客提供最佳安全路线，后续到达的车辆应关闭应急灯和音响装置。以往的救援过程证明，乘客会自发地向报警装置转移。最安全逃出路线上只有一辆应急灯和警报开启的车辆时，能减少乘客混淆迷惑的情况。

3．灭火救援方案评估

飞机坠机情况下，第一要务是救出乘客，因此要短时间内迅速做出评估，确定灭火救援方案。飞机的蒙皮可能会在短短 60 s 内就被烧穿，因此必须立即快速架设设备、开展消防作业。由于灭火剂的供应量往往有限，开展灭火作业时要强调节约灭火剂，但前提是首先要确保消防队员的安全。官员/消防队员应掌握高效的救援方法，并可提出以下问题对自身进行心理评估：

（1）利用逃生滑梯进行逃生是否存在危险？

（2）舱门和舱口在哪里？如何接近？

（3）飞机是否设有用于协助通风的顶部舱口？

（4）现场需要哪些类型的工具？

以逃生滑梯的使用程序为例，官员/消防队员应评估以下协助乘客滑下逃生滑梯的程序：

（1）站在逃生滑梯旁边，滑梯高度达到大腿中部。

（2）在滑梯底部帮助乘客站起来时，张开手臂。

（3）帮助乘客站起过程中利用乘客向前的冲力。

4．紧急医疗服务

紧急医疗服务的评估重心应为确定受伤乘客数量和将受伤乘客转移至当地医院所需医疗队数量。向事故指挥员传达这一信息可确保能及时发出请求，保证所需资源的派遣，进而减轻救援的紧急程度。另外还需要进行评估的因素包括分诊区的位置。分诊区必须位于上坡位置，且处于上风口处，以确保救护车和其他救援力量均可到达。分诊区还应当位于距离事故现场最近的安全位置，最大可能地缩短救援人员转移受伤人员的距离。紧急医疗服务的提供方应尽量在 1 h 内对病人进行分类，并将病人从坠机现场转移至当地医院。

6.1.2　飞机危险性评估因素

由于飞机事故的情况及成因较为复杂，因此在实施灭火救援之前，应当从多个角度对飞机危险性进行评估。飞机危险性因素种类很多，以下将介绍飞机紧急情况下航空器灭火与应急救援人员必须考虑的一般评估因素。

1．优先事项

任何紧急情况下，无论是否为起火、救援、医疗紧急事故或其他任何类型的突发事件，优先事项基本相同。这些优先事项包括：

（1）生命安全（首先是救援人员的安全）；

（2）控制事故危险程度；

（3）财产保护。

各种紧急情况下的具体事项可能会略有不同，但实际上优先事项基本相同。尽管最先进入的救援人员最先采取的行动可能不是救援，但生命安全始终都是优先考虑的问题。有些情况下，救援之前需要先将事故的危险程度进行控制，必须权衡采取行动的效果与可能涉及的风险。优先事项中次重要的是隔离或减轻危险。如果能控制火势或释放的危险物质，则能稳定情势，也能开展第三优先事项——财产保护（包括保护环境）。一旦稳定并控制了危险，将不再对周围财产构成威胁。飞机各系统应尽快关闭，还应断开飞机电池，确保不会重新激活系统。但要注意，断开电池时必须确保不会危及救援人员。

2. 设备定位

要确保成功开展救援和消防作业，必须正确定位航空器灭火救援设备和其他响应装置。航空器灭火救援设备响应时通常排成一列，由最先到达事故现场的消防设备决定其他车辆的路线，并指示其他车辆进入各自的最终灭火位置。定位设备时，最先到达的队员和事故指挥员应遵循一些特定准则。

（1）靠近现场时需要极为小心，防止撞到任何逃出的乘客、飞机残骸，避免驶过的地面上出现凹陷、外溢燃油或其他危险。

（2）不得驾车穿过烟雾，烟雾会导致看不清逃出的乘客。

（3）进入坠机现场前，需要考虑地形稳定性、地面坡度和风向。

（4）将车辆停在上风、上坡位置，避开可能会汇聚在低洼地带的燃油和燃油蒸气。

（5）车辆停靠位置不得阻挡其他应急车辆进出事故现场。

（6）定位车辆时，要确保假如闪燃发生时车辆能迅速运行撤离。

（7）定位车辆时，保证其能保障撤离路线上的安全，亦能为救援作业提供保护。

（8）定位车辆时，保证在需要倒车时，尽可能很容易地重新定位车辆。

（9）定位车辆时，确保在必要时能使用消防炮和小口径水带来维持撤离路线的安全（图6.1）。

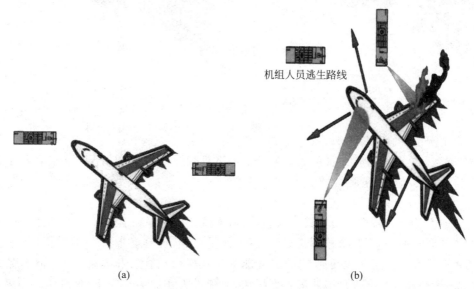

机组人员逃生路线

(a)　　　　　　　　　　　　(b)

图6.1　不同情况下航空器灭火救援设备的布置

(a) 无迹象；(b) 机外发动机或起落架起火；(c) 后发动机或机尾起火；(d) 驾驶舱或机头起火；(e) 机体中央部分起火；(f) 吞没机体中央部分的大火

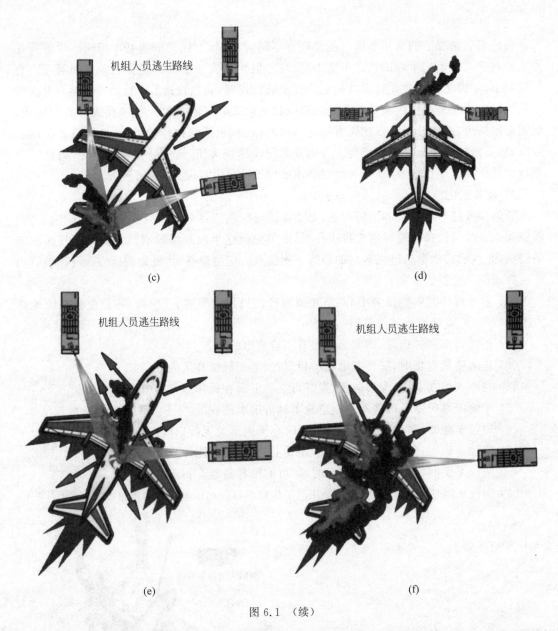

图 6.1 （续）

　　紧急情况下,确定最终的设备布置方案时还必须考虑一些其他因素。例如:响应设备的数量、类型和能力;响应人员的数量和能力;飞机残骸的位置和情况;幸存者数量和位置;飞机紧急情况相关危险区域。

3. 风

　　对于航空器灭火救援人员和机上乘客而言,逆风开展救援和消防作业将更加困难,也更加危险。逆风作业时,烟雾会模糊视线,环境中热量更大,更难携带灭火剂接近火点。只有在现场条件不允许使用其他任何方法时,才能尝试从逆风位置展开灭火。从上风位置开展作业时,由于热量和烟雾都会被吹离工作区域,实施灭火作业会更安全、更有效。顺风灭火时能有效喷射灭火剂,缩短灭火时间。另外,由于疏散通道上没有高温环境和烟雾,上风口方向的逃生路线对于机上乘客而言更为安全。航空器灭火救援人员应尽量利用风来协助救援,有助于节约灭火剂的使用。

4. 地形

某些地面特征会对灭火救援过程造成非常明显的影响。如松软的土质或淤泥可能会阻碍重型车辆和设备的行驶,甚至导致其停止前进。存在陡坡的地形也很难爬上,崎岖的或遍布岩石的地带也很难通过。低洼或存在下坡的地形可能会布满燃油,对救援车辆和设备造成潜在威胁。因此,先到达的救援单位应当对事故现场的地形进行评估,并及时向事故指挥员报告,以便于向后续到达的救援人员传达信息。比如说,不得将消防设备开到飞机附近冲沟或下坡低洼处,燃油可能会排到这些地方,燃油蒸气也可能会汇集到这些地方。设置分诊区、布置工具、人员以及设置康复区时,相关医疗救援人员也应考虑地形因素。

5. 残骸

实施灭火救援前,必须对残骸的情况和位置进行评估,并分析其可能造成的潜在危害。根据飞机是否完整、解体、破碎或倒置,需要采用不同的灭火方法。如果飞机载客区被分成了若干部分,可能需要在不同的位置上设置多个灭火救援设备。航空器灭火救援人员应在救援之前明确,首要的消防工作目标是机身部分,而不是机翼部分或飞机上没有乘客的其他部分。

6. 幸存者

开始实施救援的位置取决于乘客的数量和位置,因此要对飞机上的乘客情况进行评估。如果乘客没有撤离且机身完整,航空器灭火救援人员应确定救援入口(如常规装货门、应急出口或应急切割点)。如果从飞机内部开始疏散,航空器灭火救援人员应保护正在使用的出口,必要时可能还需要协助乘客离开逃生滑梯并将其引导至安全的地方。

7. 危险区

由于飞机发生事故后存在大量潜在威胁,因此整个飞机事故区都很危险。在评估中,救援人员应熟知一些危险区,在实施灭火救援时尽可能避开特定区域。飞机螺旋桨所在的区域,即使发动机不运转都可能发生危险。喷射发动机和燃气涡轮发动机区域,由于喷射发动机和燃气涡轮发动机产生非常巨大的热量,能够达到大多数航空燃料的自燃温度,因此二者的进排气区域都很危险。喷射发动机运转时(即使是怠速运转),发动机进气口会吸入大量空气到发动机中。这股气流力量非常强,足以将人卷入发动机内。发动机的另一侧,排出的高温气体可能会对人体造成严重灼伤。根据节流阀设置,喷射发动机会放出强大的气流,能轻易地吹开大型消防救援车辆。机翼所在区域,由于机翼结构可能会在毫无预警的情况下断裂,切勿要求航空器灭火救援人员及其他人员从机翼下或其他延伸出的残骸下走过进行救援作业。救援之前应尽可能稳定飞机残骸,防止飞机的结构件发生垮塌。飞机残骸的区域,会存在大量锯齿状边缘的金属部件,会对救援人员及受灾人员造成伤害。雷达系统区域,通常位于机头部分,应尽量避免太过靠近,暴露在雷达系统所产生的电磁波中可能会危害健康。另外,还应注意机上一些先进航空材料可能会起火且难以熄灭,人体遗骸和残骸可能会受到盥洗室废物的污染。

6.1.3 人员疏散与救援

飞机一旦降落,机组人员可能会启动应急疏散。抵达现场的航空器灭火救援人员应立即在正确频率上联系机组人员,告知对方飞机外部情况,设法阻止不必要的疏散。发动机、机轮和其他小型外部设备出现的大多数紧急情况,航空器灭火救援人员能够控制住情形而不会威胁到机上乘客安全,无须进行疏散。不必要的疏散反而可能危及或伤害到疏散人员,也会干扰航空器灭火救援作业,使作业复杂化。一般由机长最后做出疏散的决定。航空器灭火救援人员试图进入机身展开救援消防作业时,不得堵住乘客和机组人员的出路,必须找到并开启其他任何可用出口。此外,许多乘客靠自己可能无法脱困,航空器灭火救援人员应准备好在所有可自行脱困的人疏散后立即提供援助。

在灭火之初就应喷射大量灭火剂,可以快速控制火灾区域来开辟出安全疏散区域。如果是专用的航空消防设备,应使用消防炮和地面喷洒器控制机身外部周围的火势。小口径水带应用于备用灭火、机内灭火和彻底检查。消防车辆到达现场就开始进行初步灭火,车辆一进入飞机载客区范围内就尽快使用车顶消防炮、保险杠消防炮和地面喷洒器进行灭火。但由于设备携带的灭火剂有限,只有在不浪费灭火剂的情况下才能使用消防炮。最初应沿机身喷射泡沫,防止机身受到火焰冲击,开始开辟疏散通道和救援路线。消防炮操作员应采取短时喷射方法,喷射泡沫 5～10 s 后停止喷射,再行评估喷射效果和火势。

发生低冲击坠机时,救援人员在治疗和转移大量受害者时存在很大的困难。为有效履行此项职责,应采取能使救援人员在短时间内分诊、治疗和转移受害者的救援体系,里面需要考虑的因素包括时间、季节、事故地点和资源可用性等。

对于冲击范围内可走动的受伤人员和未受伤人员,应当使用应急车上的广播系统或大功率扬声器通知自行逃出飞机的轻伤或未受伤人员走到最近的上风区。尽量利用地面状况良好且能接近的区域进行疏散,比如跑道、滑行道或道路。出于受伤人员的舒适性考虑,可以在地面铺上油布或其他覆盖材料,尽量不要将伤员安置在潮湿的草地或裸露在外的地面上。应当尽快给伤员盖好被子,保持身体核心温度,以免伤员发生休克,给有外伤和烧伤的人员造成致命伤害。即使天气温暖也会发生这类情况,尤其是湿寒天气中需要特别注意,保证短时间内要有足够多的毛毯或一次性被子。沿安置伤员的区域周围摆放橙色交通锥标或其他类似装置,以便更好地进行识别。

之后应疏散冲击区域之内以及飞机残骸外不能走动的受伤人员,尚未听到需转移到安全区域的通知的可走动幸存者,以及易接近且易转移出飞机残骸的人。救援小组应携带担架、篮式担架或其他类似装置进入冲击区域,转移不能走动的人员。还需要对受伤人员进行就地分诊,或转移至分诊区进行适当固定、包扎及分诊。成年伤员应使用担架进行转移,转移伤员时一般会经过不平或湿滑的地面以及堆积碎片和飞机残骸的区域,由于在坠机现场可能会被绊倒,救援人员抬着担架后退时可能会受伤。如果条件允许,可以使用带轮担架或床车,这样仅一两名救援人员就可以转移伤员。进行初步救援和分诊时,其他救援人员应设置治疗和转移区。一般需要三个治疗区或治疗小组。受害者会被分为三个分诊优先级:立即处理、延迟处理和轻伤。与分诊区一样,治疗区也应设在飞机残骸上风处,在考虑实际可行与安全的情况下,尽可能靠近分诊区。在治疗区内,应对患者进行重新评估,并安置在适当区域治疗,待伤员情况稳定后,应尽快转送医疗机构。机场应急预案中应规定将受害者转移至医院的工具,其中包括直升机、大巴和救护车。指定救护车等候区域时必须注意,该区域不得距离治疗区太近,尽可能在治疗下风区域等候,这样可以防止救护车发动机排放的蒸气影响到治疗区内的人。

发生高冲击坠机时,紧急医疗服务的职责基本仅限于治疗受伤救援人员、尸体回收和事故调查。根据具体时节,需要准备应对冷热相关医疗问题的物资。应急医疗用品中应当备有足够多的担架,从而可以应对机场或区域内最大运输机可能会存在的受害者数量。所用担架的结构应能快速固定伤员。如果事故现场最初就缺少足够的担架,救援人员需要熟知转移患者的基本救援携带物品,这些救援物品通常用来尽可能减轻对受害者和救援人员的进一步伤害。

6.2 飞机内部火灾扑救

对于飞机内部火灾的扑救和人员的救援,机组人员和救援与消防人员的有效协调十分重要,目的是为了减少机场内或周边区域飞机事故或事件的所有相关人员之间可能存在的混乱情况。因此非常有必要加强机组人员和救援与消防人员之间的相互沟通。

6.2.1 飞机内部火灾的特点

发生飞机内部大火的原因有很多:电气问题、客机下层货仓或货机上集装箱中存在易燃或活性物品、非包容性发动机故障、低冲击坠机或燃油溢漏火灾蔓延到飞机内部等。航空器灭火救援人员应从空中交通管制获取尽量多关于机内火灾情况的飞行报告信息。大多数机场消防部门并没有足够的资源来处理客机或货机的机内火灾,因此,这些部门应尽快启动足够的互助救援。如果灭火救援人员直到很明显需要额外援助时才启动救援的话,那么相关机构可能无法及时提供有效的援助。

机组与消防救援人员之间的协调,可有效减少机场内或周边区域的飞机事故,并降低事件相关人员之间的混乱状态。

少数情况下,飞机在降落后,机组人员可能已经闻到强烈的燃烧气味。多数飞机在客舱下设有货舱,由于包裹阴燃或冒烟,因此会启动紧急状态。紧急情况下,一旦确定灭火救援人员会进入飞机,应派出救援小组准备待命,以防进入飞机的人员发生任何情况。如果是货舱起火,支撑地板的结构元件性能会减弱,甚至发生倒塌,可能将消防队员困在地板下面的区域内。驾驶员和消防队员间应发起通信,了解舱内状况。

部分航空器灭火救援人员检查机内情况时,其他人员应彻底检查飞机外部(包括轮舱),查看是否有冒烟或烧焦、起泡迹象。外部救援人员通过飞机窗口可看到飞机内部的火焰,特别是机内轮舱火灾的火焰。

如果空中交通控制塔台或灭火救援人员确定存在失火情况,机组人员可能会在飞机刚刚停止时立即启动疏散。灭火救援人员需打开全部可用出口,打开出口前,必须考虑风向,如果未协调考虑风向问题,风会将火吹向机舱,使火势变大且迅速蔓延。救援人员协助乘客滑下逃生滑梯,并疏散其远离飞机。即使部门人员有限,所有人员都需协助疏散。消防队员还应考虑使用红外设备检查飞机内部和外部情况。

飞机上有些区域是容易出现冒烟或明火的,对这些地方需要更加警惕。一般存在烟雾和燃烧气味源头的区域有过热荧光灯镇流器、食材准备区、厕所、驾驶舱区域、航电设备和电子设备舱、货舱和过热电气部件等。下面主要介绍前几项。

1) 过热荧光灯镇流器

就像在建筑物内一样,飞机上荧光灯镇流器过热现象频繁发生,但一般都不严重。忽视镇流器过热现象的后果很严重,机组人员闻到这种特殊气味时需认真对待,并驱散味道。

2) 食材准备区

与地面上的商用和家用厨房一样,飞机上的食材准备区(见图6.2)通常都是火源所在区域。航空器灭火救援人员必须彻底检查该区域,要精准到所有抽屉、储存区和热板加热元件。厨房设备的电源开关和断路器均设置在驾驶舱内。自1985年以来,商用飞机的厨房都安装了烟雾探测器,帮助精确探测厨房内的烟雾。但是这种探测器仅在局部发出声响,不会向驾驶舱发出警报。收到乘务员通知前,驾驶舱机组人员可能不会意识到烟雾探测器已经激活。机组人员不了解情况会导致紧急降落程序延迟启动。

3) 货舱

客机和货机下层货舱内安装有可以向机组人员发出警报的烟雾探测系统,还安装了必须由驾驶员激活的灭火系统。货物运输机的主要货舱甲板上可能也安装有烟雾探测器,但没有灭火系统。

4) 驾驶舱区域

驾驶舱区域内可能有一个或多个断路器面板(见图6.3)。飞机上任何一个电气系统发生故障,都会通过断路器跳闸提醒机组人员。鉴于飞机断路器的灵敏性,采取措施纠正问题前,机组人员可能会多次尝试重置断路器。另外,由于机组人员熟悉飞机上的情况,可以帮助灭火救援人员找出隐蔽火点。飞机系统异常和无线电干扰也可能说明飞机内部有火源存在。

图6.2　食材准备区

图6.3　飞机驾驶舱区域

除主客舱外,导致飞机内部火灾发生的火源还有很多,有些存在于飞机机身的隐蔽处,因此航空器灭火救援人员需要了解机身的结构特征。隐蔽处的火可能会在飞机蒙皮和内衬之间蔓延,蹿入头顶通道内,还可能会蔓延至飞机载货区或机腹。这种情况下要确定点火源或火势蔓延范围可能会比较困难。若是条件允许,可使用便携式红外热探测器或热成像仪来找出"热点",即隐蔽火点。其他找出隐蔽火点位置的方法包括拆除地板、墙板和舱顶。飞机外部漆面气泡或变色区域可能为起火区域。通过喷射细水雾并留意水变成快速蒸汽后蒸发的区域,也可找出起火区域。如果飞机降落后没有疏散迹象,航空器灭火救援人员必须立即通过所有可用舱门和舱口进入飞机内部,开始营救乘客,并做好消防作业准备。机内起火情况下可能会缺氧,必须小心谨慎,打开出口时,新鲜空气会进入过热空气中,可能会引起轰燃。任何情况下,进入飞机的消防队员不得堵住乘客应急出口。但是让乘客撤离飞机并不影响消防队员打开所有安全舱门、舱口和窗口对飞机进行通风。

6.2.2 飞机内部强制进入

航空器灭火救援人员必须熟知自己所负责机场所涉飞机的机型,以便能够针对具体危险制定预案,并做好应对突发事件的准备。灭火救援人员还须熟知飞机的构造特点和各部分的材料,这些都与强制进入、救援和灭火作业十分相关。灭火救援人员必须能够确定自己所负责机场所涉各类飞机的机组人员、乘客位置和飞机容量。灭火救援人员也必须做到能够定位并操作各飞机的正常入口和安全门、紧急出口开口、货舱和电子设备舱开口、隐蔽空间通道、救生系统和撤离滑梯。当常规入口无法使用时,灭火救援人员必须能够定位并找到强制进入的入口,通过飞机上的强制入口进入。对于军用飞机,消防队员对于舱盖和座椅弹射系统,以及武器和爆炸装置的熟知是非常重要的。

若其他所有进入方式都未成功,不得已时应当尝试强行破拆进入。军用飞机上用颜色对比鲜明的标志清楚地圈出了强行进入点,还会印上"应急救援,从此切入"的字样(图 6.4)。由于现如今大部分涡轮驱动运输机所使用的金属材料较厚,且机身大量采用框架结构以及绝缘特性等方面的原因,因此很难破拆进入。有些民用飞机会设置专门的破拆点,机身外部会喷上红色或黄色的四角切入标志,表明可以由此进入,从而到达被困人员所在位置。这些地方不存在管子、管道、布线等危害,可以作为应急切入点。大型飞机上的大多数系统都安装在主层以下。一般情况下,避开飞机系统的最佳区域是舷窗上下 0.5 m 范围内的区域(图 6.5)。机身尾部有一部分为耐压舱壁,切勿从此处进行破拆。切开机身是个很费时的过程,且切割过程中注意避免伤害到乘客和机组人员。相关人员应提前对飞机上适当的切入位置进行了解确定。鉴于强制进入的危害性最大,且破拆过程耗费时间,所以作为最后不得已而采用的方法。

军用运输机切入位置

军用飞机切入标记

图 6.4 军用运输机上切入点
标志和位置示例

镁和镁合金具有强度高和质轻的特性,用于起落架、旧式飞机的机轮、发动机安装支架、曲轴箱舱、盖板和其他发动机零件。镁和镁合金通常用于不能够破拆的区域。尽管镁不容易点燃,除非将其磨成粉状或小颗粒状,但是一旦点燃,就会发生剧烈燃烧并且很难被扑灭。因此在强制进入或破拆的过程中要十分注意,避免引起二次火灾。

6.2.3 飞机内部火灾扑救方法

机身内部发生火灾,将直接对机身内部人员的生命造成危害。消防人员应把营救机身内部人员脱险作为首要任务完成,灵活运用冷却降温、阻截控制、破拆排烟、抢救疏散、内外夹攻、多点进攻、灌注灭火剂等战术。对于不同部位的火灾,采取的灭火战术也不同。

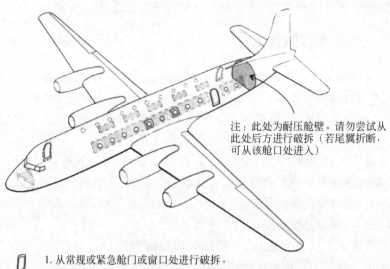

注：此处为耐压舱壁。请勿尝试从此处后方进行破拆（若尾翼折断，可从该舱口处进入）

1. 从常规或紧急舱门或窗口处进行破拆。

2. 对窗口或窗口之间座椅扶手以上、行李架以下的区域或机身顶端中线两旁任意一侧进行切割。有些飞机设有破拆点。在进行切割时要注意避免切割工具伤害到乘客，注意避开其他可能被机内障碍物堵塞的区域。

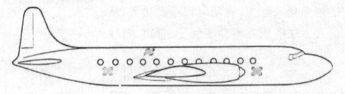

3. 在破拆点进行切割。这些破拆点通常采用红色或黄色四角标记，并且具有白色轮廓（若可能）以便与机身背景形成反差。

图 6.5　民用飞机破拆切入区域

1. 机身尾部客舱灭火

消防员从中部舱门攻入机身内部，用雾状水阻截火势向中部客舱蔓延，掩护乘客和机组人员从前、中部舱门和应急出口撤离飞机，疏散到安全地带。同时，打开尾部舱门或打碎舷窗进行排烟，以降低舱内烟雾浓度和温度。在尾部舱门和舷窗开口处，布置水枪或喷射泡沫，阻止火势从开口向外蔓延。用泡沫覆盖或用开花水流喷洒机身外部受火势威胁较大的危险部位。在控制住火势向中部客舱蔓延的同时，消防员从尾部舱门突破烟火封锁，强攻进入尾部客舱，中部客舱水枪手与之形成合击。在舷窗间的水枪手，应将水枪从舷窗口伸入客舱内部，与内部水枪手协同配合，冲击火焰消灭火灾。

2. 机身中部客舱灭火

消防员同时从前舱门和尾舱门攻入机身内部，用雾状水控制火势向前部客舱和尾部客舱蔓延，掩护乘客和机组人员从前舱门和尾舱门撤离飞机，疏散到安全地带。在下风向距机翼较远的部位打碎舷窗进行排烟，并从舷窗口伸入水枪，多点进攻打击火焰，配合内部水枪手消灭火灾。同时应用泡沫和雾状水冷却机身下部和机翼，防止高温辐射引起机身下部和机翼上的燃油箱发生爆炸。

3. 机身前部客舱灭火

消防员从前舱门和中舱门攻入机身内部,用雾状水控制火势向驾驶室和中部客舱蔓延,掩护乘客和机组人员从中舱、尾舱门和应急出口撤离飞机,疏散到安全地带。当火势猛烈,前舱门进攻受阻,且火势已过前舱门,严重威胁驾驶室时,应在靠近驾驶室舱处打碎两侧舷窗,将水枪从舷窗口伸入机身内,用雾状水封锁空间,阻止火势蔓延,保护驾驶室,并配合内部水枪手里应外合,消灭火灾。

4. 驾驶舱内灭火

消防员从前舱门攻入机身内部,用雾状水冷却驾驶室与客舱之间的隔墙,防止火势蔓延到客舱,掩护乘客和机组人员从前、中、尾部舱门和应急出口撤离飞机,疏散到安全地带。使用卤代烷类灭火剂类扑灭驾驶舱内火灾。没有卤代烷类灭火剂时,可用干粉或二氧化碳灭火剂扑救,迫不得已时再用水或泡沫扑救,因为只有卤代烷灭火后不留痕迹,其他灭火剂会使驾驶舱内的仪器仪表设备遭受不同程度的水渍或损坏。

5. 货舱(行李舱)内灭火

当飞机上有乘客时,应首先组织力量疏散客舱内的所有人员。当货舱内装运普通货物时,可用喷雾水或泡沫扑救,如机场配备带有刺针式喷嘴的消防车时,可实施穿刺灌注灭火,但要实时关注灌注的有效性。当货舱内装运化学危险品时,应根据所装运货物的性质选用灭火剂。

在进行飞机内部灭火的同时,还需要明确一些灭火的注意事项,以保证灭火过程的顺利进行。首先要做好个人防护,深入机身内部的消防员必须佩戴呼吸器,穿着避火服或隔热服。灭火过程中要注意防止形成爆燃,机身处于全封闭状态,起火后产生的烟雾和温度散发不出去,会在机身内迅速积聚,打开舱门后,空气进入机舱,从而形成爆燃。消防人员应手持喷雾水枪站在机舱门后,略微打开机舱门,将喷雾水枪伸进机舱内射水;而后再完全打开机舱门,进入机舱内救人、灭火。在客舱内没有旅客时,可从机身上部破拆口灌入高、中倍泡沫,对客舱进行封闭灭火。氧气瓶受到火势和热辐射威胁时,应用雾状水冷却,或将钢瓶疏散到机身外安全地带,预防氧气瓶爆炸。灭火过程中,要酌情打开舱门、紧急出口,并打碎舷窗等进行排烟,为机身内人员安全脱险提供条件。疏散机身内乘客时,要在机组人员协助下,充分利用救生设备(自动滑梯、救生索等)进行疏散。掩护机身内人员疏散或内攻灭火时,要注意避免盲目射水,防止水枪射流伤人。当救援时间较长时,应组织预备力量及时接替消防人员,使正在救援的人员得到休整。

灭火时注意不得将软管或消防炮射流喷射进烧穿的洞或机顶上的切口,否则会干扰纵向通风,还会使火苗和燃烧产物在机内水平扩散。火势可能会在机腹内蔓延,因此必须打开货舱、电子设备舱和其他机舱,检查是否起火。可能需要卸下货舱中的行李,检查火势蔓延和灭火情况。火还可能在飞机其他隐蔽区域蔓延,如头顶通道和侧墙。必须进入所有火灾波及区域进行灭火和彻底检查。

6.2.4　飞机通风

机内灭火后适当通风应作为计划和协调作业的一部分。一旦认为通风是安全的,即可建立通风。可打开尽量多的舱门和舱口,完成最初的通风。必要时可向内敲碎侧窗以进行通风。消防队员应利用打开机侧舱门、舱口和侧窗的正压通风，与主风向一致。可在打开的飞机外喷射喷雾射流进行液压通风。

某些情况下，可以在高空作业平台上从飞机顶部开纵向通风口。航空器灭火救援人员不得站在飞机顶部。对于大多数商用飞机，会需要用带 16 in 切割轮的破拆锯、圆盘锯或切割锯切割整个机身。切割过程中，为对切口进行润滑并防止铝液污染叶片的切刃，应使用泡沫来冷却切口。向机头或机尾倾斜的机顶区域经过了加固处理，可能无法通往主客舱，航空器灭火救援人员应避免在这些区域开口。如果机内舱顶和行李舱未受损，飞机顶部的纵向开口只能为头顶通道通风。宽体飞机的头顶通道内可能还会设置机组人员休息区。

机内起火时喷水会使有限的内部空间快速充满烟雾和蒸汽，尽早采取通风很重要。这种情况比较麻烦，既使搜救十分困难，又会将乘客和航空器灭火救援人员置于蒸气灼伤的危险境地。一旦开始通风，相关人员应立即进入机内搜救，开始救火，并从未燃烧的一侧开始展开救援。首次灭火时，只要机翼下部没有着火，一般最好在逆风的翼上舱口或舱门处展开软管。进入机内时，机翼可以作为站立平台。由于大多数乘客会从舱门撤离，一般最先从翼上舱口进入。翼上出口也可将飞机划分成两部分，可防止火势向任何方向蔓延。对于窄体飞机，直流一般可到达主客舱两端。飞机地板可能会不太牢固或被烧穿，消防队员进入飞机时要小心。最终的目的是要保障航空器灭火救援人员及乘客的安全，因此要尽可能快地打开所有舱门和舱口，还应尽快确定、维持并保护所有可行救援路线。

6.2.5　货机内部火灾

满载货机与载客飞机无论是载客量还是火灾荷载都不同，两种飞机内部发生的火灾明显不同。这两种飞机上都可能有危险品，但是货机更有可能装有比客机更多的危险品。

若停在地上的货机发生火灾，机组人员通常都能通过正常入口舱门或驾驶舱应急出口撤出飞机。一旦确定所有机组人员已撤出飞机且没有任何救援问题，随即转向灭火工作（图 6.6），如果不能打开货舱门，则可能很难展开常规灭火。货物集装箱或装有货的托盘也会增加机内灭火的难度。应对货机内部火灾时，采用蒙皮穿刺喷嘴可能是最佳战术。使用这些穿刺喷嘴，救援和消防人员可从飞机外部找到火灾最热点位置，穿过相应位置机身。采用这种方法，能适当向火中喷射灭火剂，而航空器灭火救援人员不会在机内灭火中暴露于危险当中。

图 6.6　演练时消防队员持软管进入货机

　　机内灭火前,航空器灭火救援人员应确定飞机上是否存在危险物品及其类型和数量,驾驶舱或主装货门周围区域内的货物舱单上有危险物品相关信息。除了放射性物质,危险物品必须便于机组人员接触到,并且通常储存在飞机前部附近。无论飞机上有多少危险物品,当发生货机紧急情况时,都应立即请求危险物品应急小组。如果有红外热成像装置,可用其协助找出火源所在。

6.3　飞机外部火灾扑救

　　在飞机火灾中,灭火的目的主要是为了进行人命救助,制定整个战术计划应贯彻这个原则。单纯的灭火战斗,属于火灾事故现场采取的最后一步行动。为优先保障抢救生命,在救援初期控制火势比灭火更重要。

6.3.1　发动机/APU 火灾

　　若发动机或辅助动力装置(auxiliary power unit,APU)起火(见图 6.7),驾驶舱机组人员可首先尝试通过机载灭火系统灭火。其他突发事件中,消防人员可处理未装人的飞机。因此,机场消防队员必须熟悉飞机关闭程序和外部关闭装置的位置。处理发动机或 APU火灾时,直接向进风口喷射水流或 AFFF 不一定能够灭火。虽然有些灭火剂会进入发动机或 APU 核心部分,但火灾很可能会波及发动机外部核心周围的附件段。处理发动机或 APU 火灾时,应选择使用清洁气体灭火剂,如果没有清洁气体灭火剂,那么可以使用泡沫灭火剂。使用清洁气体灭火剂和泡沫灭火剂灭火,之后可以对发动机进行维修并重新使用。若地方应急救援部门受条件限制,可能会使用干粉灭火剂,但这样会导致发动机损坏。

图 6.7　飞机发动机起火

　　在驾驶舱或通过外部消防面板操作发动机或APU 的消防关闭系统是最安全的灭火方法。大机体飞机驾驶舱内一般配有容易识别的发动机和 APU 消防关闭手柄。许多飞机的前起落架、主轮舱、机腹或机尾上也有外部 APU消防面板。除启用灭火剂瓶外,这些系统还可以同时断开动力装置的燃油、液压、电气和气动连接。

　　如果不能访问或使用飞机的消防系统,或者是灭火失败时,救援人员会负责开启发动机罩或 APU 入口板门来尝试完全灭火。紧急情况下残余燃油可能会积聚在 APU 内,应从最低点向最高点开启 APU 罩。由于这些入口板的位置和结构的特殊性,消防队员执行此项任务时必须极其小心。发热或燃烧的液体或发动机零件可能会卡在这些区域内,打开入口板时可能会掉在消防队员身上。

　　如果消防队员不能安全接近内部组件,相关人员可能会考虑在开启前使用打孔工具配合灭火剂的喷射。可以使用大量破拆工具完成该任务,但只能在发动机熄火并移除其电源后方可尝试。采用上述任何一种发动机火灾控制方法前,发动机必须熄火,必须移除燃油源、电源、液压源和气压源。

　　发动机外壳打孔的关键在于要知道附件舱的打孔和进入位置。若打孔位置错误，可能会与附件舱错开，打到外壳后面的其他发动机部件。有的飞机设置有消防灭火入口或敲入板，可由此直接向发动机内喷射灭火剂。其他灭火剂喷射方法可能包括利用发动机/APU周围的入口板门，也可通过油位或液位检查门进入发动机内部。

　　由于发动机高出地面很多，特别是安装在垂直稳定器上的发动机，这点更为明显，有的飞机发动机离地面高度可达 10.5 m 以上。因此，扑救飞机发动机火灾首先要准备好登高工具（如消防梯、举升工作平台）和用来喷射适当灭火剂的曲臂消防车。因为现代发动机内腔舱容量很大，灭火剂的喷射量也必然很多，在高速喷射灭火剂时，灭火剂喷离喷嘴时会产生很大的反作用力，在登高作业时，必须稳定、准确地掌握住喷筒，并采取有效措施，保障登高作业人员的安全。

　　正在扑救发动机火灾的人和设备，不要位于发动机正下方，因为这些位置可能有漏油、熔化金属或地面火势的伤害。在实际灭火时，只要有合适的喷筒或射程，并具有有效的喷射灭火剂的形式，喷射位置在发动机的外侧、前面和后面都可以。另外，飞机发动机进气口前7.5 m、排气口后 45 m 范围内为危险区域，消防人员与被撤离人员严禁进入这一区域，以免被运转的发动机吸入或被喷气流烧伤。

6.3.2　飞机机翼火灾

　　机翼内载有大量的航空燃料，发生火灾后燃烧猛烈，火势迅速向机身蔓延，并能够在短时间内烧毁机翼，引起机翼内燃油箱发生连续爆炸，使大量燃油泄漏到地面流淌燃烧，并迅速包围机身，对飞机起落架、机身及其内部人员构成严重威胁。

　　一侧机翼根部起火时（见图 6.8），使用三辆主战消防车灭火，冷却机身使其不受热辐射的影响，由机翼根部向外推打火焰，防止火焰烧穿机身，以保护机内人员由机身前舱和后舱安全撤离。此类火灾应采用干粉、泡沫联用的方式夹击灭火。

　　一侧发动机部位起火时（见图 6.9），用两辆主战消防车，干粉、泡沫联用向机翼末端推打火焰，夹击灭火，保护机身，掩护机内人员迅速由机身外一侧迅速撤离飞机。

　　两侧机翼全部起火时（见图 6.10），用三辆主战消防车停在机身前舱两侧，采用干粉、泡沫联用上风冲击火焰，将火焰向机身外或机翼后推打，同时用泡沫覆盖冷却保护机身，防止火焰将机身烧穿。掩护机内人员从前（后）舱门迅速撤离到上风向安全地带。

　　尾翼起火时，主要是由发动机火灾引起尾翼燃烧，火势向前部机身蔓延。用两辆主战消防车停在飞机前方一侧，喷射泡沫冷却机身，控制火势由后向前蔓延，采用泡沫、干粉联用向尾翼冲击灭火，抢救机内人员从前舱门撤离飞机。

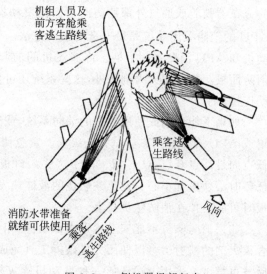

图 6.8　一侧机翼根部起火

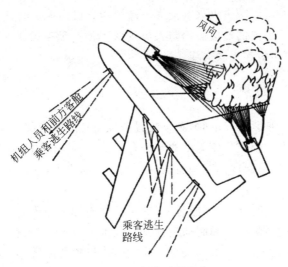

图 6.9　一侧发动机起火

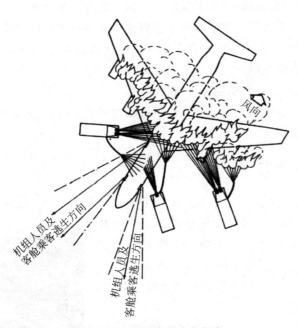

图 6.10　两侧机翼全部起火

在扑救飞机机翼火灾时,所遵循的原则是,灭火与疏散机内人员同步进行,冷却保护机身,抢救旅客疏散为先,采用上风冲击、两翼外推阻挡火焰,干粉、泡沫联用灭火。需要注意的是,在向机身上喷射泡沫时,应集中到场的所有泡沫保护机身。切忌沿机翼线向机身方向喷射泡沫,防止把机翼上的游离燃油驱赶到机身上燃烧。几辆泡沫车上的泡沫炮需要同时喷射泡沫,要避免某一门泡沫炮喷出的泡沫冲开其他泡沫炮喷出的泡沫覆盖层。若不能接近危险区域时,可用泡沫炮喷射集束泡沫,进行远距离灭火。泡沫炮操纵手应根据燃烧区面积和距离,适时改变消防车停车位置和泡沫炮喷口形状,将泡沫准确、均匀地喷射到燃烧区。能够接近实际危险区域时,可将泡沫炮喷口改成鸭嘴形使喷出的泡沫呈扇面状,实现快速、大面积覆盖灭火。避免使机上人员受到泡沫强大冲力的伤害。喷射干粉时,主要用于压制火焰,应实施上风向冲击,以减少灭火剂损失。疏散撤离机内人员时,应用雾状水流掩护,并对下飞机困难人员给予必要的接应。消防人员皮肤上沾有航空燃油和液压剂时,要尽快用水和肥皂冲洗干净,防止引起皮肤炎症。

6.3.3 刹车装置过热

无论是正常降落还是紧急降落时,刹车装置和机轮总成经常都会发热,这需要引起航空器灭火救援人员的注意。确定机轮温度的方法有多种。可以使用热像仪和其他温度监测装置,在安全距离内确定机轮温度。有些新型的喷气式运输机上,驾驶舱可以直接监控机轮的温度。

一旦大型运输机降落时间长、不能起飞、襟翼不能着陆或有发动机反推装置使用问题,航空器灭火救援人员应当做好处理制动装置发热的准备。通常情况下,机轮总成冒出棕色的烟,即可确定为此类紧急情况。如果飞机停止的时候机轮总成冒烟,需要继续加以观察,不要贸然行动。原因在于飞机在跑道上完全停止 $20\sim30$ min 后,才可能达到机轮最高温度。

为了使发热的刹车装置降温,需要采取一系列的措施。继续滑行,在适当的时候可以协助散热,不过只有在机组人员不使用刹车装置而能够滑行时才可以进行。为了确保安全,航空器灭火救援人员应实施监测。还可以让机轮总成在机场指定的较远的区域内自行冷却,为了确保安全,也需要航空器灭火救援人员实施监测。除了自行冷却的方式外,还可以人为地进行冷却。利用风扇来冷却机轮总成,相比自然冷却要更快捷一些。多数救援部门使用便携式风扇,使消防队员能够靠近危险区。不过在大多数情况下,采取持续水雾或喷雾流可以替代风扇,而且比使用风扇更安全。

6.3.4 起落架火灾

起落架装置是飞机的重要组成部分,它的任何部位发生火灾(见图 6.11),都足以引起一场严重的飞机火灾事故。最危险的是危及油箱或造成飞机翻转,使火势蔓延到整个机身。起落架的火灾发生会经过几个阶段:过热发烟阶段、局部燃烧阶段和完全燃烧阶段。每一个阶段所采取的灭火措施也不同。

1. 过热发烟阶段

由于飞机机轮在维修时装有新的刹车垫,机轮上附着残油,或紧急刹车制动被卡等原因,机轮或轮胎在摩擦过程中产生高温,引起轮胎橡胶的热分解或易燃

图 6.11 飞机起落架起火

液体受热冒烟,有燃烧的可能。准备好干粉和水枪,并时刻严密地观察,一旦发现起火,便立即喷射。如果烟雾逐渐减少,应让机轮或轮胎自然冷却,避免发热的机轮或轮胎急剧地被冷却,特别是局部的冷却,可能引起机轮或轮胎的爆炸。如果烟雾增大,可用雾状水流断续冷却,避免使用连续水流,更不可用二氧化碳冷却。

2. 局部燃烧阶段

局部燃烧阶段的燃烧比较缓慢,火焰不大,热量也不高,但能够在短时间内使整个机轮或轮胎全面燃烧,使轮胎报废,并将对机身和机翼下部形成威胁,有引起机身和机翼火灾的

可能。在扑救时用干粉迅速扑灭火焰,并用雾状水流冷却受火势威胁的机身或机翼下部,以及其他危险部位。快速撤离机上所有人员,并清理出在轮轴方向的安全地区便于疏散。灭火后用雾状水流对机轮或轮胎进行均匀的冷却,以防复燃。

3. 完全燃烧阶段

除上述原因外,由于液压油的外泄,起落架会完全着火,这时的火势猛烈,辐射热强,对机身或机翼的危险性更大,要求消防人员在最短的时间内将其扑灭。如果机轮总成起火,最安全的方法莫过于使用消防炮远距离喷射大量的水。采用这种方法,消防队员可以远离危险区,还能达到灭火和快速冷却的目的。灭火后需继续冷却,以有效降低其他组件的损坏程度。消防队员从前方或后方接近时,可使用小口径水带来代替消防炮。如果没有水,应使用任何可用灭火剂来扑灭机轮总成火灾。

6.3.5 特殊火灾风险

1. 可燃金属火灾

现代飞机会用到许多种金属,其中不乏镁、钛等可燃金属。

镁为银白色金属,质轻,一般认为其燃点接近其熔点。镁被归为可燃金属,但固态镁并不容易燃烧,镁是否易燃,取决于它的厚度和形状。多数大型螺旋桨飞机、早期的喷气式运输机、起落架、发动机架、机轮盖板和发动机部件都用到了镁。

钛为银灰色金属,强度与普通钢相当,但密度仅为普通钢的56%,有些钛合金的强度能达到最好的铝合金的3倍。一般也认为其燃点接近其熔点,由于其耐热性和耐火性,因此用于发动机零件和发动机舱中,也用于现代喷气式运输机的起落架中。此外,新型大型飞机中,钛的使用量越来越大。

飞机火灾中涉及可燃金属时,往往会带来其他问题。可燃金属起火时,可以接受使用消防炮喷射较大的粗射流,进行初步控火。首先,此种消防射流可能会加大火势,会使燃烧金属扬起火花,在喷水之前必须考虑到这些问题。喷水虽然有效,但是可能会使燃烧的金属从飞机上脱开,也能防止未燃烧的金属达到燃点。可以让高冲击坠机现场周围燃烧的可燃金属自行燃尽或用干粉灭火剂、泥土或其他干燥的惰性材料进行掩埋。极少情况下,可用铁铲将少量燃烧金属转移至安全区域,待其燃尽所有燃油。应始终戴上自给式呼吸器,防止吸入可燃金属燃烧释放的烟。可燃金属放出的烟毒性极强,还可能含有金属颗粒。

2. 燃油泄漏

航空器灭火救援人员需要对飞机燃油溢漏或泄漏但并未燃烧的突发事件做出响应。针对此类突发事件,航空器灭火救援人员应采取一系列的预防措施。首先需要尝试从源头切断燃油或使用应急燃油截流阀或输送阀切断燃油,并且避免采取存在点火源的措施。如果溢漏情况对乘客构成了威胁,应当对乘客进行疏散,并提醒非必要人员远离现场,救援过程要确保消防人员穿戴全套防护服。根据实际情况可以考虑用泡沫覆盖全部外露燃油表面,保持泡沫覆盖层,防止放出燃油蒸气。将溢漏的燃油控制在尽量小的区域内,防止泄漏或溢漏的燃油进入径流、雨水道、下水道、建筑物或地下室。要准备好相关灭火救援设施和设备,在发生火灾时保障救援作业,将设施定位在燃油溢漏点上风和上坡位置。

若是发现存在起火的隐患,有必要用泡沫覆盖大规模航空燃油的溢漏。燃油溢漏的危险严重程度主要取决于燃油的挥发性及与点火源的靠近程度。航空汽油和其他常温常压下低闪点的燃油会释放出蒸气。这些蒸气能在靠近液体表面处与空气混合形成可燃混合物。煤油类燃料一般不会发生这种情况,环境温度和燃料温度达到了至少 38℃时除外。另外需要注意的是,发热路面温度有时可以超过 60℃,此种情况下溢漏燃油属于易燃液体。

任何溢漏或泄漏情况下,必须谨慎小心,避免采取会为燃油蒸气提供点火源的措施。如果燃油供应软管或设备溢漏或泄漏燃油,必须立即关闭应急燃油截流阀。如果从飞机的进油口、通风管或油罐缝溢漏或泄漏燃油,必须立即停止输送燃油。应断开飞机的所有电源,对飞机进行疏散。维修人员必须彻底检查飞机是否受损,是否有易燃蒸气等。飞机重新投入使用前,易燃蒸气可能会进入机翼或机身暗舱。应对每次突发事件或相关事件做维修记录,记录原因、各类人员采取的纠正措施及预防复发的措施。消防部门的突发事件报告中也应含有此类信息。

无论溢漏规模如何,响应人员都需对飞机进行疏散,从而安全减轻紧急情况。任何疏散人员都不得从燃油上走过。任何衣服若喷洒或浸入了燃油,应立即脱下,避免形成其他点火源,且需要及时地用肥皂或用水洗掉油污。

车辆和飞机上的发动机都必须产生火花来启动,这样会点燃在车辆附近的燃油。覆盖或清除溢漏的燃油前,灭火救援队员不得在危险区域内启动任何飞机、车辆或其他会产生火花的设备。在安全的情况下,运行的车辆或发动机也应熄火。需慎重地决定附近发动机或车辆是否需要熄火。如果燃油溢漏时车辆发动机正在运转,将车辆驶离危险区会更安全。除非经过评估后发现移动车辆会对人员造成更严重的伤害,比如车辆必须驶经溢漏的燃油方能离开危险区,那么车辆留在原地不动,也不须将发动机熄火。移动燃料供应车前,必须收起正在使用的连接车辆和飞机的燃油软管,并妥善安全存放。

需要注意的是,如果溢漏时飞机发动机正在运转,应将飞机转移出危险区,除非溢漏规模会增加或螺旋桨涡流或喷气会增加燃油蒸气的危害程度。如果燃油进入了卫生下水道或雨水道,相关人员应控制入口,防止有燃油继续进入。还应立即通知公用工程负责主管和地方环境卫生部门。在相关人员到达现场评估情况并向事故指挥员提出建议前,不得采取进一步的燃油稀释或抽离措施。燃油溢漏在任何飞机上时,应对飞机进行彻底检查,确保非燃油储存用襟翼舱或内翼部分没有积油或燃油蒸气。货物、行李、邮袋或类似物品若沾染了燃油,在装上飞机之前,应进行去污处理。

从某种程度来讲,每一次飞机燃油溢漏突发事件的原因可能都不相同,但也能从中找出一定的规律。每次燃油溢漏都可能涉及溢漏规模、地形、设备、天气状况、易燃液体类型、飞机载客率以及可用应急设备和人员等相关因素。还有可能是飞机维修期间发生燃油泄漏或溢漏,那么相关人员必须立即停止加油作业。令非必要人员远离现场,直至消除危险,完成维修并确认现场安全。应就此类突发事件通知航空公司和机场安全人员,决定继续进行机场作业,或是在问题得到解决前中止作业。

6.4　航空器事故消防救援

6.4.1　低冲击坠机

机身未严重受损或未断裂的坠机事件中幸存者比例可能会比较大,一般称为低冲击坠机。飞机一般受一定的控制,坠机时处于合理的水平、受控状态。机身可能保持完整或仍为几大部分。低冲击坠机事件一般发生在机场或机场附近,人员幸存概率非常高。虽然突发事件不伴随火灾的情况并不少见,尤其是在飞机耗尽燃油的情况下,但这些类型的突发事件中仍然可能会发生燃油起火。尽管如此,航空器灭火救援人员的首要任务还是要确保乘客和机组人员的安全。低冲击坠机事件中可能会有人员死亡,但更多的是各种程度的非致命伤害。乘客一般能自行脱困并远离低冲击坠机点,但如果有被困和重伤乘客,则需要同时展开救援和灭火作业。

即使是在低冲击坠机事件中,航空器灭火救援人员也应在穿整套防护服和戴自给式呼吸器后方能展开脱困作业。此外,小口径水带队需支援救援人员,防止其受闪燃伤害。根据飞机残骸散落点的大小,在灭火之初,由于消防炮喷嘴射流无法到达火区,需要布置并使用小口径水带。

常见的低冲击坠机主要是机腹着陆、水上迫降、冲出跑道等事故。

1) 机腹着陆

液压系统故障或其他原因可能会导致起落架收起或机腹着陆。虽然此类突发事件中火灾的发生并不是不可避免的,但伴随起火的情况却比较多见。飞机擦撞地面时,油箱可能会破裂,摩擦产生大量的热量,产生的火花也会成为点火源。若飞机未能降落在松软的地面上,而是在机场跑道着陆时,造成的危害会更严重。任何情况下机腹着陆后,需要采取灭火措施最大可能地减小点燃的可能性。

起落架收起着陆的方式有多种。当前起落架收起,主起落架放下时,要求飞行员低进近并减速以保持机头向上直到最后一刻。单个主起落架收起的情况是最危险且最难控制的。起落架收起但并未锁定时,起落架会崩溃,并且不会向机组人员或航空器灭火救援人员发出任何警报。

起落架收起着陆时,驾驶员不可能保持对飞机的控制。飞机着陆后可能会断开或偏离跑道。航空器灭火救援人员应接受飞机停机位置的不确定性,安置相应设备时与跑道保持安全距离,避免受到撞击。仅在飞机通过安置好的车辆后,方能开展相关作业。发生此类事故后,大型飞机大体上保持完整,大多数乘客都能自行离开飞机。如果起火,关键要做的是积极灭火,使机身无火,尤其是出口处。飞机的最终姿态会对疏散作业构成阻碍。逃生滑梯设计用于机轮朝下时的疏散。当起落架收起,机身触地时,乘客通常会挤在滑梯底部,这会大大降低疏散速度。

2) 水上迫降

低冲击坠机的另一种情况是水上起落架收起降落,也称水上迫降。这种情况下,航空器灭火救援人员一般能够进行有效救援,依靠救生艇和受训的水上救援人员协助飞机上人员进行撤离。其中对灭火救援人员来说比较困难的是使乘客免于溺水。

许多机场的进近/出发航线上或附近有大型水体,飞机滑离跑道、短距离着陆、中断起飞、水上迫降或坠机时可能会发生水体内飞机事故。此类事故比较危险,航空器灭火救援人员在实施消防与救援作业时也会遇到困难。水面上可能会覆盖一层燃油,随时存在燃烧的危险。如果条件允许,应当在整个区域内施加一层泡沫覆盖层。如果部分飞机浸没于水中且没有燃烧,浮到水面上的燃油可能会接触热的发动机部件而燃烧,因此航空器灭火救援人员在展开救援作业时应时刻保持警惕。幸存者和救援人员很可能会沾染油污,需采取适当去油污措施。航空器灭火救援人员还应注意，由于机舱顶部有气囊，飞机残骸可能会浮在水面上。在水平面以上开孔可能会放出空气，使飞机在乘客撤离前下沉。

救援人员需使用专业的水上救援设备。在恶劣的天气条件下，尤其是在冬季，体温会降低，乘客和救援人员很快就会失去行动能力。即使天气暖和，寒风也会使体温降低。根据气温、水温、受害人年龄、身体状况和受伤程度，体温降低可能在几分钟内就会导致死亡。在低温的水中，救援和消防人员可能会穿特殊的漂浮救生衣，它可以再支撑2~3个人。虽然低温条件下氯丁橡胶湿式潜水服的防护能力不如干式潜水服，但救援人员也可能会穿。

应急救援部门可能还需要毛毯、轻质纤维保暖套装等，让大量幸存者保持干爽、温暖。另外还可用机场大巴搭载幸存者，做好幸存者保暖工作。在沼泽、湿地、滩涂发生飞机事故，传统救生艇和地面车辆无法到达时，汽艇可能是最好的选择。汽艇底平、吃水浅，只需几英寸深的水就能高效运行，能够穿过广袤的滩涂。可以用水上摩托艇拖救生筏，将幸存者、救援人员和设备拖往或拖离事故现场。

对幸存者开展水上救援时，一般会用到水上救援技术和设备。有些水上救援作业中，直升机可能会有效。但有的时候旋翼产生的下降气流可能会将救援人员和漂浮的装置推离受害者。可以用直升机抛下并部署救生筏和其他类型的漂浮装置，飞机逃生滑梯可脱离飞机用作救生筏，少数老式窄体飞机的滑梯可能必须翻转过来。每个滑梯都有系索，方便撤离人员登上时手动将其固定在飞机上。可将飞机座椅垫作为漂浮装置。如果跑道、滑行道和辅助道路靠近水体，应急救援部门应考虑带上个人漂浮设备(personal floatation devices，PFD)、轻质救生头盔、救生索等水上救援设备。

3) 冲出跑道

突然断电、跑道湿滑、没有停机所需跑道等情况都可能会导致此类低冲击坠机事件的发生。另外，发生此类紧急情况后，飞机一般能保持完整或仍为几大部分，相关人员通常都能幸存。快速响应并保护撤离路线，对乘客生还非常重要。导致这种情况的原因还有很多，常见的包括跑道入侵、野生动物撞击、涡轮故障及候鸟撞击等。由于此类情况危险程度一般较低，救援方式采用前文所述的一些方式即可。

6.4.2　高冲击坠机

飞机坠机时若机身严重受损(机身碎裂)、乘客幸存概率低，称为高冲击坠机。高冲击坠机一般会产生高速、大角度冲击，对飞机的控制有限或飞机失控，通常发生在机场外。发生此类突发事件时，消防队员应负责现场安保、证据保护和暴露保护。高冲击坠机事故中机身严重受损，乘客所受重力超出人体承受能力，或者是在冲击过程中座椅和安全带无法束缚乘客。高冲击坠机情况下，由于撞击地面或树木导致飞机解体。有时候会撞击障碍物，可能会导致侧翻。在上述情况下，机翼、机尾、起落架等主结构部件可能会脱开，散落在进场航线的广阔区域内。另外，飞机在停机前可能会甩出机组人员或乘客。因此，此类情况下，需广泛、彻底地搜寻伤亡人员。

机场外发生高冲击坠机时，航空器灭火救援人员抵达现场后可能会遇到建筑物、植被、车辆、飞机残骸或其他可燃物燃烧的情况，风可能会使火势向无关建筑物蔓延。机场及其消防部门应确定机场外应急救援设备的响应距离以及最多可使用的资源数量。假如只对机场出发和进近路线范围内的事故进行事故响应，而不处理机场外的飞机坠机事故，那么机场消防部门将承担责任。

根据飞机坠机是否可控对高冲击坠机进行分类,分为可控飞行撞地和波及建筑物的坠机。

1) 可控飞行撞地

导致飞机坠机的情况很多,如保持飞机飞行的液压或其他系统会发生故障,恶劣的天气条件会使驾驶员失去对飞机的控制,错误校准仪器会导致驾驶员不能准确导航。无论坠机原因为何,驾驶员虽然不能完全阻止飞机坠机,但一般都能控制飞机在何处坠机。引导飞机坠落到目的位置被称为可控飞行撞地。

紧急情况下,飞行员在飞机撞击前仅有几秒钟的控制时间。使飞机当前航向上迎头撞上建筑物,还是试图将飞机转向至田野间或附近湖泊或山坡——飞行员可能必须在这两者之间做出选择。可控飞行撞地可能会发生在任何地形、任何条件下,因此航空器灭火救援人员必须对任何意外情况有所准备。可控飞行撞地还可使救援人员免于在飞机仍在飞行时猜测飞机冲击位置。

另外,为了避免波及建筑物,有时候会选择在山坡上坠机。飞机在山坡上起火时,有时会难以接近,消防作业可能会仅限于防止火势蔓延和检查现场情况。一般情况下,飞机燃油会流淌至开阔的区域并燃烧,最终只剩下燃烧的残骸碎片和燃尽的植被。山坡会使燃烧物质的蔓延比预期的更快、更远。

2) 波及建筑物的坠机

飞机撞到建筑物造成的危害是显而易见的,比只涉及飞机本身的事故要复杂。最先到达的消防人员必须准确评估现场情况,做出明确的说明,采用适当可用的资源。

飞机撞击后可能会解体,飞溅的残片会损坏周围房屋建筑,损坏建筑物屋顶和上层结构,使地面和墙面发生坍塌或濒临坍塌,伤及受影响建筑物内外的人员。救援人员应对波及的房屋建筑展开搜救工作,并对整个区域进行疏散,现场的人员应尽可能远离事故区域。撞击建筑物的坠机无疑会存在飞机油箱严重受损、燃油分散的情况,因此航空器灭火救援人员应尽快采取行动,阻止燃油散布在坠机区域内建筑物和下水道内。此外,救援人员应禁止吸烟,采取预防措施减少其他点火源。由于燃油四散、燃气管被切断、生活用电系统受损,可能造成火灾的隐患分布广泛,使火势蔓延加快。

6.5　航空器搬移

航空器可能因许多不同原因而在机场地区丧失机动性,如飞机在起降阶段冲出跑道;当遇到气候灾害或机械故障,飞机紧急迫降;飞机故障,阻塞跑道;人为过失或天气情况导致飞机陷入软性地面;导致飞机部分或全部解体。如果残损航空器出现在机场某一区域,会妨碍其他航空器的正常运行,严重的可使机场被迫关闭跑道,对机场会造成巨大的经济损失。那么,迅速的搬移对机场当局、航空运营商等部门来说是很重要的。由于顶升并搬移一架残损航空器是一项复杂、费时费事且具有潜在危险的任务,救援工作不可能有想象中的那么快,特别是在搬移过程中应尽可能避免对航空器造成的任何其他附加损伤。因此,在进行航空器的搬移时,需要遵循相应的程序。

6.5.1　航空器搬移准备工作

飞机救援作业是机场当局、航空公司的应尽职责。如果航空器运营商没有能力搬移残损航空器或行动迟缓，机场管理者有权力采取行动降低事故救援对机场运营的影响，但必须保证不使用适当回收步骤以外的手段，防止造成飞机二次损伤。

在进行搬移工作前，需要提前进行一系列的准备工作，目的也是为了尽可能避免意外情况的发生。需要机场提供搬移工作所需有效的机场内或其邻近地区的设备和人员目录以及进入机场所有地区的路线、路况，还需要残损航空器搬移的机场方格网图。要确认搬移工作的安全保障措施是否完善，联系其他机场有哪些可获取的航空器回收设备。航空器制造商需要提供通常使用该机场的各种机型的航空器资料，并确认航空器放油程序。另外，还要提供有相关的可执行修路和其他任务的人力资源方面的信息以及后勤物资清单。

由于航空器搬移工作的特殊性，对于机场不能提供的各种特种设备，应当同地方救援机构、专业公司建立互助协议，制定机场可以利用的航空器搬移设备清单，并且保证清单的有效性。

在接到航空器事故信息后尽最大可能收集救援相关信息，包括事故地点，损伤程度，是否具备恢复条件，航空器是否处于安全状态，地形情况，飞机是否处于稳定、平衡的状态，救援工具的适用性和事故调查机构允许开始救援的时间等。

在等待事故调查机构残损航空器回收命令下达前，救援人员可实施前期测量工作。首先，收集事故相关细节的信息和数据，包括通过视频或照片采集现场的情况。要保证环境的安全，控制人员的接近数量，避免出现意外情况。根据所发生的事故严重程度，确认调集救援力量，并准备适用的救援工具向事故现场集结。同时，与机场和当局进行沟通，明确可以实施救援的时间。确认航空器自身和搭载危险物质和数量，便于进行飞机的减重工作。最后，要明确接近事故航空器的路径，保证航空器搬移的顺利进行。

在确认事故现场可以接近时，需要观测飞机结构和起落架是否完整，有无潜在损伤。对事故飞机周边地表环境情况、道面硬度进行评估，提出加固的措施和所需的设备、材料。查看近期的天气情况，因为它可能会对救援工作造成很大的影响，并可能会加强事故的严重程度，考虑风速、降雨、降雪等自然条件对整体救援进度持续的影响。为了保证救援人员的安全，还要明确威胁人员展开救援行动的潜在危险源并做好安全防范措施。此外，还需考虑周边航空器运行环境对救援工作的影响。

6.5.2　火源和疏散的控制

在事故航空器未起火或火已被消防部门扑灭后，残损航空器搬移工作方可实施，但事故现场势必存在火灾风险，我们必须控制这种潜在危险的发生。

意外事故现场必须严禁烟火，以杜绝或减少火灾的发生。要找出并消除可能会引发火灾的着火源，如无线电对讲机、发电机、消防车引擎、破拆工具运行时产生的火花。

燃料和易燃气体可能会顺着风向及地势向下移动，并在距离事故地点相对较远的地方聚集，我们有必要找出这些危险区域，探测危险程度并将其清除或控制；事故航空器附近如有建筑物，必须将四周建筑物的所有门窗紧闭，关闭燃气和电力供应，熄灭火种，疏散现场附近的车辆和人员到安全区域。

6.5.3 飞机减重及重心控制

事故飞机多处于不正常姿态,将航空器扶平到正常姿态会导致重心的很大变化,为减轻航空器质量和控制重心,在回收作业的最初阶段经航空器放油的工作是极其重要的,但事故产生的冲击可能会造成油泵电力系统中断、主输油管道破裂、航空器非正常姿态导致卸油管口与航空器任何前缘接口无法连接等不利因素,势必妨碍正常放油程序的实施,与正常放油相比,给残损航空器放油所需的时间会很长。搬移作业可以在不放油的情况下完成,但必须考虑救援设备承重能力满足搬移重量要求,并充分考虑重心偏移而造成的局部重量增加的因素。

在搬移残损航空器前或从飞机残骸的损毁部分中移走油箱前,应将油箱内的剩余燃油抽走,以保证搬移工作安全有序进行。抽走燃料的工作应由油料部门的工程师或技术人员进行,可利用油料运油车实施抽油工作。在抽走燃料时,应派出一辆消防车及消防人员现场监护。

6.5.4 航空器搬移过程

在未得到民航事故调查部门的准许前,不得移动或扰乱飞机残骸。如果事故飞机、残骸或任何部分在调查完成前要进行移动,应记录各部分当时所在地点和位置,特别要小心保存极为重要的证据。搬移飞机或残骸前,应让飞机内部彻底通风。

搬移航空器的过程需要利用低压起重气垫来对机翼进行抬升(见图6.12),从而起到安全支撑的作用。但低压起重气垫在使用过程中也存在很多需要注意的事项。低压起重气垫安全的顶升高度,最高只有3 m。要顶升到更高高度,必须有木架垫高,这增加了救援时间和作业强度。为保证顶升过程的平稳和安全,低压气垫不能连续顶升,因为它无法适应角度的改变从而造成弓形变形,只能通过交替顶升换位的方法,来实现水平方向的换位。要解决水平方向换位问题,厚、重的木架是必需的,换位需要的备用气囊和液压顶杆也是必不可少的,这些工作将耗费大量宝贵的时间,应在制订搬移计划时做好充分的考虑。

图6.12 低压起重气垫抬升机翼

若起落架仍然可以起到支撑作用,那么应当在航空器自身起落架支撑下完成残损航空器搬移,所以应尽快完成起落架损坏情况的调查,但这项工作受航空器姿态影响,只有在航空器被抬升到可以实施检查的高度方可实施,并可能需要对现有起落架进行修理或更换,这势必会影响整体救援进度,消耗大量的救援时间。

如所有起落架无法使用,现有救援平台拖车数量不足以完成搬移任务,可根据负载情况使用货运平板拖车替代。

在移除事故飞机部件或残骸时应注意提高警惕,如需要移走飞机毁坏部分,要特别注意防止改变飞机方向和应力分布,防止由于外部机械力量使飞机姿态在我们的意愿外改变,导致燃油从局部毁坏的油箱中流出或引起飞机的倾斜或翻转,造成更大的伤亡。选择正确的顶升位置,合理调整、转移飞机的重心,是决定救援工作安全、顺利开展的关键因素,必须准确把握,认真测量。在长距离搬移作业中,拉航空器的方法具有机动性、灵活性和连续性的优点,但要特别注意对于多起落架的航空器,当拉力不是作用在所有主起落架支柱上时,如果遇到障碍物,没有接受拉力作用的支柱就会承受很大的阻力负载,所以,应当对处于硬性道面外的所有主起落架支柱同时实施牵拉。

任何表面,包括跑道或事故现场四周的地面都可能受到泄漏的燃料或易燃液体的污染,应加以清洗。飞机移走后,在恢复正常运营前再次检查每一处受污染的表面。整个搬移过程严格按照救援操作流程执行,尽最大可行防止发生二次损伤,如果在搬移作业中航空器或其任何部分由此受到进一步损害,应当做好记录,并拍照和录像,以便与因事故撞击造成的损害相区别,为后期事故调查提供信息。

6.6　消防救援通信

为确保及时定位并响应事故现场,发生紧急情况时,航空器灭火救援人员应能与应急调度员和空中交通管制员保持有效通信。某些情况下,可以指派航空器灭火救援事故指挥员,直接与涉及紧急情况的飞机机组人员通信。突发事件管理的成败取决于各级人员是否能有效、高效沟通。清楚传达指令有助于减少困惑,充分利用一切可以利用的资源。在开展各类作业过程中,清晰的沟通有助于促进团队合作,以及为事故指挥员提供突发事件的准确说明。由于其他消防和执法机构以及当地媒体会监督公共安全频率,所以通信方式也能反映一个部门的形象。本章主要介绍与航空器灭火救援通信相关的内容,并且涵盖直线电话、无线电及航空无线电频率等机场通信系统。

6.6.1　机场通信系统和程序

位于机场外的当地消防部门或位于机场内的专用航空器灭火救援调度中心都可以负责处理航空器灭火救援通信,具体视机场规模而定。调度员(也称远程通信员)、互援人员以及所有航空器灭火救援人员均需熟知机场社区常用的术语,熟知控制塔台人员使用的通信程序。救援机构应知悉机场通信程序,尽力在响应突发事件过程中消除困惑。如果用到多类无线电系统并且系统之间不兼容,则应当考虑创建、测试和实施通信计划。

在很多机场,主管机构(控制塔台、飞行服务站、机场管理、固定运营基地运营商或航空公司办公室)都直接与机场消防部门通信,并且应能直接与应急救援服务(emergency medical service,EMS)、机场维修站和警察等救援机构的人员通信。航空器灭火救援作业中用到的机场通信系统包括声音警报、直线电话和无线电通信系统,这些通信方式每天都需进行检查。

不论采用哪种方法通知飞机突发事件/事故的消防队员,空中交通管制人员经常都会提供如下的基本信息:飞机的品牌和型号、航空公司名称、响应类别、紧急情况、机上人员数量、机载燃油量以及报告方掌握的任何其他相关信息(如机上的危险货物、不能走动的人员、活跃武器或条例等)。

1. 声音警报和直线电话

在发出实际或潜在紧急情况报告时,主管机构会启动声音警报,提示机场或设施乘员、正式航空器灭火救援人员、辅助航空器灭火救援人员和基本支援服务人员,如机场保安、当地执法机构、应急救援服务提供方,以及机场内外的其他相关人员。

通常情况下,救援过程中会使用直线电话、扬声器系统、铃声、喇叭或类似的装置,或是将这些设备组合使用,用来警示机场消防站的航空器灭火救援人员。当调动机场辅助消防队员或未在值班的消防队员时,可以用呼机、话音激活式无线电接收器、手机,或是高于正常声级的汽笛及喇叭通知他们。

直线通信仅限控制塔台和航空器灭火救援站之间使用。根据以往经验,快速通知其他的相关机构十分重要,所以在控制塔台和多个应急机构之间也会设置直线电话会议线路。相关应急机构包括航空站管理处、医疗运输组织、地区医院及互援消防部门。电话线路是发送飞机事故或突发事件通知的主要途径。为确保线路能够正常运行,应当定期对线路进行测试并连续监控,必要时还应提供线路及时修复所需的各种资源。此类系统可以用于同时通知并请求多个组织提供物资和人力上的支援。有时,会为一些组织提供能发送突发事件或事故通知的单向监控,但无双向对话功能

2. 无线电通信系统

事故现场作业中,人员之间最有效的通信方式是双向无线电通信。无线电通信应有足够数量的频道,便于实现必要指挥、战术,并支持在独立频道运行的功能。事故指挥员应当能够与使用其他无线电通信频率的机构通信。

航空器灭火救援人员可以使用或监控航空环境独有的多个无线电通信频率。地面控制频率用于获取常规和紧急情况下在飞机场飞行区驾驶的许可。飞机在滑行道上和停机坪周围作业时,飞机也会用地面控制通信频率。另一套通信频率会分配给当地控制或空中交通控制塔台,有多条跑道的机场就可以有多种塔台频率,每条跑道可以有相对应的频率。当进入机场空中交通控制塔台的管辖范围时,飞机要调到该频率,并一直保持这一频率直至离开跑道、到达滑行道,此时飞机应调到地面控制频率。如果不会对地面控制指令的监测造成干扰,消防队员也应在飞行紧急情况过程中监测塔台,并收听飞行员和塔台人员之间的对话。消防队员经常能够听到重要的信息。塔台人员通常在地面控制频率信道中重播信息或传送该信息。

虽然一个机构会配用一个常规和紧急消息用的特定无线电通信频道,但所有相关机构必须有一个或多个提供相互支援作业用的公用频道。为此,必须严格遵守通信纪律,确保正确、有效使用共享的无线电通信频道。另外,为监控关键紧急信息的当地无线电频道,应急救援机构还应具备多频道扫描能力。

随着通信技术的进步,归航飞机在遇到紧急情况时,负责飞行操作的人员能够直接通过

驾驶舱和航空器灭火救援事故指挥员之间的一个专用频率与之通信。这样便于事故指挥员为飞行操作人员提供与飞机可见条件、灭火救援设备状态以及紧急情况相关的详情信息。事故指挥员可以告知飞行操作人员飞机外部条件,以便飞行操作人员能够就乘客撤离等做出重要决策。机组人员需要向事故指挥员提供以下信息:机上人员数量、剩余燃料量和机上所载的任何危险品。由于紧急情况下机组人员的工作量会大增,所以飞行员应当启用这一通信方式。事故指挥员需要注意的是,仅向机组人员告知飞机状况,而不要传达撤离指示,除非存在特殊的要求。

此外,航空器灭火救援人员以及其他人员可以使用备用通信系统与机组人员实施通信。常规作业中,航空公司的维护、机械、停机坪和拖机人员可以使用内部通信系统,与机内人员通信。一些消防部门会在紧急情况下采用内部通信系统与飞行员通话,飞行连接系统仅允许与驾驶舱和飞行员通信。服务连接系统允许与驾驶舱以及各类隔室(空调、附件、货物等)、轮舱、后尾翼接入区、加油面板和 APU 面板以及飞机上的其他区域通信。

为保证交流畅通,所有无线电传输中都宜使用清晰文本语言或通用术语。现场特有表达、俚语、当地表达或深奥术语不宜使用,尤其是在多机构同时作业过程中。

日常不用的无线电和通信网络宜定期测试,确保随时能正常运行。有问题的装置应及时修理或更换。人员不得发送虚假或误导信息、未赋值的呼叫信号、亵渎的语言。通常还会用计算机监控系统记录、记下语言通信,帮助确保相关人员遵守程序。

6.6.2 信号系统

航空器灭火救援人员也会在无线电通信失效或无法听见语音通信时使用各种信号。以下将重点介绍上述情况下使用的各种信号。

1. 光信号

无线电通信只是交通管制中用到的一种通信方式。飞机场飞行区内的其他交通管制方式还包括光信号。塔台管制员用光枪彩色光束指导车辆或飞机。操作员应记住相应指南中的光枪信号及其含义,未获批前不得在飞机场飞行区操作车辆。光信号简介如下:

(1)稳定绿光表示允许越过、行进或经过;

(2)稳定红光表示必须停止;

(3)闪烁红光表示要求远离滑行道/跑道;

(4)闪烁白光表示要求回到机场上的起点;

(5)红/绿光交替表示要极其小心。

2. 手势信号

由于飞机失事现场噪声极大,机场消防部门已经发明了一套可以与车辆操作员保持通信的手势信号。这些手势信号已经在开展消防作业时被广泛用作一种通信方式。另外,还发明了一些新信号,能在紧急情况下实现航空器灭火救援人员与飞机机组人员和其他航空公司或停机坪人员之间的通信(见图 6.13)。设计这些信号的目的是为机组人员提供撤离作业相关的建议。即使便携式语音收发器已经相当先进,能够让航空器灭火救援人员从防护罩和安全帽下接收无线电通信信号,但救援人员还是应掌握手势信号的基本知识,以备无线电通信失效时使用。

个别机场的消防部门还需根据自身的特殊程序和设备情况设计其他手势信号。最为重

建议撤离:	建议停止:
	建议停止撤离；停止飞机运动或正在进行的其他活动 
手势: 上抬一只手臂，保持水平，手掌与眼睛齐平。向后弯摆手臂。未弯的一只手臂紧贴身体	**手势:** 两臂放在头前，两腕处保持交叉

紧急情况已抑制:
无险情的外部证据；
"解除警报"。

手势: 两臂外伸，向下45°角。两臂向内移动，同时放于腰身下方，直到两腕交叉，然后外伸至开始位置（裁判员的"安全"信号）

图 6.13 航空器灭火救援紧急情况下常用的手势信号

要的是，消防部门的所有航空器灭火救援人员都必须知道并理解本部门采用的一切信号。只有定期复训、经常使用，才能掌握这些知识。

6.7 事故后处理程序

在紧急情况本身已经结束后，飞机突发事件现场仍然有很多后续工作要进行。灭火救援人员、警察及调查员通常会留在现场，为突发事件调查阶段提供协助。

6.7.1　证据保留和财产保护

彻底检查过程中应注意保护现场任何可协助调查人确定事故原因或损失程度的证据，还应做好抗血源性病原的个人防护。彻底检查人员只能移动完全灭火必须移开的飞机部件。若由于会直接危害生命而必须移走飞机或其部件及控制件，必须尽力保护物证，记录所移走物件的原状和位置。航空器灭火救援人员应熟悉其消防部门设计此作业部分的标准作业程序。

寻找飞行数据记录仪。所有民航飞机均装配有被称为"黑匣子"的飞行数据记录仪（见图 6.14），它通常并非黑色，而是橘黄色，它载有关于飞机失事原因的重要证据，可以承受剧烈的震动和火烧，因此，发现飞行数据记录仪后，除非必要，不应将其移动，最好让它留在原来的位置。发现飞行数据记录仪后，应立即通知民航事故调查部门，并详细描述发现地点，只有在可能会失去飞行数据记录仪的情况下，才可把它移离发现位置。

图 6.14　飞行数据记录仪

飞机驾驶舱舱音记录仪里的数据可能会因电磁装置的影响而造成不必要的破坏，令数据丢失或延迟解读数据，所以应避免与强磁场接触。发现驾驶舱舱音记录仪后，应记下发现位置派人看守，并立即通知民航事故调查部门。

飞机上通常运载有大批文件，消防人员在安全的前提下，尽最大可能收集残损航空器或残骸中的文件，这些文件包括乘客名单、货运舱单、地图、记录簿、技术记事簿等；如文件部分被烧毁或受损，应将收集的这些文件存放在胶袋内，并加注适当的标签。

财产保护包括找回并保护邮包、乘客行李等物件。灭火和彻底检查时，航空器灭火救援人员慎用灭火剂能减小财产损失。

6.7.2　事故终止

完成救援、灭火和其他应急作业后，事故指挥员会解除紧急状态。飞机事故可能会超出机场应急响应计划的范围。很多时候都会从多个管理区调用相关的机构协助。事故指挥员需牢记，调用互援协助时，互援单位本身服务区域可能会出现人手不够的情况，及时抽出互援设备和人员十分重要。不当班的机场消防部门人员很多时候会回机场报到，协助开展事故后作业。终止突发事件的重要环节包括：

（1）清洁器材、工具和设备。

（2）航空器灭火救援设备补水、补加泡沫，将其重新投入使用。

（3）应急响应人员的康复。

（4）回收相互援助的资源。

（5）保护飞机残骸和事故现场。

（6）事故指挥系统各下属分支机构发出终止报告。

（7）与机场人员召开终止会议。

6.7.3 事故后职责

飞机突发事件发生后,航空器灭火救援人员还有许多必须履行或协助履行的职责。突发事件后需要及时清扫区域,并对设备进行检查,确认是否受损或遗失。放出事故飞机上燃油时,应当提供需要的后备人员。最终还要将事故的整个过程形成事故报告。

突发事件终止和事后活动的最关键部分涉及在坠机现场执行了各种各样职责的响应人员的心理健康。飞机坠机场面对人心理影响很大,应急救援人员在工作中很少会遇到此类画面和气味。紧急事件压力管理是帮助航空器灭火救援人员舒缓此类突发事件所造成的压力的重要部分。需做初始情况说明,再开展后续咨询,帮助救援人员处理在此经历中产生的情绪问题。历史证明,任何响应人员都会有情绪问题,这可能会影响到他们以后的生活方式以及工作和生活中的行为方式。

参考文献

[1] SNEED M,LINDSTROM R,STEWART W D. Aircraft Rescue and Fire Fighting[M]. IFSTA,2001.

[2] Doc 9137,Airport Services Manual Part 1-Rescue and Fire Fighting [M]. 4th ed. Montreal:International Civil Aviation Organization,2015.

[3] International Aeronautical and Maritime Search and Rescue Manual-Appendix 12-Search and Rescue [M]. 7th ed. Montreal:International Civil Aviation Organization,2001.

[4] 民用运输机场应急救护工作规范:MD-139-FS-001[S/OL].北京:中国民用航空局,2019.

[5] 王凯.民航飞机火灾预防及扑救对策[J].武警学院学报,2007,023(008):14-16.

第7章

机场建筑消防

7.1 飞行区消防系统

机场飞行区指的是机场内用于航空器起飞、着陆、滑行和停放使用的场地,包括跑道、升降带、跑道端安全区、滑行道、联络道、停机坪、维修机坪、服务车道以及机场周围对障碍物有限制要求的区域。飞行区内消防系统在设计和施工方面与普通民用和市政建设有较大区别,应引起广大设计和施工人员的高度重视,以免造成不必要的损失。

机场飞行区是飞机地面运行安全的核心区域,因此,为保证飞机的运行安全,飞行区消防设施显得更为重要,设计中应从消防预防及救援的角度进行全面的统筹部署,基于现行设计规范,依据所使用的机型及机场现有消防设施进行深入研究及设计,以确保机场消防系统能全面保障机场消防安全。

7.1.1 机场消防站

机场消防站是指设立在航空器活动区适当位置,具有相应的消防设备,承担发生在机场或其紧邻地区的航空事故或航空地面事故及其他消防救援任务的机构。依据中华人民共和国民用航空行业标准《民用航空运输机场飞行区消防设施》(MH/T 7015—2007)以及《民用机场飞行区技术标准》(MH 5001—2021)的规定,消防站的设计布置,需保证应答时间不超过 3 min,应注意设置在飞行区内,且宜靠近跑道或滑行道的中部位置,让出车方向面向飞行区,转弯次数尽量少,确保车辆能迅速、顺利地进入跑道地区。

按照我国民航机场消防救援设计规范,机场消防保障等级应按航空器起降频率及飞机尺寸来划分,如表 7.1 所示。

消防保障等级为 3 级及以上的应设消防站,并且要求在最佳能见度和地面通畅条件下,机场消防救援的应答时间应不超过 3 min。所谓应答时间指的是,从机场消防接到的首次呼叫消防至第一辆(批)消防车到位并按规定喷射率的至少 50% 施放泡沫灭火剂的时间。因此,为保证应答时间不超过 3 min 的要求,在机场消防站设计时,应根据消防车辆的性能

表 7.1 按航空器机身长、宽划分的机场消防保障等级

消防保障等级	机身全长/m	机身最大宽度/m
1	0～9(不含)	2
2	9～12(不含)	2
3	12～18(不含)	3
4	18～24(不含)	4
5	24～28(不含)	4
6	28～39(不含)	5
7	39～49(不含)	5
8	49～61(不含)	7
9	61～76(不含)	7
10	76～90(不含)	8

参数来确定消防站位置的选择,以确保消防救援能迅速有效地到达飞机火灾事故现场。需要注意的是,在大型机场中,由于跑道长度过长及跑道数量较多,如果只建一座消防站,往往无法满足 3 min 的消防救援应答时间要求,此时则需要考虑设置多个消防站以确保消防救援全面及时到位。通常应指定其中一个消防站作为主消防站,其余的为消防执勤点。

消防保障等级为 3 级以下的机场可不设消防站,但应按表 7.2 的要求建设消防车库及与其相通的消防员备勤室。消防站的建筑面积见表 7.3,建筑耐火等级应不低于 2 级,并应符合当地抗震要求。

表 7.2 消防车库建筑尺寸

机场消防保障等级	3～5	5～10
车辆数量/辆	3～4	8～12
总建筑面积/m²	180～240	480～1080
每个车库推荐尺寸/m	12	15
	5	6
	4.5	5

表 7.3 消防站建筑面积

序号	区间名称	消防保障等级						
		4	5	6	7	8	9	10
		建筑面积/m²						
1	备用车库	60	50	90	90	90	90	180
2	接处警值班室	20	30	40	40	40	40	50
3	干部办公室(每人)	14	14	14	14	14	14	14
4	干部宿舍(每人)	10	10	10	10	10	10	10
5	消防员宿舍(每人)	7	7	7	7	7	7	7
6	综合体能训练室	60	60	80	80	100	100	130
7	教室、会议室	50	50	100	100	150	150	180
8	修理间	15	20	20	30	30	30	40

序号	区间名称	消防保障等级						
		4	5	6	7	8	9	10
		建筑面积/m²						
9	器材间	25	30	40	60	80	80	100
10	教练战术研讨室	30	30	40	40	50	50	60
11	药剂储存空间	40	40	50	120	120	120	150
12	浴室、更衣室	20	40	60	60	80	80	100
13	被装库	15	15	20	20	30	30	40
14	厨房	—	50	60	80	120	120	150
15	餐厅	—	50	60	80	120	120	150

飞行区消防通道是指在发生航空器事故或事件情况下,为保障消防车辆快速到达救援地点所提供的道路。在机场跑道的两端适当位置应设置消防通道,并尽可能延长至机场围界。在地形条件允许的机场,应延长至跑道两端以外 1000 m 处。消防通道的宽度不小于 5 m,高度不小于 4.5 m,并能保证承载本场最重消防车辆在满载情况下顺利通过。

7.1.2　飞行区消防供水

飞行区消防供水系统包括跑道消防供水设施、机坪消防供水设施、机场消防管网、消火栓以及消防泵房等。飞行区消防供水系统应满足消防用水量的需求,应为车载泡沫补充水量、捶背泡沫用水量和冷却航空器用水量之和,消防供水量应以 1 h 用量计。飞行区消防供水量应不低于表 7.4 的要求。

表 7.4　消防供水量

消防保障等级	≤4	5	6	7	8	9	10
供水量/m³	100	100	200	300	500	500	600

1. 跑道消防供水设施

机场跑道消防设计应该采用何种方式,要进行充分的论证和分析比较,国内民用机场设计中通常采取在跑道两端设消防水池或室外消火栓,供消防车取水。

按照民用航空运输机场飞行区消防设施规定,在跑道一侧或两侧适当位置设置消防车辆取水点,取水点可根据本场的情况采用天然水源(湖泊、水塘、围场河、溪流等)、人工水池、消防供水管网等方式,并保证在冬季消防车能顺利取水。取水点应能保证用于扑灭航空器火灾主力车(主力泡沫车、快速调动车等)总数 50% 以上的车辆同时取水,单车取水量不应小于 50 L/s,出水水压不小于 0.1 MPa,因此,飞行区消防供水系统在跑道端应设置若干组消火栓,以确保在最不利情况下能满足最低消防用水流量。根据规定,消防保障等级越高的,所需的跑道消防用水量越大,最大流量可达到 150 L/s。

2. 机坪消防供水设施

机坪是指在陆地机场上划定的供航空器上下旅客、装卸货物及邮件、加油、停放或维修之用的场地。机坪应设置消火栓供水系统,且应采用环状设置,该消火栓系统通常为低压系统,此时室外消火栓的作用主要是供消防车取水灭火,因此,其消防用水量应按同时取水的消防车数量确定。按规定室外供水管网应能同时供两台消防车取水,单车取水量不小于15 L/s,总供水量不小于30 L/s,管网管径不小于200 mm。室外消火栓如为常高压系统则可直接接水龙带、水枪进行灭火。

停机坪的消防,除了需要设置消火栓供水系统外,登机廊桥的每个机位还应置放一套灭火器材,且灭火剂的总容量应不少于55 kg,灭火器可采用ABC干粉灭火器或二氧化碳灭火器,一般采用一组推车式灭火器和两组手提式灭火器的组合形式,并将灭火器置于灭火器箱内。远机位、维修机位、无廊桥机场的停机位,每两个相邻机位间至少放置一套灭火器材。

3. 消防管网

机场消防管网的设计需要从管材选择、水力计算、管线布置以及管线特殊处理等多个方面考虑。

管材选择方面,可采用无缝钢管、球墨铸铁管、PVCU管、PE管、钢骨架塑料管等作为飞行区消防给水干管,由于机场的特殊性,飞行区内管线的检修频率必须大大低于普通市政管线,如果采用钢管,应严格做好管线的防腐措施。

水力计算方面,设计时应按环状管网进行水力计算,如管网平差,根据水头损失来确定和验算水泵扬程。

管线布置方面,考虑到实际维护的状况,管线应尽可能避免设置在升降带平整范围内。另外,管线如需设置在跑道侧面和机坪周围时,应考虑一定的安全间距,避免管线一旦断裂漏水而得不到及时控制,水浸泡的时间越长,将会直接对跑道和机坪基础构成安全隐患,严重时有可能会造成局部塌陷。

管线的特殊处理方面,当管线不可避免地设置在跑道或滑行道下方时,一般需要采取加钢筋及套管的保护形式,且应在跑道或滑行道的直线段上穿越,避免在道面板接缝处或联络道与跑道交界处穿越;当必须穿越飞行区排水沟时,应尽可能从排水沟底部穿越;当从排水沟中部穿越时,应加设钢套管进行保护。

其他方面,由于飞行区消防供水管线过长,水利用的频率较小,时间一长必然会引起管网中水质发生变化,所以设计时应采取防止倒流的措施。采取的预防措施通常是在管线起端设置倒流防止器,同时建议在飞行区消防管线沿途设置给水栓,不定时地提供绿化及道路冲洗用水,以促进管网中水的更新。

4. 消火栓井、阀门井及给水栓井

跑道是飞机起飞和着陆使用的,要求升降平整范围内不得有凸出地坪的障碍物,所以消火栓井、阀门井及给水栓井位于跑道一侧附近时,井盖部分不得凸出地坪,一般可采取改变局部排水坡向的方式来避免雨水侵入井内;当井盖位于跑道与滑行道之间时,井盖部分可高出地坪0.05~0.1 m,以利于排水。

停机坪外侧设置的地下式消火栓间距不得大于120 m。

需要注意的是,飞行区所采取的各类井盖应能满足机场最高设计类别航空器的荷载要求,并应满足单人开启自如、防水无渗漏的要求,且应有行业的认可证书。

5. 消防泵房及消防水池

消防泵房及消防水池是消防供水系统的核心,是消防安全的保证,所以,飞行区消防泵房及消防水池应尽量靠近飞行区灭火的中心,条件允许时消防泵房应建成地面式,且水泵是自灌式引水。消防水泵应采用优质材料的水泵,投入运行要迅速,流量-扬程曲线平缓,工作泵和备用泵能自动切换。消防水池的容量应按跑道和机坪消防用水量的最大值来确定,且连续供水不少于1 h。

7.2   航站楼消防系统

航站楼是民用机场内供旅客办理进出港手续并提供相应服务的建筑,包括车道边、登机桥和指廊。航站楼作为机场内主要的建筑物,担负着安排旅客、行李流程,为其改变运输方式提供相应设施和服务的功能。随着航空业的发展,乘客数量大幅度增加,作为一类特殊的公共交通建筑,航站楼已经从过去的单一功能逐步发展成为功能多、面积大的综合性建筑,并具有内部空间高大、多种交通方式连通、人数多、投资大等特征。航站楼一旦发生火灾,不仅会影响正常的交通秩序,造成较大的经济损失,而且会产生很大的社会影响。近几年,我国民用机场航站楼建设进入了新一轮发展阶段,许多城市相继建成和投入使用了新航站楼,如北京机场三号航站楼、上海浦东机场二号航站楼、上海虹桥机场二号航站楼、天津滨海机场二号航站楼、深圳宝安机场三号航站楼等。大多数新建航站楼的消防设计在现行国家相关标准不完善的情况下,均采取专项论证的方式来保证工程建设,并因此积累了较丰富的经验。适用于新建航站楼工程以及直接在既有航站楼中进行的改造或扩建工程,包括航站楼主楼及其指廊、综合管廊、地下通道等,以及内部装修或不同区域的调整等。

航站楼的防火设计应该严格遵循国家的有关方针政策,根据航站楼的火灾特点,结合民用机场的等级、机场的消防力量配备、航站楼规模及平面布置等进行。在设计中要采取可靠的技术措施,积极采用成熟的先进防火技术、设备或材料,既满足航站楼的消防安全要求,又合理节约投资,实现消防安全水平与建设投入的高效统一。

7.2.1   总平面布局

根据《民用机场航站楼设计防火规范》(GB 51236—2017)规定,航站楼的消防设计在考虑总平面布局时,需要结合机场整体规划、当地气象、地形条件、跑道、飞机维修库附属设施以及消防水源等诸多因素一并考虑。机场油库和机场外的可燃气体、可燃液体储罐或仓库等机场主要火灾危险源一旦发生火灾,其火势猛烈、烟气大、影响范围广。为了尽可能避免或减小油库火灾对航站楼的影响,要尽量将航站楼布置在油库常年主导风向的上风向。考虑到航站楼的重要性,在设置防火间距时应比其他民用建筑之间的防火间距要求更高,基本依据现行有关国家标准的要求,参照重要公共建筑的要求确定航站楼与其他建筑的防火间距。除加油加气站的埋地储罐外,航站楼与可燃液体和可燃、助燃气体储罐及林地的防火间距不应小于表7.5的规定。

机场停机坪上停放有飞机、加油车等,泄漏的燃油一旦发生火灾会对航站楼的消防安全构成影响,航站楼发生火灾也可能引发这些部位发生火灾和爆炸。因此,航站楼与潜在漏油

表 7.5 航站楼与可燃液体和可燃、助燃气体储罐及林地的防火间距 m

液化石油气储罐	500.0
甲、乙类液体储罐和可燃、助燃气体储罐	300.0
丙类液体储罐	150.0
林地	300.0

注：①直埋地下的甲、乙、丙类液体储罐与航站楼的防火间距可按本表规定值减少50%；②航站楼与储罐的防火间距应为储罐外壁与相邻航站楼外墙的最近水平距离；③航站楼与林地的防火间距应为林地边缘与相邻航站楼外墙的最近水平距离；④当航站楼外墙上有凸出的可燃或难燃构件时，应从其凸出部分外缘算起。

点要保持一定距离。参考美国消防协会标准《机场航站楼、加油区道面排水系统和登机桥规范》(*Standard on airport terminal buildings*，*fueling ramp drainage*，*and loading walk ways*)(NFPA 415—2013)的规定，航站楼的玻璃外窗与潜在漏油点的最近水平距离不应小于 30.0 m；当小于 30.0 m 时，玻璃窗应采用耐火完整性不低于 1.00 h 的防火窗，且其下缘距离楼地面不应小于 2.0 m。

航站楼周围应设置环形消防车道。边长大于 300.0 m 的航站楼，应在其适当位置增设穿过航站楼的消防车道。考虑到其扑救需要和航站楼的总平面特点，要求在航站楼周围设置环形消防车道，而不能仅在其一个长边或两个长边设置。根据对国内新建航站楼的调查，一些大中型机场的航站楼长度普遍较长，如深圳机场三号航站楼，从主楼尽端到长廊尽端（南北方向）约长 1000 m，宽度（东西方向）最大约 650 m。这样必然会给火灾扑救带来不便，延误灭火时机。因此还需要根据实际情况，按照现行国家标准《建筑设计防火规范》(GB 50016—2014)的规定，在航站楼主楼与指廊之间等适当位置设置穿过航站楼的消防车道。

机场的高架桥和公共道路平时用作接送旅客和运送货物的车辆通行，这些道路通常紧邻航站楼，其路面条件、设置位置有利于灭火救援，也有条件用作消防车道。在设置消防车道时，要充分考虑机场所配置消防车的型号、满载轮压，防止路面荷载过小、道路下面管道埋深过浅，沟渠选用轻型盖板不合适等因素导致不能满足重型消防车的通行需要，甚至发生结构破坏等情况，危及安全。

回车场的面积是根据消防车的转弯半径和车身长度确定的。机场用消防车尺寸普遍较大，需要更大面积的回车场。考虑到航站楼周边场地开阔，有条件实现大面积的回车场，因此为方便快捷地调转车辆，规定尽头式消防车道应设置回车道或回车场，回车场不宜小于 18.0 m×18.0 m。

7.2.2 建筑耐火

航站楼建筑的耐火等级主要由航站楼规模确定。在消防设计中，根据航站楼的剖面流程确定其规模，将航站楼分为三大类：一层式、一层半式航站楼；二层式、二层半式航站楼；多层式航站楼。根据航站楼这种分类，确定不同规模航站楼建筑的耐火等级、室内外消火栓用水量、火灾延续时间、疏散照明备用电源的连续供电时间、应急照明系统类型等的设计要求。

1. 一层式、一层半式航站楼

如图 7.1 所示，一层式航站楼，其陆侧道路以及航站楼内离港和到港旅客办理手续在同一楼层。一层半式航站楼，其陆侧道路是单层的，航站楼局部两层。地面层具有混合的到港和离港处理系统,二层是离港旅客的休息厅。出发旅客在一层办理手续后上二层登机,到达旅客在二层下机后到一层提取行李,出发和到达旅客的行李处理均在一层。

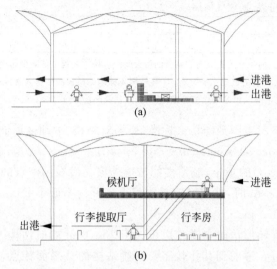

(a)

图 7.1　一层式、一层半式的航站楼示意图
(a) 一层式剖面;(b) 一层半式剖面

　　一层式、一层半式的航站楼主要用于小型机场,建筑面积较小、使用人员少,其耐火等级不应低于二级。

2. 二层式、二层半式航站楼

　　如图 7.2 所示,二层式航站楼,其陆侧道路及车道边为两层,旅客的出发和到达流程在剖面上分离,出发在上层,到达在下层。出发托运行李在二层办票柜台交运后通过行李系统

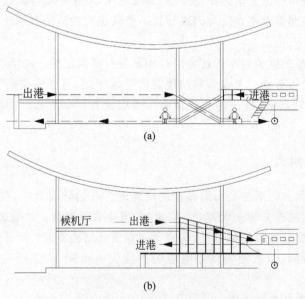

(a)

(b)

图 7.2　二层式、二层半式的航站楼示意图
(a) 二层式剖面;(b) 二层半下夹层式剖面

传输设备送到一层或地下层处理,而到达的行李提取流程则是在一层或地下层进行。二层半式航站楼即在两层式旅客流程的基础上,在指廊区域把出发到达旅客流程进行分层分流,可采用到港下夹层或到港上夹层的模式。

二层式一般适用于中型机场;二层半式旅客流程一般适合于中型及以上机场。相比一层式、一层半式航站楼,二层式、二层半式航站楼的建筑面积更大、使用人数更多。二层式、二层半式航站楼,其耐火等级应为一级。

3. 多层式航站楼

如图 7.3 所示,多层式流程是指少数大型机场航站楼为解决复杂的功能需求(旅客及行李)而进行特殊处理所带来的多楼层布局的情形。如上海浦东机场二号航站楼,其指廊区的旅客流程有 3 层,即上层是国际出发,下层是国际到达,最下层是国内出发和到达混流,形成多层式的布局。

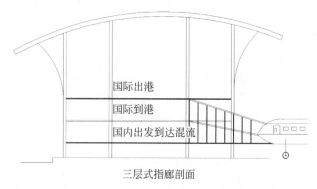

图 7.3　多层式的航站楼示意图

多层式航站楼主要用于枢纽航空港,国内目前有北京机场三号航站楼、上海浦东机场二号航站楼、深圳机场三号航站楼等。这类航站楼规模巨大,功能复杂且综合,使用人数多,可燃物数量大、种类多,人员行走距离长,疏散路线复杂,其耐火等级应为一级。

由此可以看出,一层式、一层半式的航站楼均为小型航站楼,其耐火等级不应低于二级;其他形式的航站楼均为大、中型航站楼,其耐火等级均应为一级。此外,航站楼的地下或半地下室的耐火等级应为一级。

特别地,建筑面积小于 3000 m² 的航站楼,主要为支线机场的小型航站楼,平时使用人数较少,建筑高度较低,机场通常均驻有专职消防队,具有较好的初期火灾控制能力。对于这类小型航站楼,为便于某些外观好、其他性能也不错的建筑材料能够在建筑中得到应用,其承重构件可采用难燃性构件,但构件的耐火极限仍应满足相应耐火等级建筑的要求,比如胶合木。

7.2.3　防火分区

航站楼内一般集中设置有多种功能区,如商业区、办公区、设备区、旅客候机和迎送区等,不同功能区的空间特点、可燃物类型和数量及其分布、人员密度等有较大差别。航站楼内的不同功能区宜相对独立、集中布置,不仅可避免或减小不同功能区之间的火灾影响,而且便于集中设置与火灾特点相适应的消防设施,采取相应的有效防火措施。

大中型航站楼普遍由主楼、指廊组合而成,航站楼主楼用于旅客办理乘机手续及迎送旅客,指廊用于旅客等候及上下飞机。主楼、指廊的空间一般均较为高大,在其内部利用防火墙、防火卷帘划分防火分区存在很大难度。因而,出发区、到达区、候机区等空间高大且相互贯通的公共区可按功能划分防火分区,而非公共区应独立划分防火分区。

航站楼周边或地下一般会配套设置地铁车站、轻轨车站和公共汽车站等城市公共交通设施,这些公共交通设施也是人员聚集的场所,车辆发生的火灾规模和影响相对较大。为了避免或减小火灾时航站楼与这些场所相互产生不利的影响,航站楼要与这些交通设施完全脱开设置。航站楼不应与地铁车站、轻轨车站和公共汽车站等城市公共交通设施贴邻或上、下组合建造;当航站楼确需与城市公共交通设施连通时,应在连通部位设置间隔不小于10.0 m的分隔空间,并宜采用露天开敞的空间。当为非露天开敞的空间时,除人员通行的连通口可采用耐火极限不低于3.00 h的防火卷帘或甲级防火门外,其他连通处均应采用耐火极限不低于2.00 h的防火隔墙或防火玻璃墙进行分隔。

在一些机场,存在航站楼与其他使用功能的民用建筑合建的情况,这类民用建筑包括办公楼、旅馆等。为避免火灾在不同建筑间蔓延,规定这类民用建筑,除作为保证航站楼内部运行的工作人员的办公室外,不能与航站楼上下组合,即不能设置在同一座建筑内,而要在航站楼的旁边独立建造。当贴邻建造时,应采用防火墙分隔,建筑间的连通开口处应设置甲级防火门,不能采用防火卷帘等其他方式进行分隔。

行李提取区的用途相对单一,内部主要集中布置行李提取转盘;而迎客区功能用途相对综合,包括零售、餐饮、休闲、旅游咨询、货币兑换等。这两个区通常位于航站楼首层且贴邻布置,由于首层的层高相对较低,有条件利用防火墙、防火卷帘等划分防火分区,同时也为减小火灾时两个区之间的影响,要根据该区域的空间高度、人员流线、其他用途房间的布置、不同区域所需面积等工程实际情况尽可能将行李提取区与迎客区划分为不同的防火分区。

行李处理用房主要用于将旅客托运的行李集中,并分拣处理后送到相应航班的飞机上,同时,将到达旅客的托运行李分拣送至旅客行李提取区。行李处理用房的火灾荷载高、危险性大,因此要求独立划分防火分区。但对于机械自动分拣处理的行李处理区域,则因各种传输通道密布,设备之间的联系密切,难以采用防火墙、防火卷帘等完全隔断,因此,行李处理用房可考虑按工艺要求划分防火分区,具体要求包括:①行李处理用房设置自动灭火系统和火灾自动报警系统;②行李处理用房采用不燃装修材料;③行李处理用房内的办公室、休息室、储藏间等采用耐火极限不低于2.00 h的防火隔墙、乙级防火门进行分隔。对于采用多套独立机械分拣设施的航站楼,则要分别按照每一套独立机械分拣设施的处理区来划分防火分区。

航站楼的地下、半地下室通常是设备房、库房和机场内部汽车库等,应采取防火分隔措施与地上空间分隔。同时,当地下、半地下室发生火灾时,为了避免火灾及烟气蔓延至建筑上部人员聚集的公共区,影响航站楼的正常运营和人身安全,地下、半地下室与地上空间应采取设置防火墙、防火卷帘、防火门等分隔措施。

对于只有旅客携带的箱包等移动可燃物的走道等场所,要注意控制火灾烟气的蔓延。地下公共走道、无任何商业服务设施且仅供人员通行或短暂停留的地下空间等区域并不会增大与其相连的地上空间的火灾危险性,可将这些区域作为同一个区域来划分防火分区。

大、中型航站楼在旅客迎送区之间设置上、下层连通口的情形比较常见,有的设置了方便旅客上下的自动扶梯,有的还设置有中庭。这些上、下层连通的开口是火灾及烟气竖向蔓延的通道,要尽量避免或采取防火分隔措施。对于因建筑空间环境要求确实不能采取防火分隔措施的上、下层连通的开口,考虑到航站楼建筑的空间和疏散条件与一般民用建筑比,具有较好的防止火灾迅速蔓延扩大的条件,烟气对人员疏散的影响相对较小,因此可以采取其他替代的防火、防烟措施,即在一定范围内不允许布置可燃物等可能导致火灾快速蔓延的设施或物品、在开口处设置挡烟垂壁等。根据有关航站楼内的可燃物调查情况,在火灾数值模拟分析结果的基础上确定:当无法采取防火分隔措施时,该开口周围5.0 m范围内不应布置任何商业服务设施;其他部位布置的商业服务设施不应影响人员疏散,距离值机柜台、安检区均不应小于5.0 m。公共区中的商业服务设施宜靠近航站楼的外墙布置。

除白酒、香水类化妆品等类似火灾危险性的商品外,航站楼内不应布置存放其他甲、乙类物品的房间。存放白酒、香水类化妆品等类似商品的房间应避开人员经常停留的区域,并应靠近航站楼的外墙布置,便于设置泄压面积和采取必要的防火措施,便于火灾扑救。航站楼内不应设置使用液化石油气的场所。

7.2.4　安全疏散

建筑安全疏散设计要求防火分隔区域内任一点至少有两条不同方向的疏散路径,可以保证一旦某一疏散方向在火灾中被烟火封住或发生人员拥堵时,人员可通过另一方向进行疏散。航站楼内每个防火分区应至少设置1个直通室外或避难走道的安全出口,或设置1部直通室外的疏散楼梯。直通室外的安全出口,包括通过符合规范要求的楼梯间、具有防烟功能的避难走道、通向具有直接下到地面楼梯的登机桥的门等。

航站楼内行李处理用房的工艺流程布置及其火灾危险性类似于丙类厂房,工作人员熟悉环境,人数相对固定,其疏散距离要求行李处理用房内任一点至最近安全出口的直线距离不应大于60.0 m。除行李处理用房外,非公共区内其他区域的功能用途包括办公室、设备房、储藏间等,建筑形式通常为利用内走道将若干个房间连接起来,与普通民用建筑物相似。

二层式、二层半式及多层式航站楼通常会在陆侧设置高架桥,高架桥地面与航站楼二层地面平齐。由于高架桥处于室外,且直通地面,因而可以作为安全区域,航站楼内的防火分区可利用通向相邻防火分区的甲级防火门或通向高架桥的门作为安全出口。

航站楼通常根据机场规模设置了数量不等的登机桥,登机桥一端与航站楼连接,开口通向旅客集中的候机区和到达区,另一端开口与停机坪相通,内部可燃物极少,且一般长度较短,具有较高的安全性。公共区可利用通向登机桥的门作为安全出口,该登机桥的出口处应设置不需要任何工具即能从公共区一侧易于开启门的装置,在该出口处附近的明显位置应设置相应的使用标识。

合理确定建筑内人数是安全疏散系统设计的基础。目前,国内缺乏对航站楼内人数的相关统计,相关规范和文献均未明确航站楼的人员密度。国内设计普遍采用"高峰小时法",该方法较为保守且计算简便。航站楼内不同功能区的设计疏散人数宜按表7.6的规定计算确定。

表 7.6　航站楼内不同功能区的设计疏散人数　　　　　　　　　　　人

功　能　区		设计疏散人数
出发区		[国内出港高峰小时人数×(国内集中系数＋国内迎送比)＋国际出港高峰小时人数×(国际集中系数＋国际迎送比)]×0.5＋核定工作人员数量
候机区	近机位	设计机位的飞机满载人数之和×0.8＋核定工作人员数量
	远机位	候机区的固定座位数＋核定工作人员数量
到达区	到港通道	(国内进港高峰小时人数×国内集中系数＋国际进港高峰小时人数×国际集中系数)÷3＋核定工作人员数量
	行李提取区	(国内进港高峰小时人数×国内集中系数＋国际进港高峰小时人数×国际集中系数)÷4＋核定工作人员数量
	迎客区	(国内进港高峰小时人数×国内集中系数＋国际进港高峰小时人数×国际集中系数)÷6＋国内进港高峰小时人数×国内迎送比＋国际进港高峰小时人数×国际迎送比＋核定工作人员数量
非公共区及其他机场服务人员的工作场所		按核定人数确定

注：设计机位的飞机满载人数：C类机位，180人；D类机位，280人；E类机位，400人；F类机位，550人。

疏散照明是建筑内人员安全疏散的重要保证。下列区域或部位，均为旅客和工作人员集中的区域或建筑内人员疏散过程中的关键部位，应设置疏散照明。

(1) 公共区、工作区、疏散走道。

(2) 登机桥、疏散楼梯间及其前室或合用前室、消防电梯前室或合用前室。

(3) 建筑面积大于 100 m² 的地下或半地下房间。

(4) 避难走道、与城市公共交通设施相连通的部位。

消防应急照明场所的照度值越高，越有利于人员快速疏散，但对电源的要求也高，特别是对于大型航站楼。以下是对航站楼内不同部位的疏散照明的照度值的不同要求。

(1) 避难走道、疏散楼梯间及其前室或合用前室、消防电梯前室或合用前室，不应低于10.0 lx；

(2) 公共区，不应低于 5.0 lx；

(3) 其他区域或部位，不应低于 3.0 lx。

集中控制型应急照明系统便于集中管理和检查，有利于延长灯具寿命和提高应急疏散效率，其系统可靠性好、使用寿命长、维护与管理方便。对于大中型航站楼，如二层式、二层半式及多层式航站楼，为了保证应急照明系统的可靠性，要求其疏散照明应采用集中控制型的照明供电系统。

7.2.5　防火分隔和防火构造

对于大型机场或分阶段在不同地点建设的航站楼，如北京首都国际机场、上海浦东国际机场、广州白云国际机场等，为满足跑道设置要求和旅客快捷乘转机及行李或物品流通，航站楼之间一般需设置地下交通联系通道。另外，一些大型航站楼自身内部也会设置地下通道用于行李、设备、货物、垃圾等的转运。为避免航站楼间联系通道、航站楼内地下通道发生火灾危及航站楼，要求通道与航站楼连通部位应采取防火分隔措施。航站楼内地下通道周围往往布置有各类设备间，这些设备间应与地下通道进行防火分隔，该防火分隔的耐火极限不应低于 3.00 h,连通处的门应采用甲级防火门。同时为避免火灾在相邻设备间之间蔓延,控制火灾规模,要求在地下通道两侧的设备间之间设置耐火极限不低于 2.00 h 的防火隔墙。

航站楼内公共区的空间通常较高大,难以采用常用的实体墙、防火卷帘等手段划分防火分区。如果采用防火墙划分防火分区,一是技术上较难实现,二是不便于组织登机流程,同时建筑已被分隔成零散的空间;如果采用防火卷帘划分防火分区,卷帘自重过大,而且目前防火卷帘在设计、使用和维护过程中还存在着诸多问题,使用跨度大或面积大的防火卷帘会降低该防火分隔的可靠性;如果采用防火分隔水幕划分防火分区,则用水量大、经济性较差,且由于建筑高度较高,分隔效果也不理想,一旦系统动作,不利于排水和重要设备。

合理布置航站楼公共区,使存在可燃物的场所局部相对集中,形成不会导致大火的离散布置形态,就可实现控制火灾规模的目的。在公共区内布置的商店、休闲、餐饮等商业服务设施应符合下列规定:

(1) 每间商店的建筑面积不应大于 200 m^2,并宜相隔一定距离分散布置;每间休闲、餐饮等其他场所的建筑面积不应大于 500 m^2。当商店或休闲、餐饮等场所连续成组布置时,每组的总建筑面积不应大于 2000 m^2,组与组的间距不应小于 9.0 m。

(2) 每间商店、休闲、餐饮等场所之间应设置耐火极限不低于 2.00 h 的防火隔墙,且防火隔墙处两侧应设置总宽度不小于 2.0 m 的实体墙。商店、休闲、餐饮等场所与其他场所之间应设置耐火极限不低于 2.00 h 的防火隔墙和耐火极限不低于 1.00 h 的顶板,设置防火隔墙确有困难的部位,应采用耐火极限不低于 2.00 h 的防火卷帘等进行分隔。

(3) 当每间商店、休闲、餐饮等场所的建筑面积小于 20 m^2 且连续布置的总建筑面积小于 200 m^2 时,这些场所之间应采用耐火极限不低于 1.00 h 的防火隔墙分隔,或间隔不应小于 6.0 m,与公共区内的开敞空间之间可不采取防火分隔措施,但与可燃物之间的间隔不应小于 9.0 m。

行李处理用房是航站楼内火灾荷载较大的场所,且设备运行频繁,用电设备多,用电量大。因此,行李处理用房与公共区之间应设置防火墙。行李传送带穿越防火墙处的洞口应采用耐火极限不低于 3.00 h 的防火卷帘等进行分隔。

吊顶和行李传输夹层是相对封闭的空间,发生火灾不易发现,也不易扑灭,火灾产生的热烟也难以排除,对相互连通空间的影响大,故应采取防火措施将传输通道或夹层与其他空间严格分隔,吊顶内的行李传输通道应采用耐火极限不低于 2.00 h 的防火板等封闭,行李传输夹层应采用耐火极限均不低于 2.00 h 的防火隔墙和楼板与其他空间分隔。

航站楼内厨房火灾时有发生,主要原因是电气设备过载老化、燃气泄漏或油烟机、排油烟管道着火等。如 2005 年 12 月 22 日,广州新白云机场航站楼内一餐厅厨房因排烟道故障,引发火灾,紧临餐厅的安检通道临时关闭,约 400 名旅客延滞候检,2 个航班延滞。对厨房采取严格的防火分隔措施,发生火灾时能便于扑救和控制,有效减少火灾危害。

大型机场及其航站楼用电负荷多、用电量大,各种控制与通信线路多,要布设大量电气线缆和管道等。为便于敷设及运营管理,通常利用综合管廊敷设这些线缆和管道。这些管线对于维持航站楼日常运营及灾害情况下的应急处置与航站楼的正常运营至关重要,但管廊空间狭小,火灾易蔓延,不易扑救。为有效阻止管廊内的火灾和烟气向航站楼内各连通空间蔓延,要求管廊采用耐火极限不低于 3.00 h 的不燃性结构与航站楼进行分隔。航站楼内的电缆夹层应采用耐火极限不低于 2.00 h 的防火隔墙和耐火极限不低于 1.00 h 的楼板与其他空间分隔。

7.2.6　消防给水和灭火设施

航站楼应设置室内消火栓系统。室内消火栓的布置间距不应大于 30.0 m,并应保证有 2 股水柱能同时到达其保护范围内有可燃物的部位。水枪的充实水柱不应小于 13.0 m。消火栓箱内应设置消防软管卷盘。室内消火栓的设计流量应根据水枪充实水柱长度和同时使用水枪数量经计算确定,且不应小于表 7.7 的规定。消防软管卷盘的用水量可不计。建筑面积小于 3000 m² 的航站楼,其室内消火栓系统的火灾延续时间不应小于 2.0 h;其他航站楼,不应小于 3.0 h。

表 7.7　室内消火栓的设计流量

航站楼剖面流程形式	室内消火栓的 设计流量/(L/s)	同时使用水枪的 数量/支	每根竖管的最小 设计流量/(L/s)
一层式、一层半式	20	4	15
二层式、二层半式	25	5	15
多层式	30	6	15

航站楼内不同部位的火灾特性会有所差异,采用的灭火系统类型也可能不同。对于航站楼内的商店、休息室、办公室、设备房、库房等可燃物集中的"房中房"以及行李处理用房、行李提取区、值机柜台区等区域,室内净高通常较低且为固体物质火灾,适合采用自动喷水灭火系统保护;高低压配电间、变配电室、通信机房、电子计算机机房、UPS 间和重要档案资料库房内,宜采用气体灭火系统或细水雾灭火系统;烹饪操作间的排油烟罩内及烹饪部位应设置自动灭火装置,并应在厨房内的燃气或燃油管道上设置与该自动灭火装置联动的自动切断装置。

7.2.7　排烟与火灾自动报警系统

航站楼内的火灾以可燃固体物质为主,燃烧时会产生大量烟气,特别是一些空间较小的场所,因不完全燃烧产生的烟气会更多。这些烟气不仅携带高热,而且会对人体产生毒害作用,并因烟气蔓延而降低空间的能见度。因此对于有人活动的场所或可能引发轰燃的房间,如出发区、候机区、到港通道、行李提取区、迎客区、办公区、行李处理用房,均要考虑排烟。由于自然排烟具有构造简单、可靠、经济且运行维护方便等优点,需设置排烟设施的区域和部位应优先采用自然排烟方式,这些区域和部位包括出发区、候机区、到达区、行李处理用房、商店、餐饮店、设备房、储藏室、办公室、贵宾室等"房中房"以及长度大于 20.0 m 且相对封闭的走道。当条件受限难以实现时,可以考虑采用机械排烟方式。

机场内配套设置的公共交通设施主要有地铁、轻轨和公共汽车等,航站楼与这些公共交通设施连通的封闭连廊等通道是人员经常通行的地方,属于人员聚集的场所。为防止火灾烟气在该空间集聚,或通过该连廊蔓延,要求在连通处的空间采取排烟或防烟措施。

火灾自动报警系统能起到早期发现和通报火情、及时通知人员进行疏散和灭火的作用,在减少人员伤亡、控制火灾损失方面发挥了积极的作用。航站楼人员聚集,建筑内各部位均应设置火灾自动报警系统。根据航站楼内不同区域或部位的典型可燃物及可能发生的火灾类型,火灾探测器的选型宜按表7.8确定。

表7.8　不同区域或部位火灾探测器的选型

区域或部位	火灾探测器的类型
公共区、行李处理用房	感烟、火焰
商店、休闲服务场所、办公室、储藏间	感烟
通风空调机房、通信机房、变配电室、电缆夹层、行李传送带	感烟
厨房、锅炉房、发电机房、吸烟室	感烟
电缆桥架	缆式线型感温

大、中型航站楼需要设置区域分消防控制室。为保证日常管理中能及时、准确掌握所有火灾报警系统和相关联动控制的信号和信息,方便维护管理和火灾情况下专业人员到达主消防控制室进行相应的控制与操作,要求将各分控制室的信号传至主控制室。消防控制室应能在接收到火灾报警信号后10 s内将火警信息传送至机场消防站,机场消防站应设置能接收航站楼火警信息的装置。

7.2.8　供暖、通风、空气调节和电气

机坪上停放的飞机、加油车等是可燃蒸气释放的潜在危险源。为避免通风和空气调节系统将可燃蒸气引入室内,减小火灾危险,要求供暖、通风和空气调节系统的设备、管道、进出口的高度和位置应保证相对安全的高度、位置和距离。具体数据如下:

(1) 通风和空气调节系统位于停机坪侧的进风口和出风口均宜高出停机坪地面不小于3.0 m,与可燃蒸气释放点的最小水平距离不应小于15.0 m。

(2) 使用燃煤、燃气、燃油的设备房和使用明火装置的房间,其朝向停机坪侧的通风或排气开口应位于停机坪地面上方,与潜在漏油点及其他可燃蒸气释放点的最小水平距离不应小于15.0 m;当小于15.0 m时,应采取防火措施。

(3) 锅炉、加热炉等的烟囱口应高出航站楼屋面,与航空器、潜在漏油点及其他可燃蒸气释放点的最小水平距离不应小于30.0 m,当小于30.0 m时,应采取防火措施;使用固体燃料时,烟囱应设置双网筛过滤网。

(4) 厨房等热加工部位内的排油烟管道应独立设置,并应直通航站楼外。排油烟管道不应靠近可燃物体,非金属管道与可燃物体的距离不应小于0.25 m,金属管道与可燃物体的距离不应小于0.50 m。

航站楼属于重要公共建筑,二层式、二层半式及多层式航站楼的消防用电应按一级负荷供电,其疏散照明备用电源的连续供电时间不应小于1.0 h;其他航站楼的消防用电可按二级负荷供电,其疏散照明备用电源的连续供电时间不应小于0.5 h。

7.3　飞机库消防系统

现代飞机是高科技的产物,价值昂贵。一座飞机库可包括若干个飞机停放和维修区,一个飞机停放和维修区可以停放和维修一架或多架飞机。首都机场四机位维修机库可同时维

修波音 747 四架、波音 767 两架、波音 737 四架,飞机总价值约 75 亿元人民币。飞机库一旦发生火灾,就可能引发易燃液体火灾,如不采取有效、快速的灭火措施,造成的人员伤亡和财产损失是难以估计的。

飞机库内结构复杂、易燃易爆危化品多、火灾危险性大,主要有燃油火灾、氧气系统火灾、清洗飞机座舱火灾、电气系统火灾、人为的火灾五种火灾风险。

飞机库的防火设计,必须遵循"预防为主,防消结合"的消防工作方针,针对飞机库火灾的特点,采取可靠的消防措施,做到安全适用、技术先进、经济合理。

7.3.1 防火分区和耐火等级

依据《飞机库设计防火规范》(GB 50284—2008)规定,飞机库可分为Ⅰ、Ⅱ、Ⅲ类,各类飞机库内飞机停放和维修区的防火分区允许最大建筑面积应符合表 7.9 的规定。其中,Ⅰ类飞机库的耐火等级应为一级;Ⅱ、Ⅲ类飞机库的耐火等级不应低于二级;飞机库地下室的耐火等级应为一级。

表 7.9 飞机库分类及其停放和维修区的防火分区允许最大建筑面积

类 别	防火分区允许最大建筑面积/m²
Ⅰ	50 000
Ⅱ	5000
Ⅲ	3000

注:与飞机停放和维修区贴邻建造的生产辅助用房,其允许最多层数和防火分区允许最大建筑面积应符合现行国家标准《建筑设计防火规范》(GB 50016—2014)的有关规定。

在飞机停放和维修区内,支承屋顶承重构件的钢柱和柱间钢支撑应采取防火隔热保护措施,并应达到相应耐火等级建筑要求的耐火极限。屋顶金属承重构件应采取外包敷防火隔热板或喷涂防火隔热涂料等措施进行防火保护,当采用泡沫-水雨淋灭火系统或采用自动喷水灭火系统后,屋顶可采用无防火保护的金属构件。

7.3.2 平面布置和建筑构造

飞机库的总图位置通常远离航站楼,靠近滑行道或停机坪。飞机库的高度受到飞机进场净空需要的限制,又不能遮挡指挥塔台至整条跑道的视线,所以要符合航空港总体规划要求。飞机库一般设在飞机维修基地内,有时由几座飞机库组成机库群,飞机库之间,飞机库与其他建筑物之间应有一定的防火间距。消防车道等应按消防要求合理布局。此外,用于飞机库的消防水池容量较大,是分建还是合建也需要统筹安排。

飞机库与其贴邻建造的生产辅助用房之间的防火分隔措施,应根据生产辅助用房的使用性质和火灾危险性确定。在飞机库内不宜设置办公室、资料室、休息室等用房,若确需设置少量这些用房时,宜靠外墙设置,并应有直通安全出口或疏散走道的措施,与飞机停放和维修区之间应采用耐火极限不低于 2.00 h 的不燃烧体墙和耐火极限不低于 1.50 h 的顶板隔开,墙体上的门窗应为甲级防火门窗。

飞机库用防火墙分隔为两个或两个以上飞机停放和维修区时,为了生产的需要往往在此防火墙上需开设尺寸较大的门,规定采用甲级防火门或耐火极限大于 3.00 h 的防火卷帘门,同时要求该门两侧均设火灾探测器联动关闭装置,并具有手动和机械操作的功能。

飞机库消防控制室能俯视整个飞机停放和维修区为最佳。消防泵房设在地下室或一层,应能通向疏散走道、疏散楼梯或直通安全出入口。库内的消防控制室、消防泵房应采用耐火极限不低于 2.00 h 的隔墙和耐火极限不低于 1.50 h 的楼板与其他部位隔开。隔墙上的门应采用甲级防火门,其疏散门应直接通向安全出口或疏散楼梯、疏散走道。观察窗应采用甲级防火窗。危险品库房、装有油浸电力变压器的变电所不应设置在飞机库内或与飞机库贴邻建造。飞机库应设置从室外地面或附属建筑屋顶通向飞机停放和维修区屋面的室外消防梯,且数量不应少于 2 部。当飞机库长边长度大于 250.0 m 时,应增设 1 部室外消防梯。

两座相邻飞机库之间的防火间距不应小于 13.0 m,但当两座飞机库,其相邻的较高一面的外墙为防火墙时,其防火间距不限,又或两座飞机库,其相邻的较低一面外墙为防火墙,且较低一座飞机库屋顶结构的耐火极限不低于 1.00 h 时,其防火间距不应小于 7.5 m。同时,飞机库与其他建筑物之间的防火间距不应小于表 7.10 的规定。

表 7.10　飞机库与其他建筑物之间的防火间距　　　　　　　　　　　　　　m

建筑物名称	喷漆机库	高层航材库	一、二级耐火等级的丙、丁、戊类厂房	甲类物品库房	乙、丙类物品库房	机场油库	其他民用建筑	重要公共建筑
飞机库	15.0	13.0	10.0	20.0	14.0	100.0	25.0	50.0

注:①当飞机库与喷漆机库贴邻建造时,应采用防火墙隔开;②表中未规定的防火间距,应根据现行国家标准《建筑设计防火规范》(GB 50016—2014)的有关规定确定。

飞机库价值高,建设周期长,是重要的工业建筑,飞机库的外围护结构、内部隔墙和屋面保温隔热层均应采用不燃烧材料。飞机库大门及采光材料应采用不燃烧或难燃烧材料。大门轨道处应采取排水措施,寒冷及易结冰地区其轨道处还应采取融冰措施。飞机停放和维修区的地面标高应高于室外地坪、停机坪和道路路面 0.05 m 以上,并应低于与其相通房间地面 0.02 m 以下,地面应有不小于 0.5% 的坡度坡向排水口,室外地面低,有利于飞机停放和维修区的燃油流向室外,同时消防用水也可排向室外。设计地面坡度时应符合飞机牵引、称重、平衡检查等操作要求。飞机停放和维修的地面、工作间壁、工作台和物品柜等均应采用不燃烧材料制作,地面下的沟、坑均应采用不渗透液体的不燃烧材料建造。

7.3.3　安全疏散和采暖通风

飞机停放和维修区的每个防火分区至少应有 2 个直通室外的安全出口,其最远工作地点到安全出口的距离不应大于 75.0 m。当飞机库大门上设有供人员疏散用的小门时,小门的最小净宽不应小于 0.9 m。在飞机停放和维修区的地面上应设置标示疏散方向和疏散通道宽度的永久性标线,并应在安全出口处设置明显指示标志。当飞机库内供疏散用的门和供消防车辆进出的门为自控启闭时,均应有可靠的手动开启装置。飞机库大门应设置使用拖车、卷扬机等辅助动力设备开启的装置。在防火分隔墙上设置的防火卷帘门应设逃生门,当同时用于人员通行时,应设疏散用的平开防火门。飞机库内的消防车道边设有人行道时,应在它们之间设防护栏,以保证人、车各行其道。

飞机停放和维修区为高大空间的建筑物,采用吊装式燃气辐射采暖是一种较为合适的方式。飞机停放和维修区内严禁使用明火采暖,以防止泄漏的易燃液体蒸气遇明火发生爆炸。考虑到飞机停放和维修区内有可能发生燃油泄漏,其蒸气密度比空气密度大,主要分布在机库停放和维修区的下部,因此回风口应尽量抬高布置。当火灾发生时,不允许使用空气再循环采暖系统,应就地手动操作按钮关闭风机,也可经消防控制室自动关闭风机。飞机停放和维修区内的动力系统(压缩空气、电气、给水、排水和通风管等)接口地坑有可能不够严密,泄漏在地面的燃油会流入综合地沟内。为防止易燃气体的聚集,故设置机械通风换气,并将其排至飞机库外。当地沟内可燃气体探测器发出报警时,要求进行事故排风。

7.3.4 火灾自动报警系统与控制

Ⅰ、Ⅱ、Ⅲ类飞机库均应设置火灾自动报警系统,在飞机停放和维修区内设置的火灾探测器应符合下列要求:

(1)屋顶承重构件区宜选用感温探测器。

(2)在地上空间宜选用火焰探测器和感烟探测器。

(3)在地面以下的地下室和地面以下的通风地沟内有可燃气体聚集的空间、燃气进气间和燃气管道阀门附近应选用可燃气体探测器。

燃油蒸气相对密度较空气大,易积聚在低处,而火警及通信装置工作时可能产生火花,因此飞机停放和维修区内的火灾报警按钮、声光报警器及通信装置距地面安装高度不应小于1.0 m。

Ⅰ类飞机库包括若干套泡沫-水雨淋灭火系统,其保护区应与感温探测器的位置相对应,从而实现分区控制。为保障自动启动泡沫-水雨淋灭火系统的可靠性,宜采用感温探测器与火焰探测器或感烟探测器组合控制。泡沫-水雨淋灭火系统、翼下泡沫灭火系统、远控消防泡沫炮灭火系统和高倍数泡沫灭火系统宜由2个独立且不同类型的火灾信号组合控制启动,并应具有手动功能。泡沫-水雨淋灭火系统启动时,应能同时联动开启相关的翼下泡沫灭火系统。在Ⅰ、Ⅱ类飞机库的飞机停放和维修区内,应设置手动启动泡沫灭火装置,并应将反馈信号引至消防控制室。

Ⅰ、Ⅱ类飞机库需要在消防控制室内手动操纵远控消防泡沫炮,观察窗的位置要使消防值班人员能看到整个飞机停放和维修区,尽量避免飞机遮挡视线使值班人员无法看到泡沫炮转动的情况。当条件所限不能观察到飞机停放和维修区的全貌时,宜在飞机库内设置电视监控系统,辅助观察飞机停放和维修区。

7.3.5 消防给水和排水

飞机库的消防水源及消防供水系统必须满足本规范规定的连续供给时间内室内外消火栓和各类灭火设备同时使用的最大用水量。为保证安全,通常要设专用消防水池。飞机库消防所用的泡沫液为动、植物蛋白与添加剂混合的有机物和氟碳表面活性剂,消防给水必须采取可靠措施防止泡沫液回流污染公共水源和消防水池。如果设计不合理,维修使用不适当,泡沫液会回流入水源或消防水池造成环境污染。

飞机维修需要清洗飞机和地面,通常情况下飞机停放和维修区内设有地漏或排水沟。地漏或排水沟的排水能力宜按最大消防用水量设计。合理地布置地漏或排水沟可使外泄燃油限制在最小的区域内,以防止火灾蔓延。当飞机停放和维修区排水系统采用管道时,冲洗飞机及地面的水带油进入管道。故管道内积油及产生油蒸气是难以避免的。在地面进水口处设置水封和排水管采用不燃材料等措施,有助于防止地面火沿管道传播。

在飞机停放和维修区内设置的消火栓宜与泡沫枪合用给水系统。消火栓的用水量应按同时使用两支水枪和充实水柱不小于 13 m 的要求,通过计算确定。消火栓箱内应设置统一规格的消火栓、水枪和水带,可设置 2 条长度不超过 25 m 的消防水带。

7.3.6 灭火设备

飞机库常用的灭火系统有泡沫-水雨淋灭火系统、翼下泡沫灭火系统、远控消防泡沫炮灭火系统、自动喷水灭火系统、高倍数泡沫灭火系统等;常用的灭火设备包括泡沫枪、泡沫液泵、比例混合器、泡沫液储罐、管道和阀门等。下面分别介绍以上灭火系统及灭火装备。

1. 泡沫-水雨淋灭火系统

泡沫-水雨淋灭火系统由水源、泡沫液储罐、消防泵、稳压泵、比例混合器、雨淋阀、开式喷头、管道及其配件、火灾自动报警和控制装置等组成,其释放装置有两种:标准喷头和专用泡沫喷头。

2. 翼下泡沫灭火系统

翼下泡沫灭火系统是泡沫-水雨淋灭火系统的辅助灭火系统,其常用的释放装置为固定式低位消防泡沫炮,可由电机或水力摇摆驱动,并具有机械应急操作功能。该系统的作用有:①对飞机机翼和机身下部喷洒泡沫,弥补泡沫-水雨淋灭火系统被大面积机翼遮挡之不足;②控制和扑灭飞机初期火灾和地面燃油流散火;③当飞机在停放和维修时发生燃油泄漏,可及时用泡沫覆盖,防止起火。

3. 远控消防泡沫炮灭火系统

远控消防泡沫炮灭火系统是指将人工操作的泡沫炮发展为远控、自动消防泡沫炮,我国自行研制和生产的远控、自动消防泡沫炮已开始在码头上和飞机库中使用。消防泡沫炮具有结构简单、射程远、喷射流量大、可直达火源、操作灵活等特点。远控消防泡沫炮灭火系统应具有自动或远控功能,并应具有手动及机械应急操作功能。泡沫混合液的最小供给速率为:Ⅰ类飞机库应为泡沫混合液的设计供给强度乘以 5000 m^2;Ⅱ类飞机库应为泡沫混合液的设计供给强度乘以 2800 m^2。泡沫液的连续供给时间不应小于 10 min,Ⅰ类飞机库的连续供水时间不应小于 45 min、Ⅱ类飞机库的连续供水时间不应小于 20 min。

4. 自动喷水灭火系统

自动喷水灭火系统是指由洒水喷头、报警阀组、水流报警装置(水流指示器或压力开关)等组件,以及管道、供水设施等组成,能在发生火灾时喷水的自动灭火系统。在飞机库停放和维修区设闭式自动喷水灭火系统主要用于屋架内灭火、降温以保护屋架,以采用湿式或预作用灭火系统为宜,连续供水时间不应小于 45 min。其设计喷水强度不应小于 7.0 L/(min·m^2),Ⅰ类飞机库作用面积不应小于 1400 m^2,Ⅱ类飞机库作用面积不应小于 480 m^2,一个报警阀控制的面积不应超过 5000 m^2,喷头宜采用快速响应喷头,公称动作温度宜采用 79℃,周围环境温度较高区域宜采用 93℃。Ⅱ类飞机库也可采用标准喷头,喷头公称动作温度宜为 162～190℃。

5. 高倍数泡沫灭火系统

高倍数泡沫是指发泡倍数高于 200 的灭火泡沫。用于飞机库的高倍数泡沫灭火系统应符合以下规定：①泡沫的最小供给速率(m^3/min)应为泡沫增高速率(m/min)乘以最大一个防火分区的全部地面面积(m^2)，泡沫增高速率应大于 0.9 m/min；②泡沫液和水的连续供给时间应大于 15 min；③高倍数泡沫发生器的数量和设置地点应满足均匀覆盖飞机停放和维修区地面的要求。飞机库中为每架飞机设置的移动式高倍数泡沫发生器不应少于 2 台。

6. 泡沫枪

泡沫枪是指一种由单人或多人携带和操作的以泡沫混合液作为灭火剂的喷射管枪。飞机停放和维修区内任一点应能同时得到两支泡沫枪保护，泡沫液连续供给时间不应小于 20 min。当采用氟蛋白泡沫液时，其泡沫混合液流量不应小于 8.0 L/s；当采用水成膜泡沫液时，其泡沫混合液流量不应小于 4.0 L/s。泡沫枪宜采用室内消火栓接口，公称直径应为 65 mm，消防水带的总长度不宜小于 40 m。

根据不同类别飞机库的特征，对于灭火系统和灭火设备的选择不同。

我国对 Ⅰ 类飞机库的灭火系统给出两种选择。

(1) 泡沫-水雨淋灭火系统和泡沫枪；当飞机机翼面积大于 280 m^2 时，尚应设置翼下泡沫灭火系统。

(2) 屋架内自动喷水灭火系统，远控消防泡沫炮灭火系统或其他低倍数泡沫自动灭火系统，泡沫枪。

Ⅱ 类飞机库飞机停放和维修区内灭火系统同样有两种选择：

(1) 远控消防泡沫炮灭火系统或其他低倍数泡沫自动灭火系统，泡沫枪。

(2) 高倍数泡沫灭火系统和泡沫枪。

Ⅲ 类飞机库飞机停放和维修区内应设置泡沫枪灭火系统。

7.4　航空货运站消防系统

航空货运站是一类以飞机为运输工具进行货物运输服务的集散站。它提供货物登记、转换货物形式、储存、运输等服务，完成货物进港、出港、中转等业务流程。消防安全历来是物流设施重要的安全因素，但航空货运站在消防规范的使用中还存在不少问题，如由于货运站工艺作业的需要，往往作业区面积较大、作业空间较高，其防火分区面积、自动喷水灭火系统设置高度等远超出国家现行《建筑设计防火规范》(GB 50016—2014)规定等问题。因此，航空货站消防设计往往需通过设计参数论证，才能为消防设计提供合理的设计参数。

7.4.1　防火分区和耐火等级

航空货运站的主要功能包括装卸储存货物、货物检查、换装理货以及单证信息处理等，涉及的相关建筑包括货运站高架暂存区、货物处理工作区以及代理作业区。

1. 货运站高架暂存区

运输货物的主要类别包括鲜活货物、服装、电子电气类货物等丙二类(可燃固体)货物，在符合现行国家标准《建筑设计防火规范》(GB 50016—2014)规定的情况下,货运站高架暂存区按丙二类仓库考虑其火灾危险性,应设置独立分区的中转库房,存放滞留货物。耐火等级为二级。

大型空运集装箱高架存储系统,有时一个巷道的面积已超现行国家标准《建筑设计防火规范》(GB 50016—2014)规定的一个防火分区的最大允许建筑面积,由于出入库设备要在整个巷道内作业,且设备很高,难以采取防火隔断措施,根据《物流建筑设计规范》(GB 51157—2016)规定:对于只有一个巷道的高货架存储区,当面积超过一个防火分区最大允许建筑面积时,若出入库设备需要在整个巷道范围内作业,且货架内设置自动灭火系统,同时各防火分区的货架独立,相邻的货架区的间距不小于 10 m,则其防火分区之间可不设防火墙。

2. 货物处理工作区以及代理作业区

货运站的货物处理作业区的主要功能是分解、分包、配送货物,应按照丙类单层厂房考虑其火灾危险性,耐火等级为一级。货运代理作业区贴建的营业办公楼耐火等级为二级。营业办公区设独立防火分区。要提高耐火等级,可扩大防火分区面积,满足功能要求。

7.4.2 自动灭火系统

自动喷水灭火系统是当今世界上公认的最为有效的自救灭火设施之一,是应用最广泛、用量最大的自动灭火系统。国内外应用实践证明,该系统具有安全可靠、经济实用、灭火成功率高等优点。

其中,湿式系统与其他自动喷水灭火系统相比,结构相对简单,系统平时由消防水箱、稳压泵或气压给水设备等稳压设施维持管道内水的压力。发生火灾时,由闭式喷头探测火灾,水流指示器报告起火区域,消防水箱出水管上的流量开关、消防水泵出水管上的压力开关或报警阀组的压力开关输出启动消防水泵信号,完成系统的启动。系统启动后,由消防水泵向开放的喷头供水,开放的喷头将供水按不低于设计规定的喷水强度均匀喷洒,实施灭火。为了保证扑救初期火灾的效果,喷头开放后,要求在持续喷水时间内连续喷水。

此外,雨淋系统和水幕系统均为开式自动喷水灭火系统。雨淋系统由开式洒水喷头、雨淋报警阀组等组成,发生火灾时由火灾自动报警系统或传动管控制,自动开启雨淋报警阀组和启动消防水泵,用于灭火。水幕系统由开式洒水喷头或水幕喷头、雨淋报警阀组或感温雨淋报警阀等组成,用于防火分隔或防护冷却。

如表 7.11 所示,航空货运站危险等级按仓库危险等级 Ⅱ 级考虑其火灾危险性,则当其最大净空高度不超过 13.5 m 且最大储物高度不超过 12.0 m,根据现行《建筑设计防火规范》(GB 50016—2014)规定,宜采用设置早期抑制快速响应喷头的自动喷水灭火系统,当采用早期抑制快速响应喷头时,系统应为湿式系统。货运站货物处理作业区及代理作业区应采用自动喷水灭火系统。贴建的办公楼部分也应采用湿式自动喷水灭火系统。

航空货运站项目建设高度往往大于规范规定的安装高度,其设计参数应进行论证。货物处理作业区及高货架顶板、高货架内均设置预作用自动喷水灭火系统,或采用水炮系统、雨淋系统、水雾系统,或增加标准喷头的喷水强度,或增加持续喷水时间,控制作用面积。

表 7.11　仓库危险等级

火灾危险等级		设置场所分类
仓库危险等级	Ⅰ 级	食品、烟酒、木箱、纸箱包装的不燃、难燃物品等
	Ⅱ 级	木材,纸,皮革,谷物及制品,棉毛麻丝化纤及制品,家用电器,电缆,B组塑料与橡胶及其制品,钢塑混合材料制品,各种塑料瓶盒包装的不燃,难燃物品及各类物品混杂储存的仓库等
	Ⅲ 级	A组塑料与橡胶及其制品、沥青制品等

7.4.3　火灾自动报警系统及消防联动控制系统

航空货运站为一级保护等级,采用控制中心报警系统方式。

在贴建首层的消防控制室内设置火灾自动报警系统(总线制)。设备包括智能型火灾自动报警主机、空气采样式早期烟雾报警主机、消防联动控制台消防电话主机及消防广播控制器,负责整个货运站的火灾报警及消防联动控制。设计采用全货运站全面保护并在重点部位特殊保护的火灾自动报警方式。除卫生间及楼梯间外全部设置火灾探测器。

鉴于航空货运站建筑多为高大空间及其存放周转货物的特点,要求对火灾及时准确地报警。因此在货物作业区、进出港货物储存区多采用空气采样式早期烟雾报警系统,所有空气采样探测器采用集中监控的方式。空气采样报警网由消防中心集中管理纳入整个建筑的火灾自动报警系统。

在每个防火分区设置带电话插孔的手动报警按钮,保证从任何位置到手动报警按钮的步行距离不超过30 m。消防控制室内设置向当地公安消防部门报警电话总机,在气体灭火控制系统操作装置处、变配电室消防水泵房等处设固定式消防电话机,在消防监控中心设一台50门的消防电话总机。

发生火灾时,通过消火栓启泵按钮可直接启动消火栓泵,同时向消防控制中心发出信号。在消防中心也可手动或自动启动消火栓泵,并显示消火栓泵的工作、故障状态,显示启泵按钮的位置。整个库区采用预作用喷水灭火系统,火灾报警后火灾报警控制器发出信号,打开预作用阀上电磁阀,同时打开相关防火分区管网末端快速排气阀前的电磁阀,使自动喷水管网充水呈湿式系统。当预作用阀上的压力开关报警后,自动启动喷淋泵消防控制中心,也可直接手动启动喷淋泵及预作用阀上的电磁阀,并在消防中心显示喷淋泵的工作、故障状态,显示预作用控制电磁阀的工作状态、快速排气阀前电磁阀的工作状态。

当发生火情水喷头动作后,火灾自动报警系统探测到管道气压压力开关动作,火灾报警系统进入火警状态。火灾报警控制器关闭空压机,停止向管道补气;同时手动或自动启动喷淋泵,并且打开相关防火分区管网末端快速排气阀前的电磁阀,使自动喷水管网迅速充水。火灾自动报警系统延时关闭排气电动阀,保证自动喷水顺利进行。消防控制中心显示喷淋泵的工作、故障状态,显示报警阀压力开关工作状态、快速排气阀前电磁阀工作状态等。

各区贴建办公区域采用湿式喷水灭火系统,根据湿式报警阀压力开关信号自动启动喷淋泵。压力开关可直接联锁自动启动喷淋泵消防控制中心,也可直接手动启动喷淋泵,并在消防控制中心显示喷淋泵的工作、故障状态,显示水流指示器、湿式报警阀、信号检修阀的工作状态。

7.4.4 防排烟、电气及消防通道

货运站采用防排烟措施。在屋面设置易熔材料采光带进行自然排烟,或采用可自动开启排烟天窗,可自动开启排烟天窗需满足《建筑防烟排烟系统技术标准》(GB 51251—2017)的规定,其面积不小于排烟区域建筑面积的 5%(室内设有自动喷水灭火系统时)。

货运站供电电源采用 10 kV 双路供电,互为备用。消防控制室、消防水泵为二级负荷,采用两路低压电源末端互投方式供电。

航空货运站布置在空陆侧交接位置,危险品库与周边建筑、围墙距离满足现行《建筑设计防火规范》(GB 50016—2014)要求。空侧编组等待坪紧邻空侧停机坪,主要用于拖车停放,同时该区域设置空集装器存放区。陆侧停车场满足高峰时段车位数量需求,停车场与站台之间留出足够的货车回转空间,以便于货车停靠站台。货运站周边设计不小于 4 m 的环形消防通道。

7.5 机场油库消防系统

航油是民航运行的重要保障因素,不仅运营管理要科学有序,而且从油源到输油、储油、加油等各方面都需要各个环节的基础设施来保障。由于航油供应的特殊性,一旦出现问题,不但会造成很大的经济损失,而且会产生很大的政治影响。随着扩建项目日益增多,安全保障则尤为突出。

7.5.1 油库分级与建筑耐火等级

根据《石油库设计规范》(GB 50074—2014)可将机场油库划分为 6 个等级,具体划分标准应符合表 7.12 的规定。航空煤油属于乙 A 类,而根据石油库火灾事故统计资料,80% 以上是甲 B 类和乙 A 类油品事故,其危险性较高,需要特别重视。

油库内生产性建(构)筑物的最低耐火等级应符合表 7.13 的规定。

表 7.12 石油库的等级划分

等级	石油库储罐计算总容量 TV/m³	等级	石油库储罐计算总容量 TV/m³
特级	1 200 000≤TV≤3 600 000	三级	10 000≤TV<30 000
一级	100 000≤TV<1 200 000	四级	1000≤TV<10 000
二级	30 000≤TV<100 000	五级	TV<1000

表 7.13 石油库内生产性建(构)筑物的最低耐火等级

序号	建(构)筑物	液体类别	耐火等级
1	易燃和可燃液体泵房、阀门室、灌油间(亭)、铁路液体装卸暖库、消防泵房	一	二级
2	桶装液体库房及敞篷	甲乙	二级
		丙	三级
3	化验室、计量间、控制室、机柜室、锅炉房、变配电间、修洗桶间、润滑油再生间、柴油发电机间、空气压缩机间、储罐支座(架)	一	二级
4	机修间、器材库、水泵房、铁路罐车装卸栈桥及罩棚、汽车罐车装卸站台及罩棚、液体码头栈桥、泵棚、阀门棚	一	三级

7.5.2　储罐方式

储罐方式分为地上储罐、覆土立式储罐和覆土卧式储罐。

1. 地上储罐

地上储罐应采用钢制储罐。与非金属储罐相比,钢制储罐具有防火性能好、造价低、施工快、防渗防漏性好、检修容易等优点,故要求地上储罐采用钢制储罐。航空煤油在常温常压下极易挥发,所以需要采用压力储罐、低压储罐或低温常压储罐来抑制其挥发。

航空煤油火灾危险性较大,目前广泛采用的组装式铝质内浮顶属于"用易熔材料制作的内浮顶",其安全性比钢质内浮顶差,储罐一旦发生火灾,容易形成储罐全截面积着火,且直径越大越难以扑救,造成的火灾损失也越大,所以对直径大于 40 m 的航空煤油储罐,不得采用易熔材料制作的内浮顶。

2. 覆土立式储罐

覆土立式储罐应采用固定顶储罐,并采用独立的罐室及出入通道。与管沟连接处必须设置防火、防渗密闭隔离墙。覆土立式储罐多建于山区,交通不便,远离城市,借助外部消防力量较难,一旦着火爆炸扑救难度大,使覆土立式储罐相互隔离,可以尽量避免一座储罐着火牵连相邻储罐。装有航空煤油的覆土立式储罐之间的防火距离,不应小于相邻两罐罐室直径之和的 1/2。当按相邻两罐罐室直径之和的 1/2 计算超过 30 m 时,可取 30 m。

对于覆土立式储罐,为了预防储罐发生泄漏事故,罐室要有一定的封围作用,为紧急时刻采取口部封堵和外输等抢救措施留有一定的时间余地,因此要求罐室通道出入口高于罐室地坪不应小于 2.0 m,有的部门还规定罐室要满足半拦油或全拦油要求,这样由罐室引出的局部管道往往都敷设较深,有的甚至达到十几米。如果采用直埋方式,管线安全无保障,一旦出现渗漏或断裂,检修就会连同局部通道"开肠破肚",不仅检修代价很高,而且动火更是难免的,不小心还会引发储罐火灾。因此,覆土立式储罐与罐区主管道连接的支管道敷设深度大于 2.5 m 时,可采用非充沙封闭管沟方式敷设。

3. 覆土卧式储罐

覆土卧式储罐的设计应满足其设置条件下的强度要求,当采用钢制储罐时,其罐壁所用钢板的公称厚度应满足下列要求:①直径小于或等于 2500 mm 的储罐,其壁厚不得小于 6 mm;②直径为 2501~3000 mm 的储罐,其壁厚不得小于 7 mm;③直径大于 3000 mm 的储罐,其壁厚不得小于 8 mm。覆土卧式储罐的间距不应小于 0.5 m,覆土厚度不应小于 0.5 m。

地上储罐组应设防火堤。防火堤内的有效容量,不应小于罐组内一个最大储罐的容量。地上储罐进料时冒溢或储罐发生爆炸破裂事故,液体会流出储罐外,如果没有防火堤,液体就会到处流淌,如果发生火灾还会形成大面积流淌火。

地上立式储罐的罐壁至防火堤内堤脚线的距离,不应小于罐壁高度的一半。卧式储罐的罐壁至防火堤内堤脚线的距离,不应小于 3 m。

7.5.3　消防冷却水系统

一、二、三、四级石油库应设独立消防给水系统,五级石油库的消防给水可与生产、生活给水系统合并设置。地上固定顶着火储罐的罐壁直接接触火焰,需要在短时间内加以冷却。为了保护罐体,控制火灾蔓延,减少辐射热影响,保障邻近罐的安全,地上固定顶着火储罐需消防冷却水系统对其进行冷却。消防冷却水系统可采用移动冷却方式和固定冷却方式。

1. 移动冷却方式

移动冷却方式采用直流水枪冷却,受风向、消防队员操作水平影响,冷却水不可能完全喷淋到罐壁上。

2. 固定冷却方式

固定冷却方式冷却水供给强度是根据过去天津消防科研所在 $5000~\mathrm{m}^3$ 固定顶储罐所做灭火试验得出的数据反算推出的。试验表明这一冷却水供给强度可以保证罐壁在火灾中不变形。

移动式冷却水供给强度比固定冷却方式的大。

储罐的消防冷却水供水范围和供给强度应符合下列规定:

(1)地上立式储罐消防冷却水供水范围和供给强度,不应小于表 7.14 的规定。

(2)覆土立式储罐的保护用水供给强度不应小于 $0.3~\mathrm{L/(s \cdot m)}$,用水量计算长度应为最大储罐的周长。当计算用水量小于 15 L/s 时,应按不小于 15 L/s 计算。

(3)着火的地上卧式储罐的消防冷却水供给强度不应小于 $6~\mathrm{L/(min \cdot m^2)}$,其相邻储罐的消防冷却水供给强度不应小于 $3~\mathrm{L/(min \cdot m^2)}$。冷却面积应按储罐投影面积计算。

(4)覆土卧式储罐的保护用水供给强度,应按同时使用不少于 2 支移动水枪计算,且不应小于 15 L/s。

(5)储罐的消防冷却水供给强度应根据设计所选用的设备进行校核。

表 7.14 地上立式储罐消防冷却水供水范围和供给强度

储罐及消防冷却型式		供水范围	供给强度		附 注
			$\phi16~\mathrm{mm}$ 水枪	$\phi19~\mathrm{mm}$ 水枪	
移动式水枪冷却	着火罐	固定顶罐 罐周全长	$0.6~\mathrm{L/(s \cdot m)}$	$0.8~\mathrm{L/(s \cdot m)}$	—
		外浮顶罐 内浮顶罐 罐周全长	$0.45~\mathrm{L/(s \cdot m)}$	$0.6~\mathrm{L/(s \cdot m)}$	浮顶用易熔材料制作的内浮顶罐按固定顶罐计算
	相邻罐	不保温 罐周半长	$0.35~\mathrm{L/(s \cdot m)}$	$0.5~\mathrm{L/(s \cdot m)}$	—
		保温	$0.2~\mathrm{L/(s \cdot m)}$		
固定式冷却	着火罐	固定顶罐 罐壁外表面积	$2.5~\mathrm{L/(min \cdot m^2)}$		—
		外浮顶罐 内浮顶罐 罐壁外表面积	$2.0~\mathrm{L/(min \cdot m^2)}$		浮顶用易熔材料制作的内浮顶罐按固定顶罐计算
	相邻罐	罐壁外表面积的 1/2	$2.0~\mathrm{L/(min \cdot m^2)}$		按实际冷却面积计算,但不得小于顶罐表面积的 1/2

7.5.4 泡沫灭火系统

泡沫灭火系统是随着石油工业的发展而产生的。在石油化工企业生产区、油库等场所,泡沫灭火系统得到广泛使用,国内外有不少成功的灭火案例。近年来,在我国,低倍数泡沫灭火系统先后成功扑灭过 $10\,000\ m^3$ 凝析油内浮顶储罐全液面火灾、$150\,000\ m^3$ 原油浮顶储罐密封区火灾、$100\,000\ m^3$ 原油浮顶储罐密封区火灾等多起大型石油储罐火灾。

在机场油库火灾中,可选择固定式、半固定式或移动式泡沫灭火系统进行灭火。储罐区低倍数泡沫灭火系统的选择,应符合下列规定:

(1) 非水溶性甲、乙、丙类液体固定顶储罐,应选用液上喷射、液下喷射或半液下喷射系统。

(2) 水溶性甲、乙、丙类液体和其他对普通泡沫有破坏作用的甲、乙、丙类液体固定顶储罐,应选用液上喷射系统或半液下喷射系统。

(3) 外浮顶和内浮顶储罐应选用液上喷射系统。

(4) 非水溶性液体外浮顶储罐、内浮顶储罐、直径大于 18 m 的固定顶储罐及水溶性甲、乙、丙类液体立式储罐,不得选用泡沫炮作为主要灭火设施。

(5) 高度大于 7 m 或直径大于 9 m 的固定顶储罐,不得选用泡沫枪作为主要灭火设施。

储罐区泡沫灭火系统扑救一次火灾的泡沫混合液设计用量,应按罐内用量、该罐辅助泡沫枪用量、管道剩余量三者之和最大的储罐确定。

泡沫混合装置宜采用平衡比例泡沫混合或压力比例泡沫混合等流程。压力比例泡沫混合装置操作简单,泵可以采用高位自灌启动,泵发生事故不能运转时,也可靠外来消防车送入消防水,为泡沫混合装置提供水源来产生合格的泡沫混合液,这提高了泡沫系统消防的可靠性。

容量大于或等于 $50\,000\ m^3$ 的外浮顶储罐的泡沫灭火系统,应采用自动控制方式。

固定式泡沫灭火系统泡沫液的选择、泡沫混合液流量、压力应满足泡沫站服务范围内所有储罐的灭火要求。当储罐采用固定式泡沫灭火系统时,尚应配置泡沫钩管、泡沫枪和消防水带等移动泡沫灭火用具。泡沫液储备量应在计算的基础上增加不少于 100% 的富余量。

参考文献

[1] 中国民用航空总局公安局.民用航空运输机场飞行区消防设施:MH/T 7015—2007[S].中国民用航空总局,2007.

[2] 中国民用航空局.民用机场飞行区技术标准:MH 5001—2021[S].北京:中国民航出版社,2021.

[3] 中国民用航空局.民用机场航站楼设计防火规范:GB 51236—2017[S].北京:中国标准出版社,2017.

[4] Standard on Airport Terminal Buildings,Fueling Ramp Drainage,and Loading Walkways:NFPA415-2013[S].Massachusetts:NFPA,2013.

[5] 中华人民共和国住房和城乡建设部.建筑设计防火规范:GB 50016—2014[S].北京:中国计划出版社,2014.

[6] 中华人民共和国住房和城乡建设部.飞机库设计防火规范:GB 50284—2008[S].北京:中国计划出版社,2008.

[7] 中华人民共和国住房和城乡建设部.物流建筑设计规范:GB 51157—2016[S].北京:中国建筑工业出版社,2016.

[8] 中华人民共和国住房和城乡建设部.建筑防烟排烟系统技术标准:GB 51251—2017[S].北京:中国计划出版社,2017.

[9] 中华人民共和国住房和城乡建设部.石油库设计规范:GB 50074—2014[S].北京:中国计划出版社,2014.

第8章

机场消防安全管理

8.1 消防安全管理概述

8.1.1 消防安全管理的发展

我国消防管理的发展,大致经历了以下三个阶段。

(1) 古代消防安全管理阶段:是指先秦时代至鸦片战争之前的历史阶段。这一时期的消防安全管理主要是通过设立火官和火兵等消防组织,制定火禁和火宪等消防法规而实现的。

(2) 近代消防安全管理阶段:是指鸦片战争后至新中国成立前的历史阶段。在这一时期内,由于国内近代工业和交通运输业的兴起和发展,消防工作出现的近代管理方式,主要表现在建立消防组织机构,制定消防法规,以及采用近代消防技术等方面。

(3) 现代消防安全管理阶段:是指新中国成立后至今这一历史阶段。1949年后,在党和人民政府的领导下,我国消防工作在组织机构、器材装备、法制建设和教学科研等方面都取得了全面的发展。

由于我国民航事业起步较晚,我国机场消防安全管理在新中国成立之后才逐步发展起来。经过近几十年民航人的不懈努力,我国在此方面已取得了长足的进步。

8.1.2 消防安全管理的主体

政府、部门、单位和个人都是消防工作的主体,同时也是消防安全管理活动的主体。

1. 政府

消防安全管理是政府进行社会管理和公共服务的重要内容,是社会稳定和经济发展的重要保证。国务院领导我国的消防工作,地方各级人民政府则负责本行政区域内的消防工作。

2. 部门

政府有关部门对消防工作齐抓共管,这是消防工作的社会化属性所决定的。《中华人民共和国消防法》在明确公安机关及其消防机构职责的同时,也规定了安全监管、建设、工商、质监、教育、人力资源等部门应当依据有关法律法规和政策规定,履行相应的消防安全管理职责。我国的机场消防安全管理部门主要包括民航局公安局、管理局公安局、各地区监管局空防处以及各地方机场公安局等。

3. 单位

单位是社会的基本单元,也是社会消防安全管理的基本单元。单位对消防安全和致灾因素的管理能力反映了社会公共消防安全管理水平,也在很大程度上决定了一个城市、一个地区的消防安全形式,各类社会单位是本单位消防安全管理工作的具体执行者,必须全面负责和落实消防安全管理职责。机场的日常消防安全管理主要由机场管理机构负责。

4. 个人

公民个人是消防工作的基础,是各项消防安全管理工作的重要参与者和监督者,在日常的社会生活中,公民在享受消防安全权利的同时也必须履行相应的消防义务。在机场范围内活动的工作人员、乘客,都应自觉参与、服从消防安全管理。

8.1.3　消防安全管理的对象

消防安全管理的对象,或者消防安全管理资源,主要包括人、财、物、信息、时间、事务等六个方面。

(1) 人,即消防安全管理系统中被管理的人员,任何管理活动和消防工作都需要人参与和实施,在消防管理活动中也需要规范和管理人的不安全行为。

(2) 财,即开展消防安全管理的经费开支。开展和维持正常消防安全管理活动必然会需要正常的经费开支,在管理活动中也需要必要的经济奖励等方式方法。

(3) 物,即消防安全管理的建筑设施、机器设备、物质材料、能源等,物应该是严格控制的消防安全管理对象,也是消防技术标准所要调整和需要规范的对象。

(4) 信息,即开展消防安全管理活动的文件、资料、数据、消息等。信息流是消防安全管理系统中正常运转的信息集合,应充分利用系统中的安全信息流,发挥它们在消防安全管理中的作用。

(5) 时间,即消防安全管理活动的工作顺序、程序、时限、效率等。

(6) 事务,即消防安全管理活动的工作任务、职责、指标等。消防安全管理应明确工作岗位,确定岗位工作职责,建立健全逐级岗位责任制。

8.1.4　消防安全管理的性质

消防安全管理的性质主要包括全方位性、全天候性、全过程性、全员性和强制性。

(1) 全方位性。从消防安全管理的空间范围上看,消防安全管理活动具有全方位的特征。生产和生活中,可燃物、助燃物和着火源可以说是无处不在,凡是有需要用火或是容易形成燃烧条件的场所,都是容易造成火灾的场所,也正是消防安全管理活动应该涉及的场所。

(2) 全天候性。从消防安全管理的时间范围上看,消防安全管理活动具有全天候性的特征。人们用火的无时限性决定了燃烧条件的偶然性及火灾发生的偶然性,所以,对于消防安全管理,在每一年的任何一个季节、月份、日期,甚至每一天的任何时刻都不应该放松警惕。

(3) 全过程性。从某一个系统的诞生、运转、维护、消亡的生存发展进程上看,消防安全管理活动具有全过程性的特征。如某一个厂房的生产系统,从计划、设计、制造、储存、运输、安装、使用、保养、维修、报废的整个过程中,都应该实施有效的消防安全管理活动。

(4) 全员性。从消防安全管理人员上看,消防安全管理是不分男女老幼的,具有全员性的特征。

(5) 强制性。从消防安全管理的手段上看,消防安全管理活动具有强制性的特征。因为火灾的破坏性很大,所以必须严格管理,如果疏于管理,就不足以引起人们的高度重视。

8.1.5 消防安全管理的方法

消防安全管理的方法是指消防安全管理主体对消防安全管理对象施加作用的基本方法,或者是消防安全管理主体行使消防安全管理职能的基本手段,可分为基本方法和技术方法两大类。

1. 基本方法

基本方法主要包括行政方法、法律方法、行为激励方法、咨询顾问方法、经济奖励方法、宣传教育方法及舆论监督方法等。

(1) 行政方法主要指依靠行政(包括国家行政和内部行政)机构及其领导者的职权,通过强制性的行政命令,直接对管理对象产生影响,有组织、有系统地来进行消防安全管理的方法。其优点是有利于统一领导、统一步调,缺点是要求行政管理机构的层次不能过多。行政方法通常和法律方法、宣传教育方法、经济奖励方法等结合起来使用。

(2) 法律方法主要指运用国家制定的法律法规等所规定的强制性手段,来处理、调解、制裁一切违反消防安全行为的管理方法。

(3) 行为激励方法主要指设置一定的条件和刺激,把人的行为动机激发起来,有效达到行为目标,并应用于消防安全管理活动中,激励消防安全管理活动的参与者更好地从事管理活动,或者深入应用于消除人的不安全行为等领域。

(4) 咨询顾问方法主要指消防安全管理者借助专家顾问的智慧进行分析、论证和决策的管理方法。

(5) 经济奖励方法主要指利用经济利益去推动消防安全管理对象自觉自愿地开展消防安全工作的管理方法。实施时应注意奖励和惩罚并用,幅度应该适宜,同其他管理方法一同使用。

(6) 宣传教育方法主要指利用各种信息传播手段,向被管理者传播消防法规、方针、政策、任务和消防安全知识以及技能,使被管理者树立消防安全意识和观念,激发正确的行为,去实现消防安全管理目标的方法。

(7) 舆论监督方法主要指针对被管理者的消防安全违法违规行为,利用各种舆论媒介进行曝光和揭露,制止违法行为,以伸张正义,并通过反面教育达到警醒世人的消防安全管理目标的方法。

2. 技术方法

技术方法主要包括安全检查表法、因果分析图法和事故树分析方法等。

1) 安全检查表法

安全检查表法是依据相关的标准、规范,对工程、系统中已知的危险类别、设计缺陷以及与一般工艺设备、操作、管理有关的潜在危险性和有害性进行判别检查,适用于工程、系统的各个阶段,是一种最基础、最简便、广泛应用的系统危险性评价方法。消防安全检查表法主要将消防安全管理的全部内容按照一定的分类划分为若干个子项,对各子项进行分析,并根据有关规定以及经验,查出容易发生火灾的各种危险因素,并将这些危险因素确定为所需检查项目,编制成表后在安全检查时使用。某机场航站楼的消防安全检查表如表 8.1 所示。

表 8.1 某机场航站楼的消防安全检查表

被查单位(部位):　　　　　　　　年 月 日

序号	检查内容		检查的具体内容	检查结果	备注
1	消防安全制度的建立与健全		1. 是否制定了符合本单位、本岗位实际的消防安全制度和操作规程以及执行落实情况	01 有 02 无	
			2. 是否制定了灭火、应急疏散预案并定期进行演练	01 有 02 无	
			3. 是否建立了每日防火检查、巡查制度	01 建立 02 未建立	
			4. 是否建立了义务消防队,人员经过消防培训,定期演练	01 建立 02 未建立	
2	消防安全管理		1. 消防安全责任是否明确,是否确定消防安全责任人和管理人	01 明确 02 未明确	
			2. 是否落实逐级消防安全责任制和岗位安全责任制,明确各岗位的消防安全职责	03 落实 04 未落实	
			3. 是否建立了本单位消防安全重点单位的防火档案,对防火档案是否及时进行补充和完善	05 建立 06 未建立	
3	建筑物消防安全管理		1. 被检查单位的建筑物或者场所在施工、使用或者开业前,是否依法办理了有关审核、验收或者检查手续	01 办理 02 未办理	
			2. 建筑物管理单位与使用、承包、租赁等单位(或个体商户)是否订立合同(或协议),是否明确各自的消防安全责任	01 明确 02 未明确	
			3. 建筑物管理单位与使用、承包、租赁等单位(或个体商户)是否履行各自的职责	01 履行 02 未履行	
4	建筑消防设施管理	水灭火系统	1. 消防水泵是否运转正常	01 正常 02 有故障	
			2. 室内外消火栓是否完好,供水是否正常	01 完好正常 02 有问题	
			3. 应放空的供水管网是否完全放空,是否有积水现象	01 放空 02 未放空	
			4. 消防水罐水量是否充足	01 充足 02 缺水	
			5. 各种喷头是否完好	01 完好 02 有故障	
			6. 消防设施、器材的维护、保养情况	01 有记录 02 无记录	
			7. 消防设施清洁,无跑、冒、滴、漏	01 无;02 有	

2）因果分析图法

（1）基本概念。

因果分析图法是用因果分析图分析各种问题产生的原因和由此原因可能导致后果的一种管理方法。由于因果分析图形状像鱼刺，所以又称鱼刺图。它由结果、原因和枝干三部分组成。在一个系统中，下一阶段的结果，往往是上一阶段的原因造成的。用因果分析图法，通过一张图，可把引起事故的错综复杂的因果关系，直观地表述出来，用以分析事故产生的原因和研究预防事故的措施。消防工作人员应用因果分析图法可以用来追查复杂的火灾原因和分析复杂的火险隐患，以便采取相应的处置措施；也可以用来分析工作状况以及工作中可能出现的差错和问题，以便采取预防性和控制性措施。因果分析图法属于定性分析方法，使用方便、层次分明、简明直观。

（2）应用步骤。

① 确定分析对象，找出作为问题的结果。

② 采用原因穷举法，分析产生问题或事故的原因。原因分析法应细化到能采取措施进行处置为止。

③ 整理原因，把所有原因从大到小，按其关系用箭线连接起来，画到图纸上。

④ 主要原因要做标志，用线框起来。

⑤ 主要原因找出后，应进行实际核查、验证，逐个排除与事故无关的因素，确定最后原因。

（3）应用举例。

某机场候机楼库房发生了一次大火，造成了严重损失。为追查火灾原因成立了专案组，经过采用原因穷举法，利用因果分析图对各种可能的原因进行了分析。从中找出六种主要原因，即自燃、电火、吸烟、烧焊、放火、其他火源。经过现场实地勘查和模拟实验以及系统分析，最后认定是违章吸烟所致。

3）事故树分析方法

（1）方法概述。

事故树（fault tree analysis，FTA）也称故障树，是一种描述事故因果关系的有向逻辑"树"。事故树分析方法是安全系统工程中重要的分析方法之一，具有简明、形象化的特点，体现了以系统工程方法研究安全问题的系统性、准确性和预测性。FTA 分析方法作为安全分析评价、事故预测的一种先进的科学方法，已得到国内外的公认和广泛采用。

（2）分析步骤。

事故树分析是对既定的生产系统或作业中可能出现的事故条件及可能导致的灾害后果，按工艺流程、先后次序和因果关系绘成程序方框图，表示导致灾害、伤害事故（不希望事件）的各种因素之间的逻辑关系。它由输入符号或关系符号组成，用以分析系统的安全问题或系统的运行功能问题，并为判明灾害、伤害的发生途径及与灾害、伤害之间的关系提供一种最为形象、简洁的表达形式。

事故树是由各种符号与它们相联结的逻辑门所组成的。事故树使用布尔逻辑门（如"与""或"）产生系统的故障逻辑模型，来描述设备故障和人为失误是如何组合导致顶上事件的。

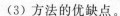

（3）方法的优缺点。

FTA 分析方法的应用范围比较广泛，非常适合于重复性较大的系统。FTA 分析方法的优点如下：①能识别导致事故的基本事件（基本的设备故障）与人为失误的组合，可为人们提供设法避免或减少导致事故基本原因的线索，从而降低事故发生的可能性；②对导致灾害事故的各种因素及逻辑关系能做出全面、简洁和形象描述；③便于查明系统内固有的各种危险因素，为设计、施工和管理提供科学依据；④使有关人员、作业人员全面了解和掌握各项防灾要点；⑤便于进行逻辑运算，进行定性、定量分析和系统评价。FTA 分析方法的缺点是分析步骤多，计算复杂，且国内相关数据积累较少，进行定量分析需要工作量大。

8.1.6　消防安全管理的方针

我国消防安全管理的方针是"预防为主，防消结合"。这个方针是由原来的"以防为主，以消为辅"演变而来的，它继承了原方针的基本精神，更加准确和科学地表达了"防"和"消"的关系，正确地反映了同火灾做斗争的基本规律。

所谓"预防为主"，就是不论在指导思想上还是在具体行动上，都要把火灾的预防工作放在首位，贯彻落实各项防火行政措施、技术措施和组织措施，切实有效地防止火灾的发生。同时，由于消防安全工作涉及千家万户以及每个公民个人的切身利益，所以我们贯彻"预防为主"的方针，就必须在工作中动员和依靠人民群众，宣传和教育群众，使消防工作建立在坚实的群众基础之上。

所谓"防消结合"，是指同火灾做斗争的两个基本手段——预防和扑救两者必须有机结合起来。也就是在做好防火工作的同时，也要积极做好各项灭火准备工作，以便在一旦发生火灾时能够迅速有效地予以扑救，最大限度地减少火灾损失，减少人员伤亡，有效保护公民生命、国家和公民财产的安全。

贯彻"预防为主，防消结合"的方针，就是要把火灾预防工作放在消防安全工作的首位，同时也应把消防组织的建设和消防站、消防给水、消防通信等消防设施的建设放在重要位置，真正把火灾预防和火灾扑救有机结合起来，不偏废任何一个。

8.1.7　消防安全管理的原则

为了有效进行消防安全管理，必须遵循正确的原则。消防安全管理的原则就是从事消防安全管理活动所必须遵循的准则和基本要求。

1. 群众性原则

消防安全管理工作是一项具有广泛群众性的工作。实践证明，只有依靠群众做消防工作，防才有基础，消才有力量。在消防安全管理工作中坚持群众性原则，第一，要求领导者必须树立群众观点，相信群众，尊重和倾听群众的意见，虚心向群众学习；第二，要采取各种方式方法，向群众普及消防知识，提高群众自身的防灾抗灾能力；第三，动员社会各界力量，积极参加消防工作，同火灾作斗争；第四，要组织群众中的骨干，建立义务消防队，实行消防承包责任制，开展群众性的防火和灭火工作；第五，要依靠群众，群策群力，整改火险隐患，改善消防设施，促进防火安全。

2. 科学性原则

消防安全管理坚持科学性原则，就是要使消防安全管理科学化、现代化。第一，必须按照火灾发生规律和国民经济发展的规律行事。消防安全管理实践和科学研究为我们揭示了不少规律,只有按照这些客观规律行事,才能有的放矢,卓有成效。第二,要学习运用管理科学的理论和方法,来提高管理水平。我国的消防管理实践积累了不少有益的经验。但是,单依靠实践经验进行消防安全管理,已远不能适应经济建设迅速发展的需要,要学习和应用系统论、控制论、信息论、运筹学、消防监督学的一些原理和方法,并努力把现代管理理论和方法与实践经验有机结合起来,不断提高消防安全管理的水平,以取得最佳效果。第三,还要逐步采用现代科学技术和现代化管理手段来提高管理效益,如用电子计算机统计分析火灾,处理消防管理信息,进行消防预测、灭火决策、调度指挥等。

3. 综合治理原则

消防安全管理是社会治安管理的组成部分,也必须把综合治理作为一项基本原则来贯彻执行。要在各级党委和政府的统一领导下,把各条战线、各个单位的社会力量组织起来,广泛发动和依靠群众积极参加对消防工作的治理,形成齐抓共管的局面。不仅平时要把开展防火宣传、检查、整改火险隐患、改善防火设施等任务有机结合起来,而且在城市规划、经济开发、生产建设中还要把消防设施纳入日程。不仅要运用法律、监督的手段,还要运用行政、经济、技术和思想教育等各种手段进行综合治理。

4. 依法管理原则

依法管理,就是依照国家立法机关和行政机关制定颁发的法律、法令、条例、规则、章程,对消防安全事务进行管理。新中国成立以来,继《中华人民共和国消防条例》制定颁发之后,中央和地方政府先后制定颁发了不少消防行政法规和技术规范,作为依法管理的依据。但是,由于形势不断发展,更需要健全消防法规,适应新形势下依法实施消防安全管理的需要。要实行依法管理,第一,必须建立健全消防法规,使管理者有法可依,使被管理者有法可遵;第二,必须大力宣传消防法规;第三,必须正确实施法规,做到有法必依,执法必严,违法必究,充分发挥法制的威力,使消防法规真正起到保护国家和人民利益、惩治违法犯罪行为的积极作用。

8.2 机场消防安全管理法规

法律是全体国民意志的体现,是国家的统治工具,是由享有立法权的立法机关依照法定程序制定、修改并颁布,并由国家强制力保证实施的规范总称。从层级上划分,主要包括国家法律、行政法规、部门规章等。除法律之外,某个行业的技术要求还可形成统一的标准,指导该行业的生产、管理。

8.2.1 国家法律

我国的法律由全国人民代表大会和全国人民代表大会常务委员会行使国家立法权立法通过,并由国家主席签署主席令予以公布,具有最高级别。与我国机场消防安全管理密切相关的国家法律主要包括:

1)《中华人民共和国消防法》

本法于 1998 年 4 月 29 日第九届全国人民代表大会常务委员会第二次会议通过,并于

2021年4月29日第十三届全国人民代表大会常务委员会第二十八次会议进行了最新修订。本法律制定的目的在于预防火灾和减少火灾危害,加强应急救援工作,保护人身、财产安全,维护公共安全。

本法规定国务院领导全国的消防工作。地方各级人民政府负责本行政区域内的消防工作。各级人民政府应当将消防工作纳入国民经济和社会发展计划,保障消防工作与经济社会发展相适应。国务院应急管理部门对全国的消防工作实施监督管理。县级以上地方人民政府应急管理部门对本行政区域内的消防工作实施监督管理,并由本级人民政府消防救援机构负责实施。任何单位和个人都有维护消防安全、保护消防设施、预防火灾、报告火警的义务。任何单位和成年人都有参加有组织的灭火工作的义务。

机场作为重要的公共交通运输枢纽,必须遵守本法的相关规定,在各级政府部门的领导下做好消防安全管理工作,维护社会公共秩序。

2)《中华人民共和国突发事件应对法》

为了预防和减少突发事件的发生,控制、减轻和消除突发事件引起的严重社会危害,规范突发事件应对活动,保护人民生命财产安全,维护国家安全、公共安全、环境安全和社会秩序,本法由第十届全国人民代表大会常务委员会第二十九次会议于2007年8月30日通过,自2007年11月1日起施行。突发事件的预防与应急准备、监测与预警、应急处置与救援、事后恢复与重建等应对活动,适用本法。

本法规定所有单位应当建立健全安全管理制度,定期检查本单位各项安全防范措施的落实情况,及时消除事故隐患;掌握并及时处理本单位存在的可能引发社会安全事件的问题,防止矛盾激化和事态扩大;对本单位可能发生的突发事件和采取安全防范措施的情况,应当按照规定及时向所在地人民政府或者人民政府有关部门报告。公共交通工具、公共场所和其他人员密集场所的经营单位或者管理单位应当制定具体应急预案,为交通工具和有关场所配备报警装置和必要的应急救援设备、设施,注明其使用方法,并显著标明安全撤离的通道、路线,保证安全通道、出口的畅通。有关单位应当定期检测、维护其报警装置和应急救援设备、设施,使其处于良好状态,确保正常使用。

机场人员密集,一旦发生火灾后果不堪设想。因此,机场相关部门应当充分做好火灾突发事件的应对工作,制定完善的火灾应急预案,将火灾的危害降到最小。

8.2.2 行政法规

行政法规是由国务院制定的,通过后由国务院总理签署国务院令公布。这些法规也具有全国通用性,是对法律的补充,在成熟的情况下会被补充进法律,其地位仅次于法律。我国机场消防安全管理所需遵从的行政法规主要包括以下几项。

1)《生产安全事故报告和调查处理条例》

为了规范生产安全事故的报告和调查处理,落实生产安全事故责任追究制度,防止和减少生产安全事故,根据《中华人民共和国安全生产法》和有关法律而制定此条例。自2007年6月1日起施行,共六章四十六条。

本条例规定事故报告应当及时、准确、完整,任何单位和个人对事故不得迟报、漏报、谎报或者瞒报。事故发生后,事故现场有关人员应当立即向本单位负责人报告;单位负责人接到报告后,应当于1h内向事故发生地县级以上人民政府安全生产监督管理部门和负有安全生产监督管理职责的有关部门报告。情况紧急时,事故现场有关人员可以直接向事故发生地县级以上人民政府安全生产监督管理部门和负有安全生产监督管理职责的有关部门报告。事故报告后出现新情况的,应当及时补报。自事故发生之日起 30 日内,事故造成的伤亡人数发生变化的,应当及时补报。道路交通事故、火灾事故自发生之日起 7 日内,事故造成的伤亡人数发生变化的,应当及时补报。事故发生单位负责人接到事故报告后,应当立即启动事故相应应急预案,或者采取有效措施,组织抢救,防止事态扩大,减少人员伤亡和财产损失。

机场内的运营生产活动复杂,可能产生包括生产事故、交通事故、火灾事故在内的多种事故。各种事故都应按照本条例相关内容及时上报相关监督管理部门。

2)《国务院办公厅关于印发消防安全责任制实施办法的通知》

为深入贯彻《中华人民共和国消防法》《中华人民共和国安全生产法》和党中央、国务院关于安全生产及消防安全的重要决策部署,按照政府统一领导、部门依法监管、单位全面负责、公民积极参与的原则,坚持党政同责、一岗双责、齐抓共管、失职追责,进一步健全消防安全责任制,提高公共消防安全水平,预防火灾和减少火灾危害,保障人民群众生命财产安全,制定本办法。

本办法规定地方各级人民政府负责本行政区域内的消防工作,政府主要负责人为第一责任人,分管负责人为主要责任人,班子其他成员对分管范围内的消防工作负领导责任。坚持安全自查、隐患自除、责任自负。机关、团体、企业、事业等单位是消防安全的责任主体,法定代表人、主要负责人或实际控制人是本单位、本场所消防安全责任人,对本单位、本场所消防安全全面负责。消防安全重点单位应当确定消防安全管理人,组织实施本单位的消防安全管理工作。坚持权责一致、依法履职、失职追责。对不履行或不按规定履行消防安全职责的单位和个人,依法依规追究责任。

机场应当根据此办法深入贯彻消防安全责任制,确定本单位的消防安全责任人和消防安全管理人,明确各部门消防安全职责。

3)《中华人民共和国民用航空安全保卫条例》

为了防止对民用航空活动的非法干扰,维护民用航空秩序,保障民用航空安全,而制定的本条例。本条例于 1996 年 7 月 6 日国务院令第 201 号发布。

本条例规定民用机场开放使用,应当具备下列安全保卫条件:

① 设有机场控制区并配备专职警卫人员。

② 设有符合标准的防护围栏和巡逻通道。

③ 设有安全保卫机构并配备相应的人员和装备。

④ 设有安全检查机构并配备与机场运输量相适应的人员和检查设备。

⑤ 设有专职消防组织并按照机场消防等级配备人员和设备。

⑥ 设有应急处置方案并配备必要的应急援救设备。

8.2.3　部门规章

部门规章的制定者是国务院各部、委员会、中国人民银行、审计署和具有行政管理职能的直属机构,这些规章仅在本部门的权限范围内有效。我国机场消防安全管理相关部门规章主要由交通运输部和民用航空局制定。

1)《民用运输机场突发事件应急救援管理规则》

为了规范民用运输机场应急救援工作,有效应对民用运输机场突发事件,避免或者减少人员伤亡和财产损失,尽快恢复机场正常运行秩序,根据《中华人民共和国民用航空法》《中华人民共和国突发事件应对法》《民用机场管理条例》,由民用航空局制定了本规则,自2011年9月9日起施行。

本规则规定机场消防部门在机场应急救援工作中的主要职责包括:

(1)救助被困遇险人员,防止起火,组织实施灭火工作。

(2)根据救援需要实施航空器的破拆工作。

(3)协调地方消防部门的应急支援工作。

(4)负责将罹难者遗体和受伤人员移至安全区域,并在医疗救护人员尚未到达现场的情况下,本着"自救互救"人道主义原则,实施对伤员的紧急救护工作。

机场管理机构应当设立用于应急救援的无线电通信专用频道,突发事件发生时,机场塔台和参与救援的单位应当使用专用频道与指挥中心保持不间断联系。公安、消防、医疗救护等重要部门应当尽可能为其救援人员配备耳麦。

机场管理机构应当按照《民用航空运输机场飞行区消防设施》的要求配备机场飞行区消防设施,并应保证其在机场运行期间始终处于适用状态。机场管理机构应当按照《民用航空运输机场消防站消防装备配备》的要求配备机场各类消防车、指挥车、破拆车等消防装备,并应保证其在机场运行期间始终处于适用状态。

机场管理机构应当制作参加应急救援人员的识别标志,识别标志应当明显醒目且易于佩戴,并能体现救援的单位和指挥人员。参加应急救援的人员均应佩戴这些标志。识别标志在夜间应具有反光功能,消防指挥官为红色头盔、红色外衣,外衣前后印有"消防指挥官"字样。

在机场航站楼工作的所有人员应当每年至少接受一次消防器材使用、人员疏散引导、熟悉建筑物布局等培训。

2)《运输机场运行安全管理规定》

为了规范运输机场使用许可工作,保障运输机场安全、正常运行,根据《中华人民共和国民用航空法》《中华人民共和国安全生产法》《中华人民共和国行政许可法》《民用机场管理条例》,以及其他有关法律、行政法规,交通运输部制定了本规定,自2019年1月1日起施行。

本规定要求机场使用许可证应当由机场管理机构按照本规定向民航局或者受民航局委托的机场所在地民航地区管理局申请。申请机场使用许可证的机场应当具备下列条件:

(1)有健全的安全运营管理体系、组织机构和管理制度。

(2)机场管理机构的主要负责人、分管运行安全的负责人以及其他需要承担安全管理职责的高级管理人员具备与其运营业务相适应的资质和条件。

(3)有符合规定的与其运营业务相适应的飞行区、航站区、工作区以及运营、服务设施、设备及人员。

(4)有符合规定的能够保障飞行安全的空中交通服务、航空情报、通信导航监视、航空气象等设施、设备及人员。

(5)使用空域、飞行程序和机场运行最低标准已经批准。

(6)有符合规定的安全保卫设施、设备、人员及民用航空安全保卫方案。

（7）有符合规定的机场突发事件应急救援预案、应急救援设施、设备及人员。

（8）机场名称已在民航局备案。

机场使用许可证载明的下列事项发生变化的，机场管理机构应当按照本规定申请变更。

（1）机场名称。

（2）机场管理机构。

（3）机场管理机构法定代表人。

（4）机场飞行区指标。

（5）机场目视助航条件。

（6）跑道运行类别、模式。

（7）机场可使用最大机型。

（8）跑道道面等级号。

（9）机场消防救援等级。

（10）机场应急救护等级。

8.2.4　国内行业标准

行业标准是对没有国家标准而又需要在全国某个行业范围内统一的技术要求所制定的标准。行业标准不得与有关国家标准相抵触。行业标准由国务院有关行政主管部门制定，并报国务院标准化行政主管部门备案。我国机场消防安全管理相关行业标准主要关注机场消防设施的设计与施工。

1.《民用航空运输机场飞行区消防设施》

本标准要求消防保障等级为 3 级（含）以上的机场应设消防站。当一机场设置有两个（含）以上消防站时，通常应指定其中一个消防站作为主消防站，其余的为消防执勤点。当消防站的救援不能满足应答时间要求时，应增设消防执勤点。消防保障等级 3 级以下的机场可不设消防站。

机坪应设置消火栓供水系统。供水管网应采用环状设置。消火栓的消防保护半径不应大于 150 m，设置间距不应大于 120 m。消火栓井体、井盖的设计强度应满足本场最高类别航空器的载荷要求。消防供水宜采用地下式消火栓供水，每个消火栓取水口应不少于两个，其中一个口径应不小于 100 mm。

廊桥的每个机位应设置一套灭火器材。对于远机位、维修机位、无廊桥机场的停机位，在航空器停场期间应保证每两个相邻的机位间至少设置一套灭火器材。每个灭火器材点的灭火剂容量应不少于 55 kg。

2.《民用航空运输机场消防站消防装备配备》

本标准要求机场消防保障等级按机场运行的最大航空器物理特性及其起降架次共分为10 级，3 级（含）以上机场应设立消防站。应按机场消防保障等级并结合机场消防责任区确定消防站等级。消防站应实施 24 h 消防执勤。多跑道的国际机场应按实际运行情况增加配备消防装备。当机场消防站消防装备配备不能满足本标准的要求时，机场应按《国际民用航空公约附件 14》有关应答时间的要求，与其他消防机构通过协议等方式满足本标准要求。

3.《民用航空运输机场安全保卫设施建设标准》

本标准要求机场消防保障等级在 8 级（含）以上的国际机场，应沿跑道设置消防供水管线,消防供水系统应采用低压供水。近期建设规模达不到 8 级消防保障等级,可以缓建,但应在本期建设中预留管线位置。供水管线内外应做好防腐处理,防腐年限应不低于 20 年。消防站的位置必须符合驰救时间的要求。条件不具备,难以达到驰救时间要求的机场,必须增设消防执勤点。消防执勤点应建有不少于 2 个车位的车库及车辆维修室、消防队员膳宿室、通信报警设备、灭火剂储存间等,其建筑面积根据实际需要确定。同时,消防站(含消防分站)要有直通跑道(或滑行道)的消防通道。如消防站设在跑道外侧,航站区一侧应设消防执勤点。

4.《民用机场航站楼设计防火规范》

为了防止和减少民用机场(含军民合用机场)航站楼(以下简称航站楼)的火灾危害,保护人身和财产安全,住房和城乡建设部制定了本规范,自 2018 年 1 月 1 日起实施。

本规范要求航站楼的耐火等级不应低于二级,其高架桥和地下部分的耐火等级应为一级。除本规范另有规定外,建筑的耐火等级分级及不同耐火等级航站楼相应构件的燃烧性能和耐火极限,应符合现行国家标准《建筑设计防火规范》(GB 50016—2014)的要求。航站楼应布置在机场油库常年主导风向的上风向,其总平面设计应根据机场规划,合理确定其位置、防火间距、消防车道和消防水源等。航站楼不应布置在甲、乙类厂房(仓库),甲、乙、丙类液体、可燃(助燃)气体储罐(区)、可燃材料堆场附近。公共区与非公共区之间应采取防火分隔措施。公共区中的商业设施宜相对集中布置在靠建筑外墙一侧。航站楼内不应设置对外开放的汽车库、屋顶停车场。

8.2.5 国际行业标准

随着我国日益走近世界舞台中央,积极加入各种国际组织,除了我国的相关法律法规标准之外,许多行业还受到国际标准的约束。民航由于具有国际运输的职责,在此方面受到的影响尤为明显。此外,传统民航强国——美国的相关行业标准也对我国民航事业的发展具有重要的参考价值。

1. ICAO 相关标准

ICAO 是联合国的一个独立机构,1944 年为促进全世界民用航空安全、有序的发展而成立,我国于 1974 年加入该组织。ICAO 主要负责制定并采用与飞机消防救援、空中导航、空中交通非法干扰、过境程序相关的国际民航标准和获批惯例。同时,其也发布与飞机消防救援车所需数量、灭火剂数量、响应时间和其他飞机消防救援相关操作有关的信息和推荐规范。

《国际民用航空公约附件 14》是于 1951 年 5 月 29 日依据《国际民用航空公约》第 37 条的规定首次通过的。该附件规定机场必须具备关于机场为航空器救援和消防目的而提供的保障水平的资料。当机场正常具备的救援和消防的保障水平有变更时,必须通知适当的空中交通服务部门和航空情报服务部门,使这些单位能够将必要的情况提供给进场和离场的航空器。当这种变更已改正时,必须相应地通知上述各单位。机场应提供救援和消防车辆的通道,以便允许在规定的反应时间内从两个方向到达滑行道桥上的最大飞机。一个机场必须设置救援与消防的设备和机构。相当大的一部分进近和离场飞行是在位于靠近水域或沼泽地带或困难地形的地区上空进行的,机场必须具备专为偶然事故和危险用的专业救援服务和消防设施。所有救援与消防车辆一般应停放在消防站内。无论何时如不能从一个消防站达到应答时间要求,应设消防分站。消防站应设在救援和消防车辆能最直接并无阻碍地进入的跑道地区,只需最少的转弯的地点。

《机场服务手册》(Doc9137号文件)中的第1部分"救援与消防",旨在协助各国为机场提供救援与消防设备以及服务,确保相关规定统一适用。该手册规定应在消防站与空管塔台、机场内的任何其他消防分站和救援与消防车辆之间建立独立的通信系统。应在消防站设置可由该消防站、机场内任何其他消防分站和机场管制塔台操纵的、面向救援与消防人员的报警系统。消防站应配备一个公共广播系统,以便向车组成员提供紧急情况的位置、所涉及航空器类型、救援与消防车辆优先路线等信息。这一系统通常由主值班室控制,主值班室还有一个用于关闭报警系统声音的开关,以避免干扰广播设施的有效使用。航空器灭火作业的全体人员必须配备防护服以确保穿戴者能够执行分配的任务。消防员在航空器事故和检修作业期间进入着火环境时应携带自给式呼吸设备进行自我保护。

2. FAA 相关标准

FAA作为美国运输部的一个分部,主要负责民航管理。其在1958年成为联邦航空机构,并于1967年成为交通部的下属机构。FAA在美国境内直接实施空中交通管制,为民用航空产品颁发型号合格证、生产许可证和适航证,为航空运输企业颁发营业执照,为机场和各类航空设施颁发合格证,在民用航空领域内对飞机的设计、生产、使用、维护以及空中运输、地面保障等进行全面的监督、控制和管理。FAA发布联邦航空条例(federal aviation regulation,FAR)以及咨询通告(advisory circular,AC)和危险警告,旨在为航空业提供指导。

《飞机灭火剂》(AC 150/5210-6D)要求每辆消防车在购买时应配备其设计容量的灭火剂。机场还应在消防站为每辆消防车提供其容量两倍的灭火剂,以及一定量的训练用灭火剂。如果一个供应商的泡沫与另一个供应商的泡沫在后续过程中混合,泡沫之间必须有兼容性,以防止浓缩液凝胶化。机场管理部门应要求潜在投标人或灭火剂供应商提供由认可的检测实验室所进行的灭火剂性能和质量测试的证明。

《飞机救援和消防通信》(AC 150/5210-7D)要求机场紧急通信系统应在下列对象之间提供一个主要的通信手段,必要时还应提供有效的备用通信手段:①警报发布权力机关、机场交通控制塔、飞行服务站、机场经理、固定基地运营商、航空公司办公室等与飞机消防救援机构之间;②机场交通控制塔或飞行服务站与飞机消防救援人员之间;③调度员与事故现场的飞机消防救援车辆之间;④机场消防救援事故指挥部与机场内外的当地或互助组织之间,同时应有一个针对所有预计参与辅助人员的警报程序;⑤机场消防救援事故指挥部与事故飞机之间。

8.3 机场消防安全管理体制

8.3.1 我国消防安全管理体制

消防安全管理的重点是建立一个高效率的消防安全管理体制,将个人与部门之间的活动按照一定的方式联系起来。我国的消防安全管理体制主要由应急管理部消防救援局、地方各级人民政府和机关、团体、企业、事业等单位构成。

应急管理部消防救援局组织指导城乡综合性消防救援工作,负责指挥调度相关灾害事故救援行动;参与起草消防法律法规和规章草案,拟定消防技术标准并监督实施,组织指导火灾预防、消防监督执法以及火灾事故调查处理相关工作,依法行使消防安全综合监管职能;负责消防救援队伍综合性消防救援预案编制、战术研究,组织指导执勤备战、训练演练等工作;组织指导消防救援信息化和应急通信建设,指导开展相关救援行动应急通信保障工作;负责消防救援队伍建设、管理和消防应急救援专业队伍规划、建设与调度指挥;组织指导社会消防力量建设,组织协调动员各类社会救援力量参加救援任务;组织指导消防安全宣传教育工作;管理消防救援队伍事业单位;完成应急管理部交办的跨区域应急救援等其他任务。

县级以上地方各级人民政府应当履行下列职责:

(1)贯彻执行国家法律法规和方针政策,以及上级党委、政府关于消防工作的部署要求,全面负责本地区消防工作,每年召开消防工作会议,研究部署本地区消防工作重大事项。每年向上级人民政府专题报告本地区消防工作情况。健全由政府主要负责人或分管负责人牵头的消防工作协调机制,推动落实消防工作责任。

(2)将消防工作纳入经济社会发展总体规划,将包括消防安全布局、消防站、消防供水、消防通信、消防车通道、消防装备等内容的消防规划纳入城乡规划,并负责组织实施,确保消防工作与经济社会发展相适应。

(3)督促所属部门和下级人民政府落实消防安全责任制,在农业收获季节、森林和草原防火期间、重大节假日和重要活动期间以及火灾多发季节,组织开展消防安全检查;推动消防科学研究和技术创新,推广使用先进消防和应急救援技术、设备;组织开展经常性的消防宣传工作;大力发展消防公益事业;采取政府购买公共服务等方式,推进消防教育培训、技术服务和物防、技防等工作。

(4)建立常态化火灾隐患排查整治机制,组织实施重大火灾隐患和区域性火灾隐患整治工作;实行重大火灾隐患挂牌督办制度。

(5)依法建立公安消防队和政府专职消防队;明确政府专职消防队公益属性,采取招聘、购买服务等方式招录政府专职消防队员,建设营房,配齐装备;按规定落实其工资、保险和相关福利待遇。

(6)组织领导火灾扑救和应急救援工作;组织制定灭火救援应急预案,定期组织开展演练;建立灭火救援社会联动和应急反应处置机制,落实人员、装备、经费和灭火药剂等保障,根据需要调集灭火救援所需工程机械和特殊装备。

(7)法律、法规、规章规定的其他消防工作职责。

县级以上人民政府工作部门应当按照谁主管、谁负责的原则,在各自职责范围内履行下列职责:①根据本行业、本系统业务的工作特点,在行业安全生产法规政策、规划计划和应急预案中纳入消防安全内容,提高消防安全管理水平。②依法督促本行业、本系统相关单位落实消防安全责任制,建立消防安全管理制度,确定专(兼)职消防安全管理人员,落实消防工作经费;开展针对性消防安全检查治理,消除火灾隐患;加强消防宣传教育培训,每年组织应急演练,提高行业从业人员消防安全意识。③法律、法规和规章规定的其他消防安全职责。具有行政审批职能的部门,对审批事项中涉及消防安全的法定条件要依法严格审批,凡不符合法定条件的,不得核发相关许可证照或批准开办。对已经依法取得批准的单位,不再具备消防安全条件的应当依法予以处理。具有行政管理或公共服务职能的部门,应当结合本部门职责为消防工作提供支持和保障。

机关、团体、企业、事业等单位应当落实消防安全主体责任,履行下列职责:

(1)明确各级、各岗位消防安全责任人及其职责,制定本单位的消防安全制度、消防安全操作规程、灭火和应急疏散预案。定期组织开展灭火和应急疏散演练,进行消防工作检查考核,保证各项规章制度落实。

(2)保证防火检查巡查、消防设施器材维护保养、建筑消防设施检测、火灾隐患整改、专职或志愿消防队和微型消防站建设等消防工作所需资金的投入。生产经营单位安全费用应当保证适当比例用于消防工作。

(3)按照相关标准配备消防设施、器材,设置消防安全标志,定期检验维修,对建筑消防设施每年至少进行一次全面检测,确保完好有效。设有消防控制室的,实行 24 h 值班制度,每班不少于 2 人,并持证上岗。

(4)保障疏散通道、安全出口、消防车通道畅通,保证防火防烟分区、防火间距符合消防技术标准;人员密集场所的门窗不得设置影响逃生和灭火救援的障碍物;保证建筑构件、建筑材料和室内装修装饰材料等符合消防技术标准。

(5)定期开展防火检查、巡查,及时消除火灾隐患。

(6)根据需要建立专职或志愿消防队、微型消防站,加强队伍建设,定期组织训练演练,加强消防装备配备和灭火药剂储备,建立与公安消防队联勤联动机制,提高扑救初起火灾能力。

(7)消防法律、法规、规章以及政策文件规定的其他职责。

8.3.2 我国机场消防安全管理组织体系

我国的机场消防安全管理组织体系主要由民航公安消防部门、机场防火安全委员会及机场管理机构构成。

(1)民航各公安消防部门负责机场消防安全的监督管理工作。各机场民航公安、消防部门,是民航消防工作的主管机关,其职责是严格贯彻执行国家有关消防工作的法律、法规以及民航局公安局颁发的有关规定,完成扑救飞机火灾和机场区域内的消防安全保卫工作。各机场消防队,在省、市、区局(航站)的领导下,由机场民航公安管理部门归口管理,同时接受当地政府消防部门的业务指导。省、市、区局公安局、航站公安派出所,对所辖区内的消防工作,负有监督管理的责任。消防监督管理的主要任务是对所辖区域内所有的消防设备、设施实施监督检查,发现问题及时通知主管单位限期整改,保证消防设施、设备处于良好状态。机场公安消防部门要熟悉本机场建设总体规划,掌握本场消防设施布局和地理位置。参与机场固定灭火系统工程设计、安装和维修单位设计方案和有关资料及施工人员资格、使用设备质量的审查工作,并报管理局公安局备案。组织制定候机楼、航管楼、货运仓库、宾馆、餐饮和娱乐场所等重点要害部位的灭火预案。落实逐级防火安全责任制,增强消防安全意识,提高自防自救能力。定期组织扑救飞机火灾的灭火演习,提高消防实战扑救能力。管理局公安局参加机场新建、改建、扩建项目的消防设备、设施的设计审核和竣工验收。

(2)机场防火安全委员会统筹管理机场范围内的消防安全工作,组织实施上级和机场的有关消防规定、规范。在日常管理工作中,要掌握机场的消防安全工作情况,监督火险隐患的整改,编制消防工作计划,制定消防安全管理制度,组织机场工作人员开展消防宣传教育,组织灭火和应急疏散预案的实施和演练,并与公安消防机构保持联系,互通情报做好消防工作。

(3) 机场管理机构对机场的安全运营实施统一协调管理,负责建立健全机场消防安全责任制,组织制定机场消防安全规章制度,督促检查机场消防安全工作,及时消除火灾隐患,依法报告火灾事故。

下面以某机场股份公司为例,阐明机场管理机构的消防安全管理职责。

1. 组织结构

公司的主要负责人是本单位的消防安全责任人。消防安全责任人授权分管消防安全的副总经理对本单位的消防安全工作全面负责。分管消防安全的副总经理负责监督各部门消防安全管理人的消防安全职责履行情况。各部门经理为本部门的消防安全责任人,依据法律法规,应明确各级、各岗位的消防安全责任人,并落实部门的消防安全管理职责。公司消防安全管理组织结构示意图如图 8.1 所示。

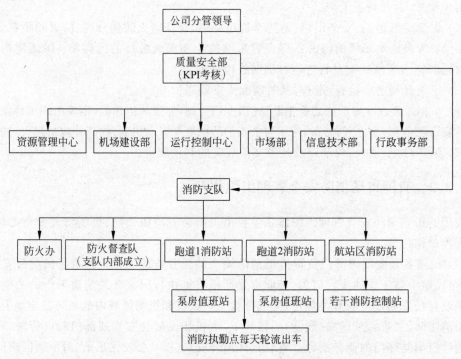

图 8.1 某机场股份公司消防安全管理组织结构示意图

2. 各级管理职责

公司消防安全由公司分管领导、质量安全部以及消防支队统筹领导负责,公司其他部门则在日常工作范围内配合上述部门进行本部门的消防安全管理工作。

公司分管领导的主要职责包括:

(1) 贯彻执行消防法规,保障消防安全符合规定,掌握公司的消防安全情况。

(2) 将消防工作与公司的经营、管理等活动统筹安排,批准实施年度消防工作计划。

(3) 为公司消防安全提供必要经费和组织保障。

(4) 与各部门签订消防安全责任书或同等效力相关文件,确定各部门的消防安全责任,批准实施消防安全制度和保障消防安全的操作规程。

质量安全部的职责在于统筹安全管理,主要包括以下工作:

(1) 负责建立公司消防安全管理总体规则,搭建公司消防管理组织架构。

(2) 负责整体把握与规划包括消防安全在内的公司安全管理政策与方向,制定总体工作目标及工作思路。

(3) 负责组织协调公司内部相关部门落实各项消防安全管理职责及任务。

(4) 负责制定和更新各部门的消防安全指标及考核办法,协调相关部门推进落实消防安全指标并纳入安全关键绩效指标(key performance indicator,KPI)进行考核。

(5) 负责参与公司消防管理制度、程序及相关预案的评审工作。

(6) 负责组织公司综合安全检查,对各部门消防安全职责履行情况进行监督检查。

(7) 负责建立公司综合安全隐患数据库,对公司重大消防安全隐患进行通报并跟踪督办整改工作。

(8) 负责推进公司安全风险管理工作机制,指导监督相关部门开展消防安全风险评估及管控工作。

(9) 组织开展消防安全准入初训和年度复训,并协助消防支队开展专业消防培训。

(10) 负责与机场防火委进行协调与联络,传达部署防火委工作通知及有关要求。

(11) 负责协助消防支队开展宣传教育、考核迎审等工作。

消防支队主要负责消防安全专业管理,主要工作包括:

(1) 负责公司消防安全专业管理,组织各部门严格贯彻落实法规各项要求。

(2) 负责协助质量安全部制定公司消防安全总体工作目标及工作思路,组织相关部门推进落实消防各项指标。

(3) 负责建立和维护公司级消防法规标准库,制定公司消防管理制度。

(4) 负责对公司消防安全各项管理工作进行法规符合性监督,同时对区域管理部门执行公司消防管理制度的符合性情况进行监督。

(5) 负责统筹公司消防安全培训管理,组织开展公司消防管理专业培训。

(6) 负责组织开展日常消防安全检查及测试,对公司消防安全各项工作的法规和制度符合性情况进行监督。

(7) 负责建立和维护消防安全隐患数据库,对隐患问题实施分类分级管理。

(8) 负责与机场防火委进行业务层面对接,接受防火委组织的工作考核。

(9) 负责组织开展公司消防宣传。

(10) 负责承担相应区域内的消防监控工作。

(11) 负责公司专职消防队的组织管理。

(12) 制定机场地区重点单位和航空器灭火救援程序和预案,并进行灭火救援演练。

除上述部门之外,各下级部门在日常工作中也应在职责范围内做好消防工作。例如,市场部在与餐饮公司或商户签订商业合同时,应签订消防安全协议,并监督其消防职责的履行情况;机场建设部在与施工单位订立的合同中,以书面形式明确各方对施工现场的消防安全责任,负责监督施工单位消防职责的履行情况,同时对机场施工项目的消防安全负责;运行控制中心负责组织相关部门制定、实施符合机场实际的灭火和应急救援预案;行政事务部和信息技术管理部负责建立健全各类消防安全制度和保障消防安全的操作规程,配置消防设施器材,建立防火检查、巡查制度。

8.4　机场日常消防安全管理制度

8.4.1　防火巡查、检查

机场各部门应结合自身实际情况建立防火巡查和防火检查制度,确定巡查和检查的人员、内容、部位和频次。防火巡查和检查时应填写巡查和检查记录,巡查和检查人员及主管人员应在记录上签名。巡查、检查中应及时纠正违法违章行为,消除火灾隐患,无法整改的应立即报告,并记录存档。防火巡查时发现火灾应立即报火警并实施扑救。区域管理部门应对航站楼、停车楼进行每日防火巡查,在营业时间应至少每2 h巡查一次,营业结束后应检查并消除遗留火种。

防火巡查应包括下列内容:

(1) 用火用电有无违章情况。

(2) 安全出口、疏散通道是否畅通,有无锁闭;安全疏散指示标志、应急照明是否完好。

(3) 常闭式防火门是否处于关闭状态,防火卷帘下是否堆放物品。

(4) 消防设施、器材是否在位、完整有效。消防安全标志是否完好清晰。

(5) 消防安全重点部位的人员在岗情况。

(6) 其他消防安全情况。

区域管理部门应至少每月进行一次防火检查。检查的内容应当包括:

(1) 消防车通道、消防水源。

(2) 安全疏散通道、楼梯、安全出口及其疏散指示标志、应急照明。

(3) 消防安全标志的设置情况。

(4) 灭火器材配置及其完好情况。

(5) 建筑消防设施运行情况。

(6) 消防控制室值班情况、消防控制设备运行情况及相关记录。

(7) 用火、用电有无违章情况。

(8) 消防安全重点部位的管理。

(9) 防火巡查落实情况及其记录。

(10) 火灾隐患的整改以及防范措施的落实情况。

(11) 易燃易爆危险物品场所防火、防爆和防雷措施的落实情况。

(12) 楼板、防火墙和竖井孔洞等重点防火分隔部位的封堵情况。

(13) 消防安全重点部位人员及其他员工消防知识的掌握情况。

除了各部门内部开展的日常防火巡查、检查之外,各部门之间还应定期开展联合消防检查,由消防支队联合被检查部门一起对公司各部门开展常规消防安全检查。在重要节假日或重大运输活动开展前,则由消防支队牵头,联合质量安全部对飞行区、航站楼、公共区等重点场所现场进行巡视检查,对各部门消防安全情况开展检查。联合检查的内容以各个部门消防管理落实情况为主,并结合季节特点和当时的情况确定其检查内容。

8.4.2　消防工作季度考核

为严格落实消防工作责任,有效预防火灾和减少火灾危害,进一步提高机场消防安全水平,机场应当开展消防工作考核。具体考核工作由消防支队负责。消防支队每个季度对公司各个部门开展消防工作考核,消防工作季度考核结果将作为全年消防工作 KPI 考核依据。消防工作季度考核内容见表8.2。

表 8.2 某机场股份公司消防工作季度考核表

被考核单位: 年度 季度

序号	类别	分值	考核范围	新修订项目	分值	考核标准	考核记录	得分
一	消防制度建设	18	消防安全制度	有明确的消防安全责任人,消防安全管理人,消防组织架构,消防归口管理模块	2	查阅文件,缺少一项扣1分		
				制定部门级消防安全制度,与公司级制度对接。当公司级制度发生变化时,应在3个月内修订本部门制度	2	未制定部门级消防安全制度的,扣3分;部门制度与公司制度未对接,扣1分;制度更新不及时的,扣1分		
				部门级制度应包括以下内容:消防安全职责、教育培训制度、防火检查巡查制度、消防设施器材维护管理制度、消防控制室值班制度、火灾隐风险管理制度、用火用电制度、应急疏散预案演练制度、相关方管理制度、消防档案管理制度	2	部门制度不全面的,少一项,扣1分		
				制定消防安全操作规程。包括:消防设备设施的操作规程、消防检查工作操作规程、消防维保作业操作规程、动火作业操作规程等	2	未制定操作规程的,扣2分。操作规程不全面的,扣1分		
				明确各级管理人员及员工的消防安全职责	2	查阅制度,未包含各级管理人员的,扣1分,安全职责不明确的,扣1~2分		
			防火巡查和防火检查	建立防火巡查和防火检查制度,确定巡查和检查人员、内容、部位、频次	2	未制定制度的,扣3分。内容不全面的,扣1~2分		
				航站楼、停车楼每天至少巡查一次,楼内公众聚集场所,营业期间每2h巡查一次,营业结束后应检查并消除遗留火种。巡查内容应包括:用火用电、安全出口疏散通道、疏散标志、防火门、防火卷帘、消防设施器材等	3	未按频次要求开展巡查,减3分。巡查内容不全面的,减1~3分		
				每月至少开展一次防火检查。防火检查内容应包括:消防车通道、消防水源、疏散通道、疏散标志、灭火器材、建筑消防设施、消防控制室值班、消防设备运行情况、用火用电、重点部位管理、防火巡查、隐患整改、防火分隔、重点部位、室内装修材料等	3	未按频次要求开展巡查,减3分。检查内容不全面的,减1~3分		

续表

序号	类别	分值	考核范围	新修订项目	分值	考核标准	考核记录	得分
二	社会单位"四个能力"建设	25	检查消除火灾隐患的能力	对发现的火灾隐患应当录入公司安全隐患库,并立即整改。无法立即整改的,应当明确整改期限、整改措施、临时管控措施和责任人	2	未将隐患录入隐患库的,减3分。未明确整改期限、措施和责任人的,减1~3分		
				落实消防安全隐患管理的各项职责,整改措施应包含长效机制,应按计划完成隐患整改	2	未包含长效机制,减1分。未按计划完成隐患整改,减2分		
				落实消防安全风险管理的各项职责,每季度梳理消防安全风险管控情况,确定管控措施有效性	1	风险管控措施失效的,减1分		
				火灾隐患整改完成后,消防安全管理人应组织人员对整改情况进行验证	1	消防安全管理人缺少验证的,减1分		
			组织扑救初起火灾的能力	航站楼、停车楼按要求建设微型消防站,配备人员,配备消防装备,储备足够的灭火救援药剂和物资	3	未按要求设置微型消防站,减4分。消防站人员、装备、物资储备不足或失效,减1~3分		
				员工熟知机场火警电话,会报火警,会使用火灾手动报警器,会使用灭火器材	2	随机抽查2名员工提问,每1人不合格,减1分		
				火灾确认后,现场单位能够迅速形成第一灭火力量;能够在3 min内形成由消防控制室或单位值班人员组成的第二灭火力量	2	随机测试2次火灾报警测试。任一次到位时间超过3 min,减3分		
				火灾事故发生后,部门应当保护好火灾现场,并组织安排好调查访问对象,积极协助消防救援机构或公司调查组调查	2	未保护现场减2分。未安排好调查对象,减1分		
			组织人员疏散逃生的能力	制定灭火和应急疏散预案,明确处置流程、责任单位或责任人。灭火和疏散预案至少包括灭火行动组、疏散引导组的职责和流程,确定各组负责人,明确承担灭火和组织疏散任务的人员或岗位	2	未制定预案,减3分。预案内容缺失的,减1~2分		
				应急预案应根据现场情况变化、组织机构变化等及时更新,确保有效。预案在编制或更新后,应分发给相关单位,并做好宣贯、演练。预案相关单位应掌握最新版本预案,并了解自身职责	2	应急预案更新不及时,减1分。预案分发与宣贯不到位,减1分		

续表

序号	类别	分值	考核范围	新修订项目	分值	考核标准	考核记录	得分
二	社会单位"四个能力"建设	25	组织人员疏散逃生的能力	航站楼、停车楼每半年至少组织一次有针对性的消防演练,其他场所每年至少组织一次。且根据演练情况不断完善预案	2	未按要求开展演练,每少1次,减1分		
				员工应熟悉本场所疏散逃生路线及引导人员疏散程序,掌握避难逃生设施使用方法,具备火场自救逃生的基本技能	2	现场提问2名员工。每1名不合格,减1分		
			组织消防宣传教育的能力	"119消防宣传日"开展围绕主题的消防宣传活动,并做好文字、视频、图像保存整理工作	1	未开展宣传活动,减1分		
				利用宣传栏、显示屏、网络、视频、刊物等媒体,开展经常性的消防安全宣传。每季度至少一次	1	未开展经常性宣传活动,减1分		
三	消防培训	9	从业人员培训教育	组织开展管辖区域责任界面内员工的消防安全教育和培训。各部门员工应每年至少接受一次消防安全培训,航站楼、公共区等人员密集场所至少每半年组织一次对从业人员的集中消防培训	2	检查培训开展情况。未按要求执行培训,减1~2分		
				属地部门消防安全责任人、管理人及从事消防管理工作的人员,应经过消防安全培训	1	未经过消防安全培训,减1分		
				消防控制室值班人员,应取得专业资质证书。每年开展业务复训。熟知消防设备操作方法,火灾应急处置流程,信息通报流程	3	消防控制室值班人员,未取得资质的,减3分;未开展年度业务复训的,减2分。值班人员技能不合格的,减1~3分		
				微型消防站人员、消防巡视员应定期开展消防灭火技能训练和消防知识培训	2	检查训练和培训开展情况,未定期开展的,减1~2分		
				对新从业人员和进入新岗位的从业人员,必须进行消防安全培训教育	1	查记录,未进行消防安全培训教育,减1分		
四	日常消防管理	48	建筑物消防安全管理	建筑结构、耐火等级、总平面布局、安全疏散、消防供水、消防供电应与消防设计相一致,符合国家及行业规范要求。保证防火防烟分区、防火间距符合消防技术标准	3	发现1项不符合规范要求的,减1分		
				按照国家标准、行业标准配置消防设施、器材,设置消防安全标志,并定期组织检验、维修,确保完好有效	3	发现1项不符合规范要求的,减1分		

序号	类别	分值	考核范围	新修订项目	分值	考核标准	考核记录	得分
四	日常消防管理	48	建筑物消防安全管理	建筑物应明确消防设备设施管理单位。部门应确定建筑物内消防设施、器材专职管理人员	2	未明确管理职责的,减1分。未确定管理人员的,减2分		
				根据建筑规模、消防设施使用周期等,制订消防设施保养计划,明确消防设施的名称、保养内容和周期,并按要求执行保养作业	3	未明确消防设施保养规范,减2分。未按要求执行保养作业,减3分		
				部门应建立包括值班、巡查、检测、维修、保养和建档等在内的建筑消防设施维护管理制度和技术规程	2	未建立管理制度或规程的,缺少1项减1分		
				消防设备设施维修保养合约商应具备相应资质,且维保人员资质应满足要求	2	合约商不具备资质,减2分,维保人员不具备资质,每1名减1分		
				凡依法需要计量检定的用于消防设施的巡查、检测、装修、保养的测量用仪器、仪表、量具等以及泄压阀、安全阀等,应按有关规定进行定期校验并提供有效证明文件	1	发现1项未按规定检测的,减1分		
				值班、巡查、检测时发现消防设施故障的,按照规定程序,及时组织修复;因维修等原因需要停用建筑消防设施的,应当严格按照消防安全管理制度履行内部审批手续,制定应急方案,落实防范措施	3	故障维修不及时的,减1~3分。停用消防设施不规范的,减3分		
				建筑内如有租赁单位,产权单位应与其签署消防安全协议,明确双方消防管理职责,落实消防责任制,定期对租赁单位消防工作开展自查自纠	2	未全部签署消防安全协议的,减1分;协议未明确双方消防管理职责,减1分		
				委托具有相应资质的检测机构对建筑物内消防设施和电气线路进行一次全面检测,并保留记录	1	未执行检测的,减1分		
				火灾自动报警系统应保持完好有效,探测器、手动报警器、控制设备运转正常	2	未保持完好有效的,设施设备出现故障的,减1~2分		
				消防给水系统应保持完好有效,消防水池、水箱、水泵、室内外消火栓及水泵接合器运转正常	3	未保持完好有效的,设施设备出现故障的,减1~3分		
				自动灭火系统应保持完好有效,报警阀、末端试水装置等应运转正常	2	未保持完好有效的,设施设备出现故障的,减1分		
				防火门、防火卷帘、防排烟设施、灭火器等应保持完好有效	2	未保持完好有效的,设施设备出现故障的,减1~2分		

续表

序号	类别	分值	考核范围	新修订项目	分值	考核标准	考核记录	得分
四	日常消防管理	48	安全疏散管理	确保疏散通道、安全出口、消防车通道保持畅通,禁止占用、堵塞疏散通道和楼梯间。疏散楼梯间内不应放置杂物	2	未保持畅通的,减1~2分		
				疏散楼梯间的门应完好,有正确启闭标识;常闭式防火门应经常保持关闭;常开式防火门应在火灾时自动关闭,自动和手动装置有效	1	不符合要求,减1分		
				需要控制人员随意出入的安全出口、疏散门,应保证火灾时不需使用钥匙等任何工具即能易于从内部打开,并应在显著位置设置"紧急出口"标志和使用提示	1	不符合要求,减1分		
				应急照明设置应符合规范,且保持完好有效	1	设置不符合规范的,或未保持完好有效的,减1分		
				疏散指示标志设置应符合规范,保持完好、清晰,不应被遮挡	1	设置不符合规范的,减1分		
			消防控制室管理	消防值班操作人员在岗人数符合规定、值班记录规范、消防联动控制设备运行正常	2	有1项不满足,减1分		
			消防安全重点部位管理	应确定消防管理重点部位,并建立重点部位台账,包括重点部位基本情况、责任人、风险管控措施	3	未建立重点部位台账的,减3分。台账内容不全的,减1~2分		
				消防安全重点部位应加强检查频次和管理力度,至少每天进行一次防火巡查,每月进行一次防火检查	2	未按要求开展消防重点部位巡查、检查的,减2分		
			消防档案管理	建立部门级消防档案或台账。应包括消防基本情况和消防安全管理情况。消防档案应及时更新,至少每年更新一次。在建筑物设施、组织机构发生较大变化时,应立即更新	2	消防档案不全、信息不准确、更新不及时的,减1~2分		
			易燃易爆品管理	航站楼、停车楼内禁止储存甲类易燃易爆品;乙类物品应限量储存,储存量不应超过一天的使用量,且应由专人管理	2	违规储存甲乙类物品的,减2分		
五	关键指标	一票否决		考核单位当考核季度出现重特大火灾事故(亡人火灾、重大经济损失火灾、具有重大社会影响的火灾),消防安全考核项目不得分	100	此次考核不得分		

8.4.3 火灾隐患管理

公司应做好火灾隐患的排查管理工作,及时检查发现并整改火灾隐患,严防各类火灾事故的发生。通过建立公司层面和部门层面火灾隐患数据库,对火灾隐患进行分级、反馈和跟踪管理。

对于在防火检查或日常巡查中发现的以下火灾隐患,检查人员应责成相关人员当场改正并督促落实。

(1) 在航站楼、停车楼等重点区域违章使用明火的。

(2) 将安全出口上锁、遮挡,或者占用、堆放物品影响疏散通道畅通的。

(3) 消火栓、灭火器材被遮挡影响使用或者被挪作他用的。

(4) 常闭防火门处于开启状态,防火卷帘下堆放物品的。

(5) 消防设施管理、值班人员和防火巡查人员脱岗的。

(6) 违章关闭消防设施、切断消防电源的。

(7) 其他可以当场改正的行为。

对不能当场改正的火灾隐患,应及时书面通知隐患整改,并确定责任单位/部门、责任模块/责任人、整改措施、整改期限。在火灾隐患未消除前,责任单位应当制定临时防范措施,保障消防安全。火灾隐患整改完毕后,检查单位应对整改效果进行复查。

对公安消防机构责令限期改正的火灾隐患和重大火灾隐患,应在规定的期限内改正,并将火灾隐患整改复函送达公安消防机构。重大火灾隐患不能立即整改的,应自行将危险部位停产停业整改。

对于涉及城市规划布局而不能自身解决的重大火灾隐患,应提出解决方案并及时向其上级主管部门或当地人民政府报告。

8.4.4 机坪消防安全管理

机坪是民用机场运输作业的核心区城,此区域供飞机停放、上下旅客、装卸货物以及对飞机进行各种地面服务。一旦机坪发生火灾,将对机场运行以及飞行安全产生重大危害。因此,机坪的消防安全管理应当受到格外的重视。

机坪应设有明显的"禁止烟火"标志。在机坪上进行明火作业应持有明火作业许可证。许可证应由机坪管辖权的部门逐日签发。在机坪工作的维修人员均应经过消防培训,包括对手提式和推车式灭火瓶使用方法的训练。

每个站位、停放位置或沿机坪长度每隔 60 m 应至少放一个灭火器材箱,每个灭火器材箱内至少应有总容量不少于 55 kg 的推车式灭火器或手提式灭火器。在机坪运行的勤务车辆和服务设备上应至少配有一台灭火剂容量不少于 6.8 kg 的手提式灭火器。

飞机停在飞机库内应接地。进行加油或抽油作业时,飞机也应接地。所有机库/车间和建筑应保持清洁。地板和停机坪应无滑油脂和垃圾。人行道和机坪上行车道应无障碍物。

易燃的废物应装入带盖的金属容器内,纸张和裸露的易燃垃圾应装入适当的垃圾筒内。当工作间或其他工作场所使用易挥发/或低燃点的清洁剂和稀料时,安全值班员应保证物品存放适当、工作环境安全。喷漆和上涂布油的工作不得在有明火和带电工作设备的房间内进行,也不得在电焊或打磨工作的场所进行。不得在玻璃罐、敞口筒或蜡纸容器内存放溶剂。车间或工作场所存放的溶剂应尽量减少,以保证车间生产需要为宜。大量的易燃液剂应存放在远离工作间的单独建筑物内或专门构造的房间内。

使用焊枪类的明火工具应严格限制在专门工作区域进行。当有危险性操作时(如在飞机上焊接),工作区域的安全监督员应确定正确的工作程序,并安排备用灭火设备。

8.5　机场消防设施保养与维护

机场消防系统设施存在着自然老化、使用性和耗用性老化,产品的可靠性、稳定性等性能较差的缺点,进而会造成机场消防设施瘫痪或关闭。完善的设计、良好的施工质量和科学的技术检测,仅可以保证机场消防系统设施进入良好的初始运行状态,并不能确保系统始终完好如初。因此,为了加强机场消防设施的使用维护管理,保证其正常运行,提高机场防御火灾的能力,加强机场消防设施的维护管理就显得非常必要。机场消防设施的维护管理主要包括值班、巡查、检测、维修、保养、建档等工作。

8.5.1　值班

机场应根据消防设施操作使用要求制订操作规程,明确操作人员。负责消防设施操作的人员应通过消防行业特有工种职业技能鉴定,持有初级技能以上等级的职业资格证书,能熟练操作消防设施。消防控制室、具有消防配电功能的配电室、消防水泵房、防排烟机房等重要的消防设施操作控制场所,应根据工作、生产、经营特点建立值班制度,确保火灾情况下有人能按操作规程及时、正确操作建筑消防设施。

消防控制室值班时间和人员应符合以下要求:

(1) 实行每日 24 h 值班制度。每班工作时间应不大于 8 h,每班人员应不少于 2 人。

(2) 值班人员对火灾报警控制器进行检查、接班、交班时,应填写《消防控制室值班记录表》(见表 8.3)的相关内容。值班期间每 2 h 记录一次消防控制室内消防设备的运行情况,及时记录消防控制室内消防设备的火警或故障情况。

(3) 正常工作状态下,不应将自动喷水灭火系统、防烟排烟系统和联动控制的防火卷帘等防火分隔设施设置在手动控制状态。其他消防设施及其相关设备如设置在手动状态时,应有在火灾情况下迅速将手动控制转换为自动控制的可靠措施。

消防控制室值班人员接到报警信号后,应按下列程序进行处理:

(1) 接到火灾报警信息后,应以最快方式确认。

(2) 确认属于误报时,查找误报原因并填写《机场消防设施故障维修记录表》(见表 8.4)。

(3) 火灾确认后,立即将火灾报警联动控制开关转入自动状态(处于自动状态的除外),同时拨打火警电话报警。

(4) 立即启动机场内部灭火和应急疏散预案,同时报告机场消防安全责任人。机场消防安全责任人接到报告后应立即赶赴现场。

表 8.3　消防控制室值班记录表

序号：

火灾报警控制器运行情况							报警故障部位、原因及处理情况	控制室内其他消防系统运行情况					报警故障部位、原因及处理情况	值班情况		
正常	故障	火警		故障报警	监管报警	漏报		消防系统及其相关设备名称	控制状态		运行状态			值班员	值班员	值班员
		火警	误报						自动	手动	正常	故障		时段	时段	时段

火灾报警控制器检查日情况记录	火灾报警控制器型号	检查内容					检查时间	检查人	故障及处理情况
		自检	消音	复位	主电源	备用电源			

对发现的问题应及时处理,当场不能处置的要填报《机场消防设施故障维修记录表》,将处理记录表序号填入"故障及处理情况"栏。交接班时,接班人员对火灾报警控制器进行日检后,如实填写火灾报警控制器日检查情况记录;值班期间在规定时限内,根据异常情况出现时间如实填写运行情况栏内相应内容,填写时在对应项目栏中打"√";存在问题或故障的,在报警、故障部位,原因及处理情况栏中填写详细信息。本表为样表,使用单位可根据火灾报警控制器数量、其他消防系统及相关设备数量及值班时段制表

消防安全责任人或消防安全管理人(签名):

表 8.4　机场消防设施故障维修记录表

序号：

故障情况						故障维修情况				故障排除确认
发现时间	发现人签名	故障部位	故障情况描述	是否停用系统	是否报消防部门备案	安全保护措施	维修时间	维修人员(单位)	维修方法	

备注：①"故障情况"由值班、巡查、检测、灭火演练时的当事人如实填写。②"故障维修情况"中因维修故障需要停用系统的由单位消防安全负责人在"是否停用系统"中签字;停用系统超过24 h的,单位消防安全负责人在"是否报消防部门备案"及安全保护措施栏如实填写;其他信息由维修人员(单位)如实填写。③"故障排除确认"由单位消防安全管理人在故障确认排除后如实填写并签名

8.5.2　巡查

机场消防设施的巡查应由归口管理消防设施的部门实施,按照工作、生产、经营的实际情况,将巡查的职责落实到相关工作岗位。

从事消防设施巡查的人员,应通过消防行业特有工种职业技能鉴定,持有初级技能以上等级的职业资格证书。

巡查应明确消防设施的巡查部位、频次和内容。巡查时应填写《机场消防设施巡查记录表》(见表8.5)。巡查时发现故障,应进行维修处理。各消防设施的具体巡查内容详见表8.5。

表 8.5　机场消防设施巡查记录表

序号:

巡查项目	巡查内容	巡查情况					
					故障及处理		
		部位	数量	正常	故障描述	当场处理情况	报修情况
消防供配电设施	消防电源主电源、备用电源工作状态						
	发电机启动装置外观及工作状态、发电机燃料储量、储油间环境						
	消防配电房、不间断电源、发电机房环境						
	消防设备末端配电箱切换装置工作状态						
火灾自动报警系统	火灾探测器、手动报警按钮、信号输入模块、输出模块外观及运行状态						
	火灾报警控制器、火灾显示盘、图形显示器运行状况						
	消防联动控制器外观及运行状况						
	火灾报警装置外观						
	建筑消防设施远程监控、信息显示、信息传输装置外观及运行状况						
	系统接地装置外观						
	消防控制室工作环境						
电器火灾监控系统	电器火灾监控探测器的外观及工作状态						
	报警主机外观及运行状态						
可燃气体探测报警系统	可燃气体探测器的外观及工作状态						
	报警主机外观及运行状态						
消防供水设施	消防水池、消防水箱外观、液位显示装置外观及运行状况、天然水源水位、水量、水质情况、进户管外观						
	消防水泵及控制柜工作状态						
	稳压泵、增压泵、气压水罐及控制柜工作状态						
	水泵接合器外观、标识						

续表

巡查项目	巡查内容	巡查情况					
		部位	数量	正常	故障及处理		
					故障描述	当场处理情况	报修情况
消防供水设施	系统减压、泄压装置、测试装置、压力表等外观及运行状况						
	管网控制阀门启闭状态						
	泵房照明、排水等工作环境						
消火栓（消防炮）灭火系统	室内消防栓、消防卷盘外观及配件完整情况						
	屋顶试验消防栓外观及配件完整状况、压力显示装置外观及状态显示						
	消防炮、炮塔、现场火灾探测控制装置、回旋装置等外观及周边环境						
	启泵按钮外观						
自动喷水灭火系统	喷头外观及距周边障碍物或保护对象的距离						
	报警阀组外观、试验阀门状况、排水设施状况、压力显示值						
	充气设备及控制装置、排气设备及控制装置、火灾探测传动及现场手动控制装置外观及运行状态						
泡沫灭火系统	泡沫喷头外观及距周边障碍物或保护对象距离						
	泡沫消火栓、泡沫炮、泡沫产生器、泡沫比例混合器外观						
	泡沫液储罐外观及罐间环境、泡沫液有效期及储存量						
	控制阀门外观、标识、管道外观、标识						
	火灾探测传动控制、现场手动控制装置外观、运行状况						
	泡沫泵及控制柜外观及运行状况						
	冷却水系统巡查						
气体灭火系统	气体灭火控制外观、工作状态						
	储瓶间环境、气体瓶组或储罐外观、检漏装置外观、运行状况						
	容器阀、选择阀、驱动装置等组件外观						
	紧急启/停按钮外观、喷嘴外观、防护区状况						
	预制灭火装置外观、设置位置、控制装置外观及运行状况						
	放气指示灯及警报器外观						
	低压二氧化碳系统制冷装置、控制装置、安全阀及其控制装置外观						

续表

巡查项目	巡查内容	巡查情况					
		部位	数量	正常	故障及处理		
					故障描述	当场处理情况	报修情况
防烟、排烟系统	送风阀外观						
	送风机及控制柜外观及工作状态						
	挡烟垂壁及其控制装置外观及工作状况、排烟阀及其控制装置外观						
	电动排烟扇、自然排烟设施外观						
	排烟机及控制柜外观及工作状况						
	送风、排烟机房环境						
应急照明和疏散指示标志	应急灯具外观、工作状态						
	疏散指示标志外观、工作状态						
	集中供电型应急照明灯具、疏散指示标志灯外观、工作状况、集中电源工作状态						
	字母型应急照明灯具、疏散指示标志灯外观、工作状态						
应急广播系统	扬声器外观						
	功放、卡座、分配盘外观及工作状态						
消防专用电话	消防电话主机外观、工作状态						
	分机电话外观、电话插孔外观、插孔电话机外观						
防火分隔系统	防火窗外观及固定情况						
	防火门外观及配件完整性、防火门启闭状况及周围环境						
	电动型防火门控制装置外观及工作状态						
	防火卷帘外观及配件完整性、防火卷帘控制装置及工作状况						
	防火墙外观、防火阀外观及工作状况						
	防火封堵外观						
消防电梯	紧急按钮外观、轿厢内电话外观						
	电梯井排水设施外观及工作状况						
	消防电梯工作状况						
细水雾灭火系统	灭火控制器工作状态						
	储气瓶和储水瓶(或储水罐)外观、工作环境						
	高压泵组、稳压泵外观及工作状态、末端试水装置压力值(闭式系统)						
	紧急启/停按钮、释放指示灯、报警器、喷头、分区控制阀等组件外观						
	防护区状况						

续表

巡查项目	巡查内容	巡查情况					
					故障及处理		
		部位	数量	正常	故障描述	当场处理情况	报修情况
干粉灭火系统	灭火控制器工作状态						
	设备储存间环境、驱动气瓶和灭火剂储存装置外观						
	选择阀、驱动装置等组件外观						
	紧急启/停按钮、放气指示灯、警报器、喷嘴外观						
	防护区状况						
灭火器	灭火器外观						
	灭火器数量						
	灭火器压力表、维修指示						
	设置位置状况						
其他巡查内容	消防车道、疏散楼梯、疏散走道畅通情况、逃生自救设施配置及完好情况、消防安全标志使用情况、用火用电管理情况等						
巡查人(签名)					年　　月　　日		
消防安全责任人或消防安全管理人(签名)					年　　月　　日		

备注：情况正常的，在"正常"栏中打"√"；存在问题或故障的，在"故障及处理"栏中填写相应内容

8.5.3　检测

　　机场消防设施应每年至少检测一次，检测对象包括全部系统设备、组件等。自系统投入运行后每一年底前，将年度检测记录报当地公安机关消防机构备案。在重大节日、重大活动前或者期间，应根据当地公安机关消防机构的要求对机场消防设施进行检测。

　　从事机场消防设施检测的人员，应当通过消防行业特有工种职业技能鉴定，持有高级技能以上等级职业资格证书。

　　机场消防设施检测应按相关消防设施检测技术规程的要求进行，并如实填写《机场消防设施检测记录表》(见表8.6)的相关内容。各消防设施的具体检测内容详见表8.6。

表 8.6　机场消防设施检测记录表

检测项目		检测内容	实测记录	故障记录及处理		
				故障描述	当场处理情况	报修情况
消防供电配电	消防配电柜（箱）	试验主备电切换功能；消防电源主、备电源供电能力测试				
	自备发电机组	试验发电机自动、手动启动功能，试验发电机启动电源充、放电功能				
	应急电源	试验应急电源充放电功能				
	储油设施	核对储油量				
	联动试验	试验非消防电源的联动切断功能				
火灾自动报警系统	火灾探测器	试验报警功能				
	手动报警按钮	试验报警功能				
	监管装置	试验监管装置报警功能，屏蔽信息显示功能				
	警报装置	试验报警功能				
	报警控制器	试验火警报警、故障报警、火警优先、打印机打印、自检、消音等功能，火灾显示盘和显示器的报警、显示功能				
	消防联动控制器	试验联动控制器及控制模块的手动、自动联动控制功能，试验控制器显示功能，试验电源部分主、备电源切换功能，备用电源充、放电功能				
	远程监控系统	试验信息传输装置显示、传输功能，试验监控主机信息显示、告警受理、派单、接单、远程开锁等功能，试验电源部分主、备电源切换，备用电源充、放电功能				
消防供水设施	消防水池	核对储水量、自动进水阀进水功能，液位检测装置报警功能				
	消防水箱	核对储水量、自动进水阀进水功能，模拟消防水箱出水，测试消防水箱供水能力				
	稳（增）压泵及气压水罐	模拟系统渗漏，测试稳压泵、增压泵及气压水罐稳压、增压能力，自动启动、停泵及联动启动主泵的压力工况，主、备泵切换功能				
	消防水泵及控制柜	试验手动/自动启泵功能和主、备泵切换功能，利用测试装置测试消防泵供水时的压力和流量				
	水泵接合器	利用消防车或机动泵测试其供水能力				
	阀门	试验控制阀门启闭功能、减压装置减压功能				

检测项目		检测内容	实测记录	故障记录及处理		
				故障描述	当场处理情况	报修情况
消火栓（消防炮）灭火系统	室内消火栓	试验屋顶消火栓出水压力、静压及水质,测试室内消火栓静压				
	消防水喉	射水试验				
	室外消火栓	试验室外消火栓出水及静压				
	消防炮	试验消防炮手动、遥控操作功能,试验手动按钮启泵功能、消防炮出水功能				
	启泵按钮	试验远距离启泵功能及信号指示功能				
	联动控制功能	自动方式下,分别利用远距离启泵按钮、消防联动控制盘控制按钮启动消防水泵,测试最不利点消火栓、消防炮出水压力及流量;具有火灾探测控制功能的消防炮系统,应模拟自动启动				
自动喷水灭火系统	报警阀组	试验报警阀组试验排放阀排水功能,压力开关、水力警铃报警功能				
	末端试水装置	试验末端放水测试工作压力、水流指示器、压力开关动作信号、水质情况,楼层末端试验阀功能试验				
	水流指示器	核对反馈信号				
	探测、控制装置	测试火灾探测传动装置的火灾探测及控制功能,手动控制装置控制功能				
	充、排气装置	测试充气、排气装置充、排气				
	联动控制功能	在系统末端放水或排气,进行系统联动功能试验,测试水流指示器、压力开关、水力警铃报警功能;具有火灾探测传动控制功能的,应模拟系统自动启动				
泡沫灭火系统	泡沫液储罐	核对泡沫液有效期和储存量				
	泡沫栓、泡沫喷头、泡沫产生器	试验出水或出泡沫功能				
	泡沫泵	手动/自动启动及主、备泵切换功能;阀门启闭功能及信号反馈功能				
	联动控制功能	具有火灾探测传动控制装置的泡沫灭火系统,应结合泡沫灭火剂到期更换进行系统自动启动,测试泡沫消火栓、泡沫喷头、泡沫产生器出泡沫功能,泡沫比例混合器配比功能,泡沫泵、水泵供泡沫液、供水能力				
	自吸液泡沫消火栓、移动泡沫产生装置、喷淋冷却系统	测试吸液出泡沫功能				

续表

检 测 项 目		检 测 内 容	实测记录	故障记录及处理		
				故障描述	当场处理情况	报修情况
气体灭火系统	瓶组与储罐	核对灭火剂储存量主、备组切换试验				
	检漏装置	测试称重、检漏报警功能				
	紧急启/停功能	测试紧急启动/停止按钮的紧急功能				
	启动装置、选择阀	测试启动装置、选择阀手动启动功能				
	联动控制功能	以自动方式进行模拟喷气试验,检验系统报警、联动功能				
	通风换气设备	测试通风换气功能				
	备用瓶切换	测试主、备瓶组切换功能				
机械加压送风系统	送风口	测试手动/自动开启功能				
	送风机	测试手动/自动启动、停止功能				
	送风量、风速、风压	测试最大负荷状态下,系统送风量、风速、风压				
	联动控制功能	通过报警联动,检查防火阀、送风自动开启和启动功能				
机械排烟系统	自然排烟设施	测试自然排烟窗的开启面积、开启方式				
	排烟阀、电动排烟窗、电动挡烟垂壁、排烟防火阀	测试排烟阀、电动排烟窗手动/自动开启功能,测试挡烟垂壁的释放功能,测试排烟防火阀的动作性能				
	排烟风机	测试手动/自动启动、排烟防火阀联动停止功能				
	排烟风量、风速	测试最大负荷状态下,系统排烟风量、风速				
	联动控制功能	通过报警联动,检查电动挡烟垂壁、电动排烟窗的功能,检查排烟风机的性能				
应急照明系统		切断正常供电,测量应急灯具照度、电源切换、充电、放电功能;测试应急电源供电时间;通过报警联动,检查应急灯具自动投入功能				
消防电梯		测试首层按钮控制电梯回首层功能、消防电梯应急操作功能、电梯轿厢内消防电话通话质量、电梯井排水设备排水功能,通过报警联动,检查电梯自动迫降功能				
消防专用电话		测试消防电话主机与电话分机、插孔电话之间的通话质量;电话主机录音功能;拨打"119"功能				

8.5.4　维修

在值班、巡查、检测、灭火演练中发现机场消防设施存在问题和故障的,相关人员应填写《机场消防设施故障维修记录表》(表8.4),并向机场消防安全管理人报告。

机场消防安全管理人对消防设施存在的问题和故障,应立即通知维修人员进行维修。维修期间,应采取确保消防安全的有效措施。故障排除后应进行相应功能试验并经机场消防安全管理人检查确认。维修情况应记入《机场消防设施故障维修记录表》。

从事机场消防设施维修的人员,应当通过消防行业特有工种职业技能鉴定,持有技师以上等级职业资格证书。

8.5.5　保养

机场消防设施维护保养应制订计划,列明消防设施的名称、维护保养的内容和周期。从事机场消防设施保养的人员,应通过消防行业特有工种职业技能鉴定,持有高级技能以上等级职业资格证书。机场实施消防设施的维护保养时,应填写《机场消防设施维护保养记录表》(见表8.7)并进行相应功能试验。

表 8.7　机场消防设施维护保养记录表

序号:　　　　　　日期:

序号	检查保养项目		保养内容	周期
1	消防水泵	外观保洁	擦洗,除污	一个月
		泵中心轴	长期不用时,定期盘动	半个月
		主回路控制回路	测试,检测,紧固	半年
		水泵	检查或更换盘根填料	半年
		机械润滑	加0号黄油	三个月
2		管道	补漏,除锈,刷漆	半年
		阀门	加或更换盘根,补漏,除锈,刷漆,润滑	半年
3				
消防泵、喷淋泵、送风机、排风机定期试验				

备注:①保养内容、周期可根据设施使用说明、国家有关标准安装场所环境等综合确定;②本表为样表,单位可根据建筑消防设施的类别分别制表

消法安全责任人或消防安全管理人(签字):　　　制订人:　　　审核人:

具体保养内容包括:

(1) 对易污染、易腐蚀生锈的消防设备、管道、阀门应定期清洁、除锈、注润滑剂。

(2) 点型感烟火灾探测器应根据产品说明书的要求定期清洗、标定。可燃气体探测器应根据产品说明书的要求定期进行标定。火灾探测器、可燃气体探测器的标定应由生产企业或具备资质的检测机构承担。承担标定的单位应出具标定记录。

(3) 储存灭火剂和驱动气体的压力容器应按有关气瓶安全监察规程的要求定期进行试验、标识。

（4）泡沫、干粉等灭火剂应按产品说明书委托有资质单位进行包括灭火性能在内的测试。

（5）以蓄电池作为后备电源的消防设备，应按照产品说明书的要求定期对蓄电池进行维护。

（6）其他类型的消防设备应按照产品说明书的要求定期进行维护保养。

（7）对于使用周期超过产品说明书标识寿命的易损件、消防设备以及经检查测试已不能正常使用的灭火探测器、压力容器、灭火剂等产品设备应及时更换。

（8）凡依法需要计量检定的消防设施所用称量、测压、测流量等计量仪器仪表以及泄压阀、安全阀等，应按有关规定进行定期校验并提供有效证明文件。机场应储备一定数量的消防设施易损件或与有关产品厂家、供应商签订相关合同，以保证供应。

8.5.6　建档

机场消防设施档案应包含机场消防设施基本情况和动态管理情况。基本情况包括机场消防设施的验收文件和产品、系统使用说明书、系统调试记录、机场消防设施平面布置图、机场消防设施系统图等原始技术资料。动态管理情况包括机场消防设施的值班记录、巡查记录、检测记录、故障维修记录以及维护保养计划表、维护保养记录、自动消防控制室值班人员基本情况档案及培训记录。

机场消防设施的原始技术资料应长期保存。《消防控制室值班记录表》和《机场消防设施巡查记录表》的存档时间不应少于一年。《机场消防设施检测记录表》《机场消防设施故障维修记录表》《机场消防设施维护保养记录表》的存档时间不应少于五年。

8.6　机场消防应急预案的编制与演练

根据《中华人民共和国消防法》和《机关、团体、企业、事业单位消防安全管理规定》中的相关要求，单位必须对重点部位制定灭火应急方案，进行定期及不定期的消防演习。机场由于人流密集、环境复杂更应积极做好消防应急预案的编制与演练工作。

8.6.1　灭火作战计划内容

灭火作战计划应当依据机场的重点保护部位的特殊要求制订，详细列出下列内容：

（1）重点部位的概况。包括：地理位置、交通道路、周围环境，以及员工人数、占地面积；平面布局、建筑特点、耐火等级、建筑面积及高度；生产、储存物质的性质、数量、价值，生产规模、工艺流程和存放物资的形式。

（2）重点保卫部位的火灾特点。包括：火势发展变化的特点、蔓延方向及可能造成的后果；有无爆炸发生的可能，如有爆炸危险，要预测其波及的范围；有无毒气产生，有无剧毒、腐蚀、放射性物料泄漏。如果有，要预测其对作战人员的威胁大小，是否影响到灭火作战的正常进行。

（3）灭火力量部署。包括：重点单位部位外部和内部消火栓的位置、代号以及距离（图示方式表示），地下管网的形状、供水能力，可用于灭火的水源种类、储量和利用水源的方法

（用文字说明）；参战车辆的种类、数量以及其他灭火器材和灭火剂的种类及数量；参加车辆的停靠位置、供水或者吸水方式（图示方式表示）；水枪手进攻路线、阵地位置、水带线路的铺设方法以及水枪阵地的任务；重点保卫部位其他力量的部署。

（4）扑救措施。包括：针对生产、储存物质的性质、数量所采取的措施；针对建筑物的特点、发生火灾后可能出现的情况所采取的措施；针对火场不同阶段可能出现的情况采取的措施；抢救及疏散人员、物资的方法和路线；灭火战斗中应注意的事项，如防高温、防爆炸、防毒气以及防倒塌等。

8.6.2　灭火作战方案

对重点保护部位实施演习，必须要做到有计划地进行，因此必须制定灭火作战方案。灭火作战方案主要包括以下内容：

（1）第一页：封面，必须说明方案名称及制作单位。

（2）第二页：绘制演习对象（场所）的立面图。

（3）第三页：计划场所的基本情况。

（4）第四页：计划场所的消防设施及组织力量。

（5）第五页：火灾的特点。

（6）第六页：灭火措施。

（7）第七页：注意事项。

（8）第八页：抢险救援力量部署平面示意图。

（9）第九页：抢险救援力量部署立面示意图。

（10）第十页：封底。

8.6.3　灭火演习细则

消防安全演习岗位设置通常包括指挥部、警戒组、灭火组、拆卸组、救护组、疏散组等。各组人员安排及岗位职责可由机场消防安全管理部门依据机场情况予以落实。演习前应召开各组负责人会议，使各组明确相应的任务与职责。

演习可以文件形式通知，告知所有相关人员。通知通常可包括如下内容：

（1）参与部门和负责人员及其职责。

（2）演习的时间及地点。

（3）演习时单位员工应注意的事项。

（4）演习部位力量分布平面示意图。

（5）演习时各组织集合场地划分概况。

在演习进行时，可于预演前先划定各组织力量完成任务后集合的位置，以便于协调、调动。划分区域后各区域可用显示牌标示出来，以便于明确位置。如标示"灭火集合地""疏散人员集合地"等。

演习的一般程序见表8.8。同时以某机场航站楼库房为例，说明灭火演习的细则：

（1）当接到报警"机场航站楼库房北3—北4区发生火灾"时，由消防主管组织人员立即赶赴现场于"消防灭火救援组"集合点集合，并整理随身携带的必须灭火器材装备（待命）。

表 8.8 演习的一般程序

程序名称	具 体 内 容
报警	因为演习一般已"知情",所以可采用对讲报警或广播报警
出动力量	在进行演习时,现场总指挥(单位消防责任人,如单位经理)可在事先设置的"临时指挥部"就位,主要"观看"和"评估"灭火救援组织的"演习程序"。 灭火救援组织包括单位消防安全组织(灭火组)、医护组、警戒组、疏散组等。 在接到报警前,灭火救援各组织处于"正常"(即日常)工作状态,当接到或听到报警时,迅速按照各自任务(职责)到现场(集合)展开救援工作

(2) 在准备(待命)的同时,消防主管命令勘查员(2 名)前往火灾现场勘查。勘查员根据现场勘查立即反馈信息。例如(用对讲机讲),"报告主管,现场勘查发现机场航站楼库房北 3—北 4 区发生火灾,现火势猛烈,且火势呈向北 2、北 5 及南 3—南 4 方向蔓延趋势,勘查员×××。"

(3) 消防主管接到勘查员反馈的火灾现场信息后,应立即展开部署。例如,"根据现场反馈火灾信息,现命令如下:一班组织连接室外消火栓敷设并保护北 3—北 2 区范围及保护现场物资、疏散人员;二班组织南 1—南 2 处连接消火栓进行火点(区)攻击;三班在二班掩护下进入由北 6—北 7 区室内消火栓敷设一条水路至北 4—北 5 范围及保护物资、疏散人员。各班由班长带队立即展开行动。"

(4) 各班接到命令后,由班长带队立即展开行动。在按指示完成各自的(敷设)任务后,应向主管报告(用对讲机)。例如:"报告主管,一班按指示到达火灾现场展开救援工作。现火势已被控制,请指示。"与此同时,助理主管带领通信员到现场视情况做出临时调动,以协调灭火救援工作。当各班陆续向主管报告已"完成任务"后,助理主管检查现场情况,并向主管报告:"现火灾现场已得到控制,火灾已扑灭,请指示。"

(5) 当确定"火灾已扑灭"后,主管可下达"收队"命令。各班立即由班长组织全队返回"灭火救援组"集合点集合,并向助理主管报告。例如:"报告副指挥,一班按指示将火灾扑灭,现全班带归队,应到 6 人,实到 6 人,报告人班长×××,请指示。"助理主管随后下达"原地待命"指示。

(6) 当所有力量(包括三个灭火班及疏散组、医护组、警戒组等)均向助理主管报告完毕后,助理主管向主管报告。例如:"报告指挥官,现场火灾已得到控制(或现已消灭火灾),各组均完成任务,现已全部归队,请指示。"

(7) 在助理主管报告完毕后由主管对整个事件做讲评。讲评的内容包括:处理的情况,演习的连贯性,好的方面及存在的不足之处等。讲评完毕后,由消防主管(指挥官)向总指挥(机场消防负责人)报告。随后由总指挥总评演习过程。

(8) 完成后各组整理器材、装备,恢复正常工作。

(9) 整个过程(报告情况)以部队队列形式进行。

参考文献

[1] 郑端文. 消防安全管理[M].北京:化学工业出版社,2009.

[2] 南兆旭.消防安全管理[M].北京:中国标准出版社,2003.

[3] 辽宁省公安消防总队.单位消防安全管理手册[M].沈阳:辽宁教育出版社,2010.

[4] 苏向明.单位消防安全管理[M].北京：中国人民公安大学出版社,2004.

[5] 李伟.建筑消防安全管理[M].北京：化学工业出版社,2006.

[6] 向光全.企事业消防安全管理[M].武汉：湖北科学技术出版社,1996.

[7] 李建华.火灾事故应急预案编制与应用手册[M].北京：中国劳动社会保障出版社,2008.

[8] 刘宇豪.中华人民共和国消防法实务全书[M].北京：中国建材工业出版社,1998.

[9] 全国人大常委会法工委国家法室.中华人民共和国突发事件应对法释义及实用指南[M].北京：民主法制出版社,2007.

[10] 贤齐.中华人民共和国民用航空安全保卫条例[J].航空保安,1996(3)：76-83.

[11] 弈勇.生产安全事故报告和调查处理条例实施手册[M].北京：中国建材工业出版社,2007.

[12] 中国政府网.国务院办公厅关于印发消防安全责任制实施办法的通知[EB/OL].(2017-11-09)[2022-11-23].http://www.gov.cn/zhengce/content/2017-11/09/content_5238316.htm.

[13] 中华人民共和国公安部.机关、团体、企业、事业单位消防安全管理规定[EB/OL].(2002-01-01)[2022-11-23].https://www.mps.gov.cn/n6557558/c7684420/content.html.

[14] 中国民用航空局.民用运输机场突发事件应急救援管理规则[EB/OL].(2007-12-17)[2022-11-23].http://www.caac.gov.cn/XXGK/XXGK/MHGZ/201606/t20160622_38643.html.

[15] 中国民用航空局.民用机场运行安全管理规定[EB/OL].(2018-11-16)[2022-11-23].http://www.caac.gov.cn/XXGK/XXGK/MHGZ/201511/t20151102_8441.html.

[16] 中国民用航空总局.民用航空运输机场飞行区消防设施：MH/T 7015—2007[S].北京：中国科学技术出版社,2007.

[17] 中国民用航空总局公安局.民用航空运输机场消防站消防装备配备：MH/T 7002—2006[S].中国标准出版社,2006.

[18] 中国民用航空局.民用运输机场安全保卫设施：MH/T 7003—2017[S].中国民用航空局,2017.

[19] 中华人民共和国住房和城乡建设部.民用机场航站楼设计防火规范 GB 51236—2017[S].北京：中国计划出版社,2017.

[20] Annex 14 Aerodromes：ICAO 9137-1[S].Montreal：ICAO,2004.

[21] Aircraft Fire Extinguishing Agents：AC 150/5210-6D[S].Washington D. C.：FAA Advisory Circular,2004.

[22] Aircraft Rescue and Fire Fighting Communications：AC 150/5210-7D[S].Washington D. C.：FAA Advisory Circular,2008.